Erklärungen zu den Kinematik-Grafiken im Buch

Mit einer modernen, sensorgesteuerten Bewegungsanalyse ist es uns heute möglich, sehr genaue Daten zum Gangbild des Hundes zu erhalten und diese für eine funktionelle Diagnostik einzusetzen. Wir verwenden dazu eine spezielle Jacke, in die Sensoren zur Bewegungsmessung eingearbeitet sind. So können wir die Kinematik, also die Bewegung, im Einzelnen sehr genau und objektiv, ohne Meinung und Mutmaßung, beschreiben.

Hier gibt es verschiedene Parameter, die das veränderte Gangbild und somit die orthopädische Problematik beschreiben. In unserer Software werden 34 Parameter für den Kunden (Hundehalter) gezeigt, in den Berechnungen arbeiten aber weitere 300 Parameter für das Gangbild im Hintergrund, die zur Berechnung der 34 Parameter wichtig sind. Grundsätzlich sind folgende Parameter relevant:

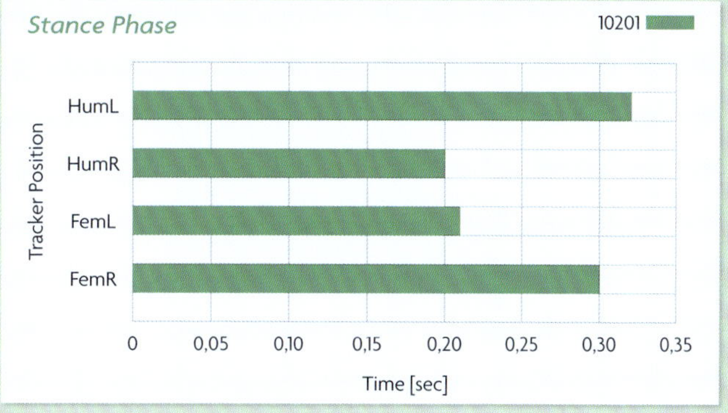

Standphase/Stance Phase: Zeit, in der die Pfote innerhalb eines Gangzyklus auf dem Boden steht. Im Schnitt sind dies 0,28 Sekunden pro Pfote, je nach Größe und Gewicht des Hundes. Für die Orthopädie ist diese Zeit wichtig, um eine sogenannte Stützbeinlahmheit zu beschreiben. Dies ist eine Lahmheit, die Schmerzen während der Stützbein- oder Standphase, also der Belastung des Beins induziert. Je kürzer die Standphase, desto deutlicher ist die Stützbeinlahmheit, weil der Hund die schmerzende Gliedmaße möglichst schnell wieder zu entlasten versucht. Für uns bedeutet das außerdem, dass wir die Ursachen für diese Lahmheit von der Pfote bis auf die Höhe des Ellbogens suchen müssen, da Stützbeinlahmheiten nicht aus dem Schulterbereich stammen können.

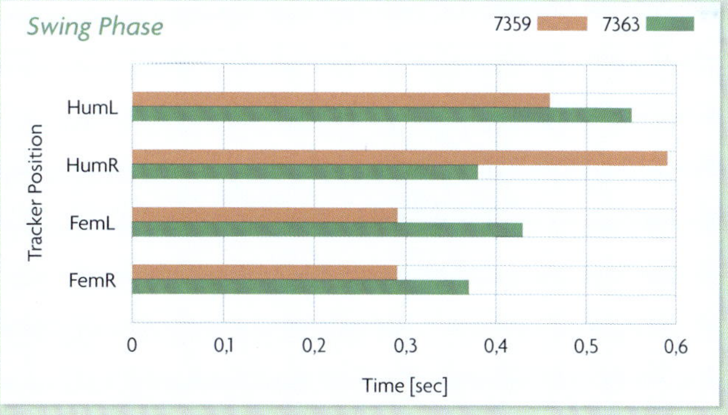

Schwungphase/Swing Phase (auch Hangbeinphase genannt): Beschreibt die Zeit, in der die Gliedmaße in der Schwebephase ist, also sich in Bewegung oder, ganz einfach ausgedrückt, in der Luft und nicht am Boden befindet. Eine zu kurze Schwungphase ist durch Schmerzen verursacht. Die Schwebephase erscheint abgehackt und der Hund kann eine stolpernde Bewegung zeigen. Dies kann bei einer akuten Bizepssehnenentzün-

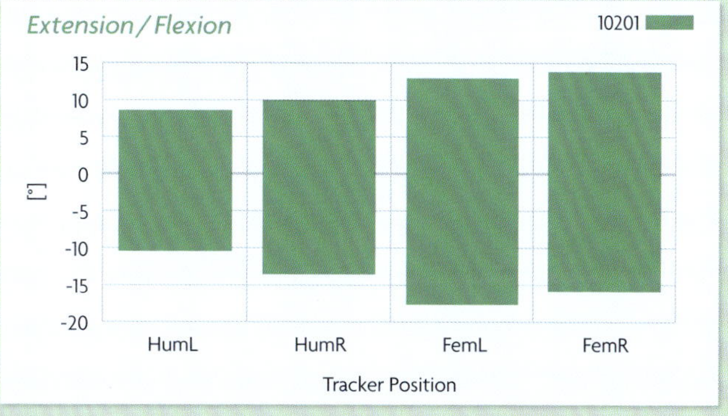

dung oder Schleimbeutelentzündung typisch sein. Auch eine OCD, die schmerzhaft ist, kann so aussehen.

Extension: Die Gliedmaße wird gestreckt. Beispiel: die Schultergliedmaße geht nach vorne und wird gestreckt. Dies ist ein Teil der Range of Motion (ROM) und beschreibt uns die Beweglichkeit.

Flexion: Ist der Gegenspieler der Streckung und beschreibt die Beugung. Die Schulter wird nach hinten gebogen. Dies ist ebenfalls der andere Teil der Range of Motion oder besser der Beweglichkeit.

Symmetrien: In diesen Parametern wird das Verhältnis von mechanischen Verhältnissen beim Hund beschrieben. Wie ist das Verhältnis Vor- zu Hinterhand, von linker zur rechten Körperhälfte oder in der Diagonalachse, also z.B. von linker Schultergliedmaße zur rechten Beckengliedmaße abzeichnet. Anhand der Symmetrien kann man sehr gut erkennen, ob der Hund aktiv in der Bewegung mit der Hinterhand schiebt (push-move) oder sich eher mit der Vorhand zieht (pull-move), was immer ein Zeichen für Fehl- und Überlastung ist. Schmerzen und Entzündung im Schultergürtel führen zur Verschiebung der Last aus der Schulter auf die Hinterhand und somit zur Überlastung (s. a. S. 33).

Step und stride, also Schritt und Ganglängen, beziehen sich auf die Distanz, die die Gliedmaße von einer Stützphase-Schwungphase bis wieder zur nächsten Stützphase zurücklegt (Stride). Step meint die Distanz der Länge zwischen der rechten und linken Beckengliedmaße in der Stützphase.

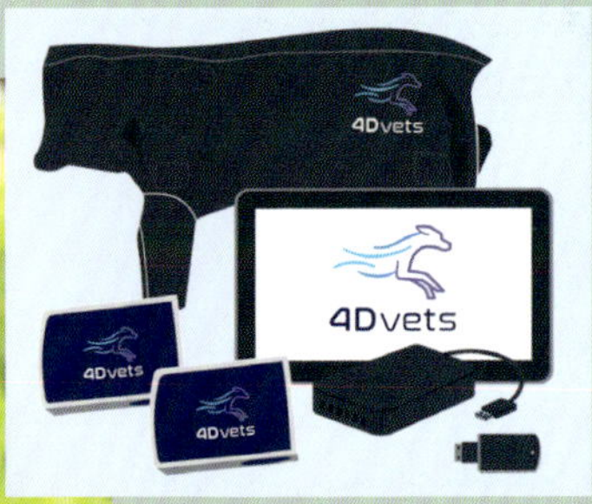

Zur Datengewinnung verwenden wir eine spezielle "Jacke", in die Mess-Sensoren, so genannte Tracker, fest eingearbeitet sind. Die während des Vorführens des Hundes gewonnenen Daten werden direkt auf das Tablet des Tierarztes übertragen und können als die Balkendiagramme, die Sie auf der Vorseite sehen, dargestellt werden.

Gyroskop-Werte messen die Winkelbeschleunigung eines Gelenks, sprich hier wird die Biegung des Gelenks gemessen. Dies ist aber für Sie als Leser nicht mehr wichtig, sondern zeigt Ihnen die Unterschiede von Gelenk zu Gelenk auf. Dies ist dann wiederum beim Knie mit Kreuzbandriss wichtig für die Diagnostik, aber auch für die Rehabilitation zur Quantifizierung der Genesung. Hier kommt die evidenzbasierte Überwachung nach der Operation oder nach Physiotherapie oder einer Infiltration zur Geltung. Es muss objektiv und für jeden Untersucher nachvollziehbar sein.

In den Grafiken sehen Sie jeweils Resultate mit heller Farbe und dunkler dargestellt. Dies bedeutet, dass die hellen Werte die Resultate vor der Behandlung sind, also bei der Untersuchung. Die dunklen Werte spiegeln die Resultate nach der orthopädischen Behandlung oder wie in Kapitel 11 aufgezeigt, nach der Infiltration der Wirbelsäule (Cauda-Equina, Bandscheibe) mit ACS (s. S. 135) wider.

Wir haben hier also außerdem eine objektive Möglichkeit, die klinischen Verbesserungen evidenzbasiert und präzise sichtbar zu machen.

Hier ein Beispiel für das Lesen einer solchen Grafik (sie begegnet uns auf S. 23 bei den Fallbeispielen wieder):

Dieser Hund zeigt ein verändertes Gangbild hinten links, was an der verkürzten Standphase (Stance Phase) hinten links sowie vorne rechts, also über die Diagonale, zu erkennen ist. Die Sensoren (Tracker) sind angebracht an HumR = Humerus rechts, also Oberarm rechts, d.h. vorne; FemL = Femur links, also Oberschenkel links, d.h. hinten. Die Zeitachse für die Standphase hinten links sowie vorne rechts ist gleich kurz, dafür die Standphase der Kompensationsachse vorne links über hinten rechts ebenfalls gleich lang.

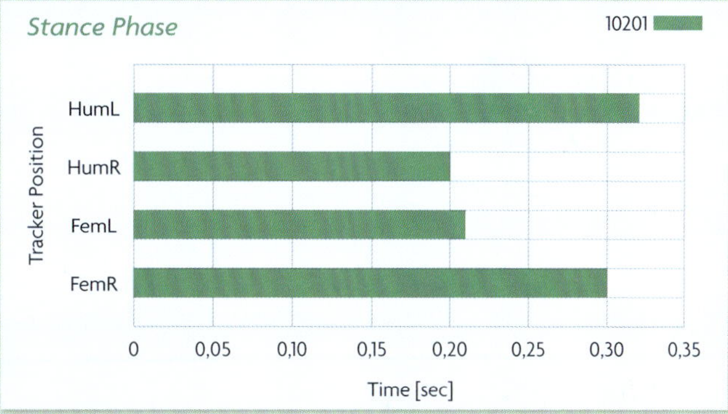

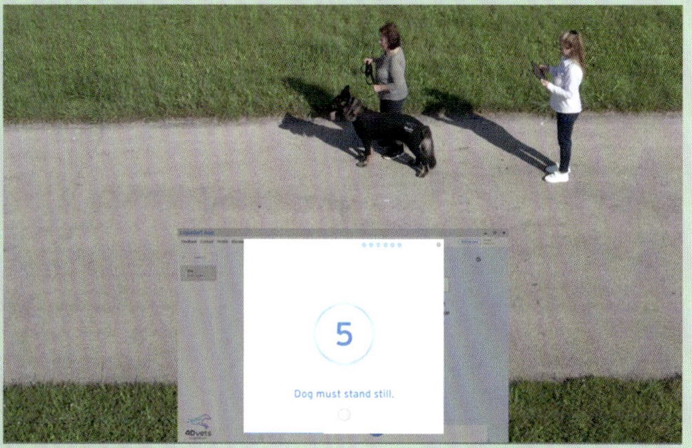

Für die Messung ist es wichtig, dass der Hund zunächst ganz still steht und dann auf einer auf einer 20 Meter langen, geraden und ebenen Streckec vor- und zurückgeführt wird.

Border Collie-Welpe mit verändertem Gangbild

Varus-Stellung
Das Gelenk ist nach außen geknickt („O-Bein"). Das Gegenteil dazu ist die Valgus-Stellung („X-Bein").

Fallbeispiel 1

Im Fokus des ersten Falls steht ein sechzehn Wochen alter Border Collie-Welpe mit auffälligem Gangbild. Neben einem vorne rechts erkennbaren Hinken mit deutlicher Varus-Stellung im rechten Ellbogen zeigt er eine deutliche Minderausbildung der Muskeln *Mm. Supra-* und *infraspinatus* sowie des *M. trizeps*. Der Welpe war sehr lebhaft und ein Draufgänger; er genoss es, sich jedem noch so großen Hindernis zu stellen. Wie den Röntgenaufnahmen zu entnehmen ist, lässt sich eine deutliche Malformation (ungleiches Wachstum) von Elle und Speiche verzeichnen. Da diese einseitig vorhanden ist, ist davon auszugehen, dass sie im direkten Zusammenhang mit Wachstum, Bewegung sowie stumpfen Traumata steht. Eine genetische Komponente hingegen erscheint eher unwahrscheinlich. An dieser Stelle kann noch einmal als Negativbeispiel auf die Empfehlungen des Artikels aus Hund 5/23 bzw. mögliche Konsequenzen einer unkontrollierten Bewegung verwiesen werden. Die Besitzerin ließ ihren Hund nicht operieren, da die Prognose unklar war. Somit darf der Hund leben, solange es geht; wenn allerdings die Schmerzen und das Hinken zunehmen und die Grenze des Erträglichen überschreiten, wird dieser Hund euthanasiert.

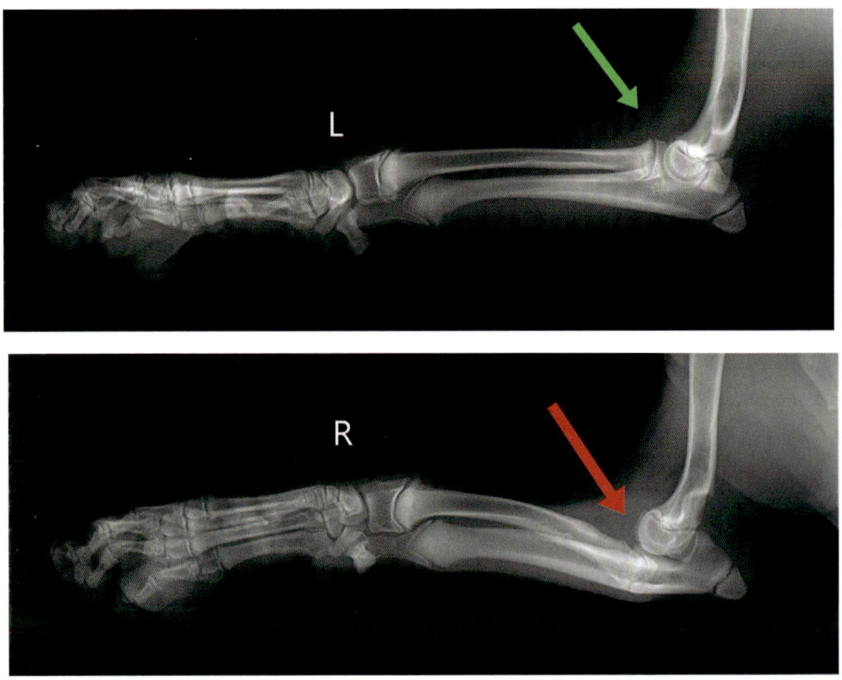

Der linke Ellbogen des Welpen (oben) zeigt sich gesund, der rechte (unten) dagegen stark verändert.

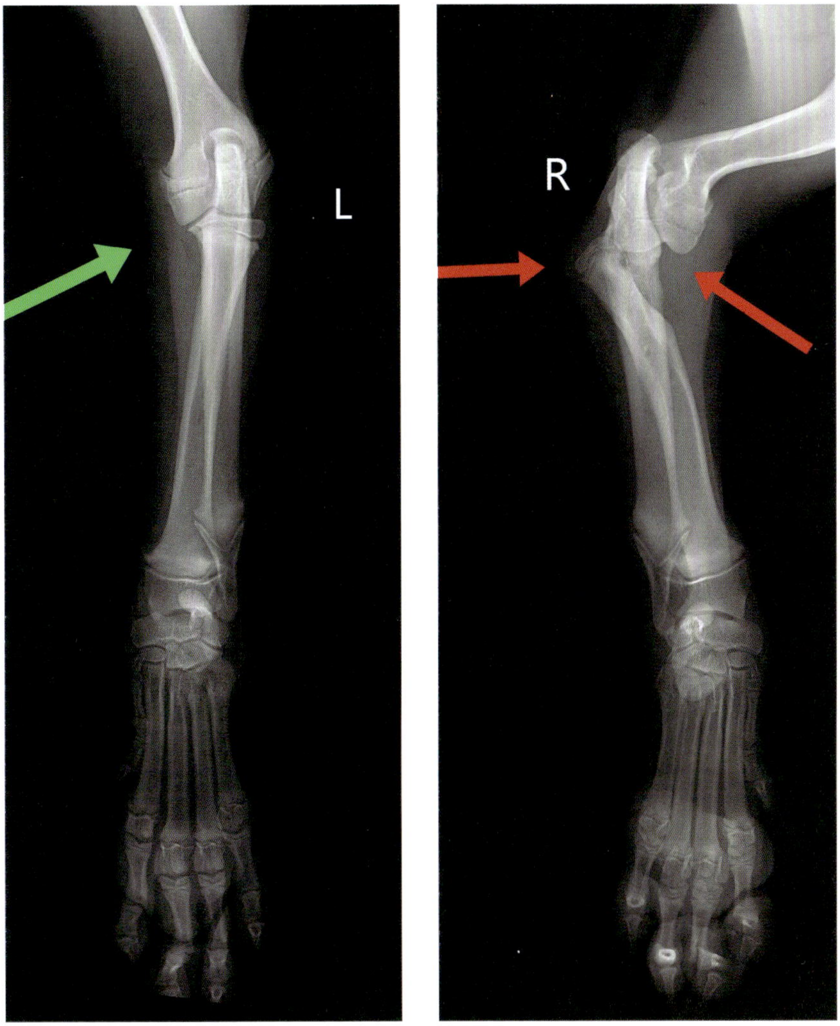

Die Ellbogen des gleichen Hundes aus Fallbeispiel 1 in Draufsicht – links gesund, rechts verändert.

Verändertes Gangbild im Knie links bei Boxerrüden mit partiellem Kreuzbandanriss

Rezidivierende Lahmheit:
Immer wiederkehrende Lahmheit nach Phasen der Besserung.

Partieller Kreuzbandriss:
Das Kreuzband ist nicht komplett durchgerissen, sondern nur partiell (teilweise) gerissen bzw. angerissen.

Fallbeispiel 2

Der zweite Fall aus der Praxis befasst sich mit einem vierzehn Monate alten Boxer-Rüden, der seit sechs bis sieben Monaten hinten links unter einer chronisch *rezidivierenden Lahmheit* leidet. Die Besitzerin war bereits beim Tierarzt und hatte die Lahmheit abklären lassen. Die dort durchgeführten Untersuchungen ergaben aber keine Diagnose. Die Lahmheit zeigte sich immer nur kurz und vor allem nach dem Aufstehen. In letzter Zeit nahm die Lahmheit aber deutlich zu und verstärkte sich in ihrer Ausgeprägtheit, während der Hund zusätzlich eine Entlastungshaltung erkennen ließ. Die Diagnose war einfach und kurz zu stellen: Bei den Beschwerden handelte es sich um einen partiellen Kreuzbandanriss. Allerdings ist in diesem Fall hervorzuheben, dass der Hund eine veränderte Achse aufweist (siehe Röntgenbild unten rechts); somit ist im Vergleich zum Unterschenkel diese Fehlstellung rechts nicht vorhanden. Der Hund besitzt ein wildes und ungestümes Naturell, das auch im Verlauf der Untersuchung hervorbrach und damit zusätzlich die Ursache des Problems auf eine unkontrollierte Bewegung zurückführen ließ. Die Wachstumsfugen des Knies beim großen Hund schließen sich je nach Individuum um den neunten Monat, bei einigen Tieren kann dies sogar ein bis zwei Monate später erfolgen. Wenn nun Hunde wild toben und rüpelhaft spielen, können solche Fehlbildungen im Knochen auftreten. Dadurch verändert sich die Druck-Zug-Achse und die Belastung im Knie erfährt eine Zunahme. Somit kommt es schneller zu einer Überlastung im Knie und auf dem Kreuzband. Wenn also Hunde ohne Einschränkung und externe Regulation ihrer Bewegung freien Lauf lassen, können sich diese partiellen Kreuzbandpathologien als Folge manifestieren. Diese sind für den Hund mit Schmerzen und Einschränkungen verbunden, während der Besitzer bereits mit deutlichen finanziellen Belastungen rechnen darf.

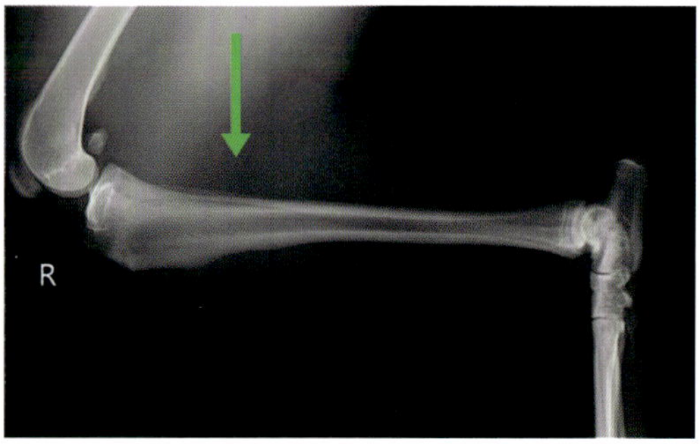

Knie rechts gesund

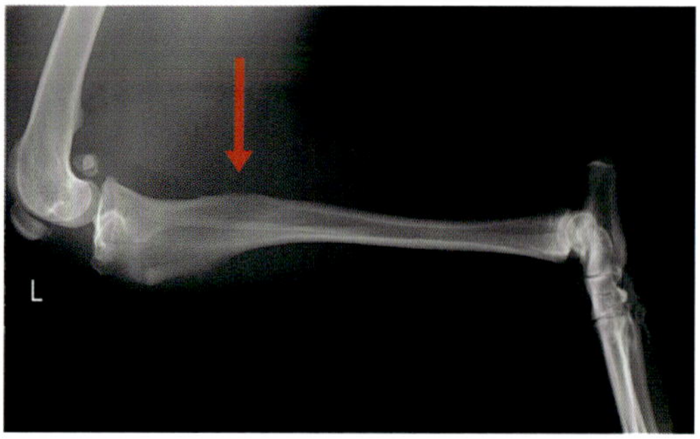

Knie links: Ein stumpfes Trauma im Wachstum hat eine Formänderung im Unterschenkel (Pfeil) und damit eine verkrümmte Knochenachse bewirkt.

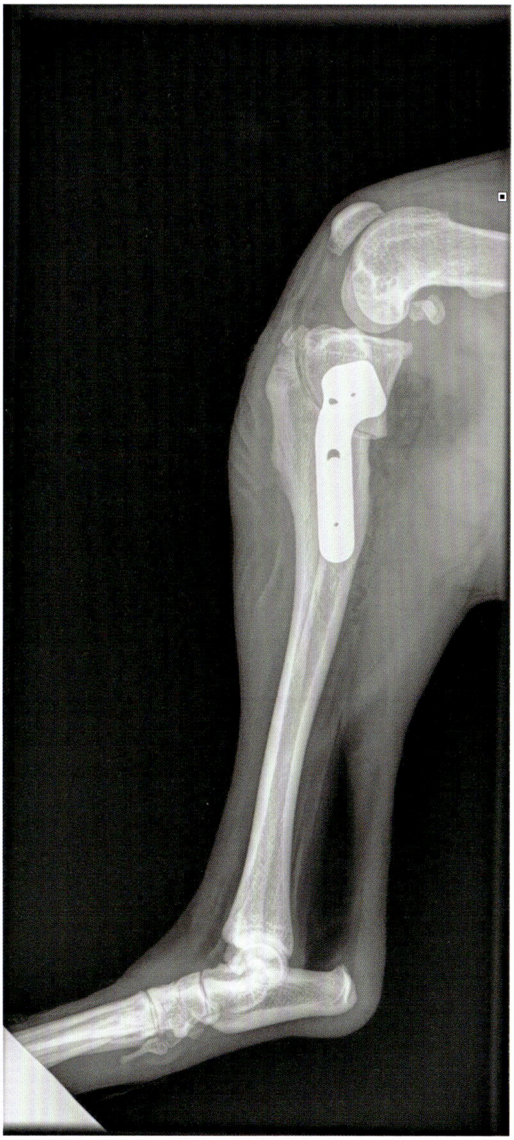

Knie links nach TPLO-OP, seitliche Ansicht links

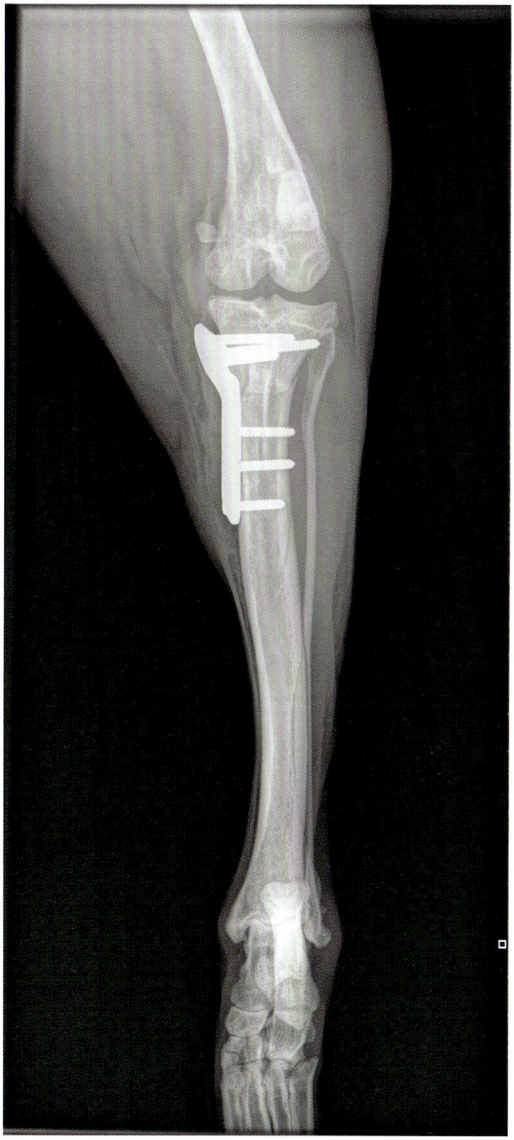

Rechts von vorn, stehend (anterior-posteriorer Strahlengang).

TPLO:

Die „Kreuzband-OP" beim Hund (TPLO = Tibial Plateau Leveling Osteotomy) ist eine Möglichkeit, den Kreuzbandriss zu stabilisieren. Dabei wird der Winkel des Tibiaplateaus (Gelenkfläche des Schienbeins) gedreht und in der neuen Position fixiert.

Schmerzen in der Bewegung nach Toben

Fallbeispiel 3

Der dritte Fall präsentiert einen neunzehn Wochen alten Rhodesian Ridgeback mit Schmerzen und Bewegungsproblemen in der Hinterhand, der zunächst beim Haustierarzt vorgestellt wurde. Da dieser jedoch für das veränderte Gangbild keine Befunde erheben konnte, hat er kurzerhand die Besitzerin an uns weiterverwiesen. Der vorgestellte Patient ist sehr energiegeladen und spielt gerne mit anderen Hunden. Allerding kann sein Gangbild in der Hinterhand als auffällig gewertet werden: so hat der Junghund einen aufgezogenen Rücken, weist eine Steilstellung im Becken auf und zeigt eine Ankurvatur in der Hinterhand. Darunter ist zu verstehen, dass die Achse der Beckengliedmaße in Richtung Kopf gestellt ist. Zudem wird deutlich, dass der Hund nicht mit der Hinterhand arbeitet, sondern einen *pull-move* – eine gezogene Bewegung – erkennen lässt. Neben der insgesamt unrunden Bewegung konnte bei der orthopädischen Untersuchung eine Schmerzhaftigkeit des Rückens, Beckens und bei der Streckung der Hinterläufe verzeichnet werden. Das vier Wochen später aufgenommene Video zeigt den Unterschied. Etwa zwanzig Tage vor der Kontrolle bei uns war der Hund im Spiel mit der Hinterhand so ausgerutscht, dass sich das Becken dabei spiralartig verdreht hat. Daraufhin entstand das veränderte Gangbild und vor allem die Schmerzen in Becken und Rücken. Die Röntgen waren unauffällig und offenbarten keinen Hinweis für eine Hüftgelenksdysplasie. Die klinischen Symptome sind dabei nur auf das wilde Verhalten, Spiel und haltloses Toben zurückzuführen.

Übergangswirbel: Diese Definition vereinigt Fehlbildungen von benachbarten Wirbelsäulenabschnitten. Im Brustwirbelsäulenbereich sind diese oft ohne funktionelle Ausfälle. Im lumbalen Bereich, vor allem beim Deutschen Schäferhund, können sie das „Cauda-Equina-Syndrom" hervorrufen, und somit Hinken, Schmerzen, Bandscheibenvorfälle, Hüftgelenksdysplasie oder ein verändertes Gangbild mit aufgezogenem Rücken.

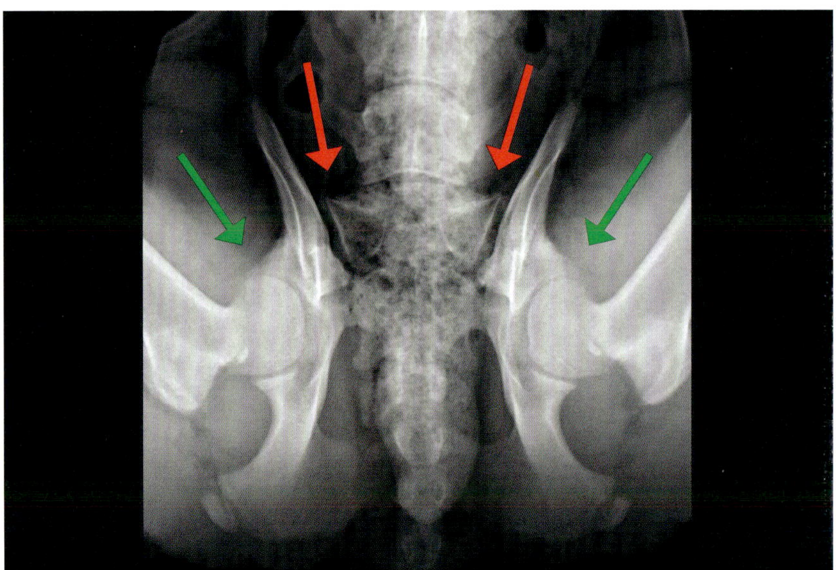

Grüner Pfeil: Hüfte gesund, roter Pfeil: Übergangswirbel

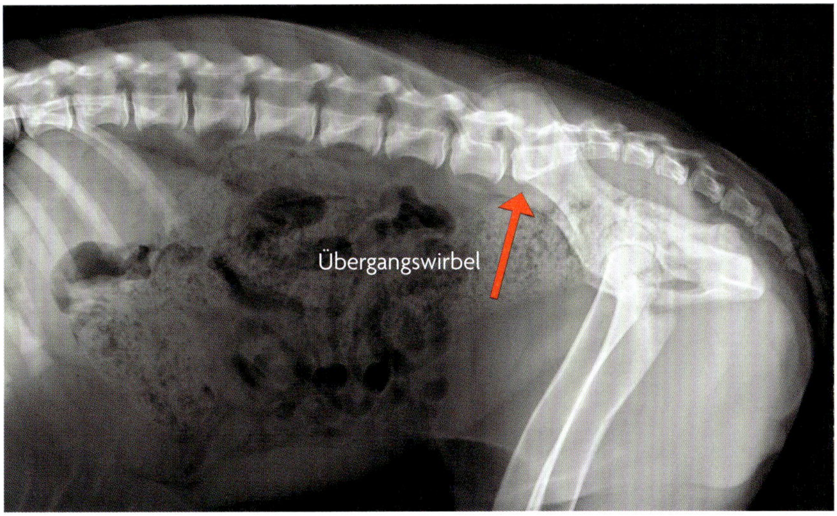

Durch den Übergangswirbel kam es zur mechanischen Fehlstellung, die die Beweglichkeit linksseitig im Becken deutlich behinderte, Entzündung und Schmerzen auslöste und für das veränderte Bewegungsmuster verantwortlich war.

Hinten links und vorne rechts vermindert, Hund zeigt somit pull-move aus der Vorhand

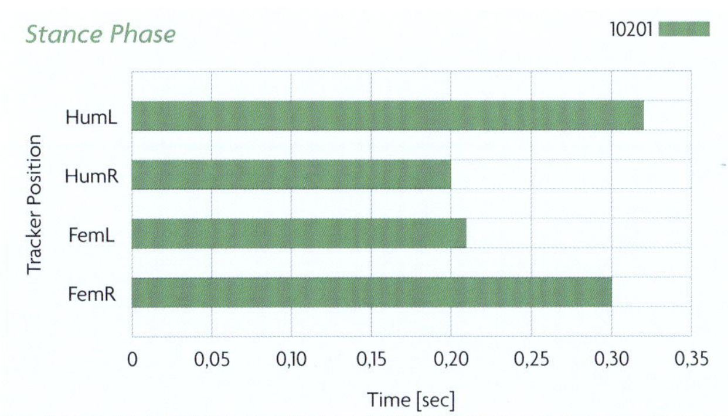

Vorne links stark vermindert auf Grundkompensation der linken Beckengliedmaße

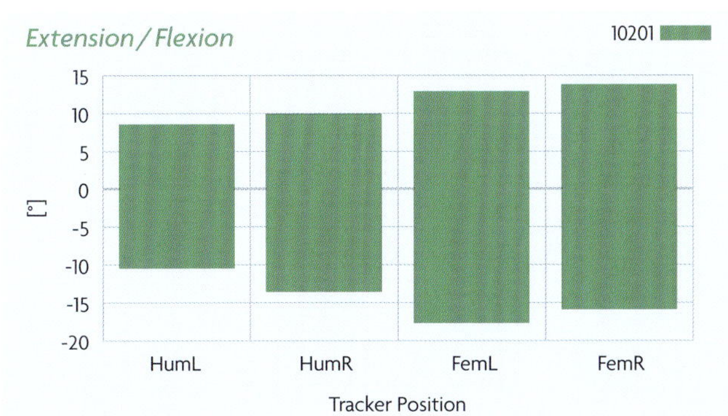

Gangbild bei HD, ED und OCD

Fallbeispiel 4

Im vierten Fall geht es erneut um einen Ridgeback, der im Alter von acht Monaten aufgrund einer hinten links verorteten Lahmheit in unserer Praxis vorgestellt wurde. Beim PTA wurden bereits Röntgenbilder gefertigt und dem Hund die Diagnose einer Hüftgelenksdysplasie gestellt. Da der Hund insgesamt ein unrundes Gangbild zeigt und auch im Verhalten nicht einfach ist, suchten mich die Besitzer für eine zweite Meinung auf. Der Hund lässt ein verändertes Gangbild in der Vor- und Hinterhand erkennen und bei der Betrachtung der Aufnahmen fällt deutlich die Asymmetrie im Schultergürtel auf. Die Folge sind eine OCD in der linken Schulter sowie eine Entzündung im linken Ellbogen. Beim linken Ellbogen ist zudem eine Dysplasie mit einem veränderten *proc. coronoideus* *(s. S. 13)* nicht ausgeschlossen. Auch bei diesem Hund ist offensichtlich, dass die orthopädischen Befunde durch Toben und Spielen entstanden sind. Bei diesem Hund kam noch erschwerend hinzu, dass er aufgrund der Schmerzen nur noch allein den Umgang mit seinem Besitzer duldete. Die Frau des Besitzers wurde vom Hund dafür bereits aggressiv angegangen. Die Befunde der Hüftgelenksdysplasie, der OCD in der linken Schulter sowie der Verdacht einer Ellbogendysplasie im linken Ellbogen und das zusätzlich schwierige Verhalten haben die Besitzer dazu veranlasst, keine weitere Therapie durchzuführen. Stattdessen haben sie aufgrund der reservierten Prognose, den daraus entstehenden Kosten und dem aggressiven Verhalten des Tieres die Entscheidung getroffen, den Hund euthanasieren zu lassen.

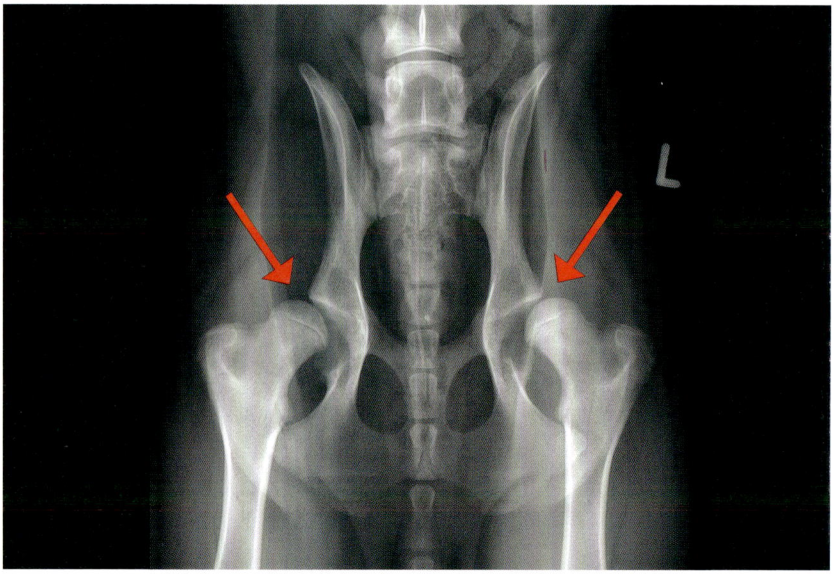

Hochgradige Hüftgelenksdysplasie, Oberschenkel außerhalb der Pfanne

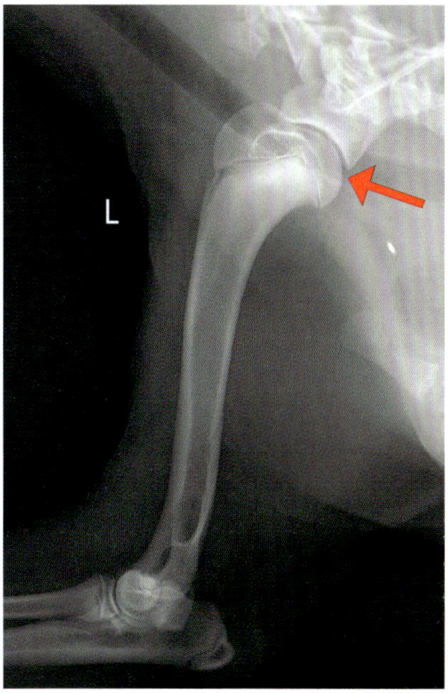

Schulter links, OCD-Läsion

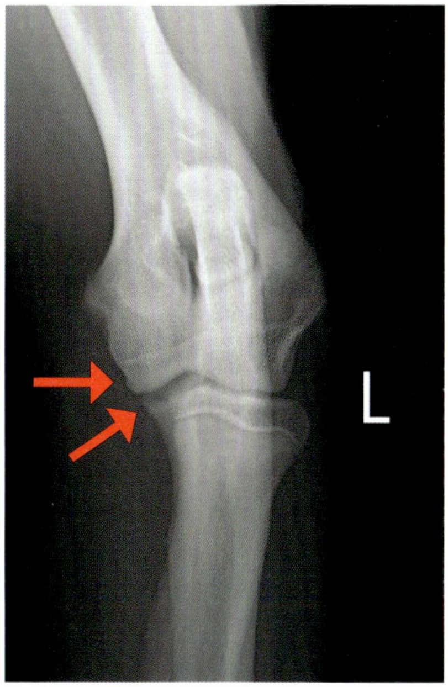

Unterhalb Schulter rechts, OCD-Läsion

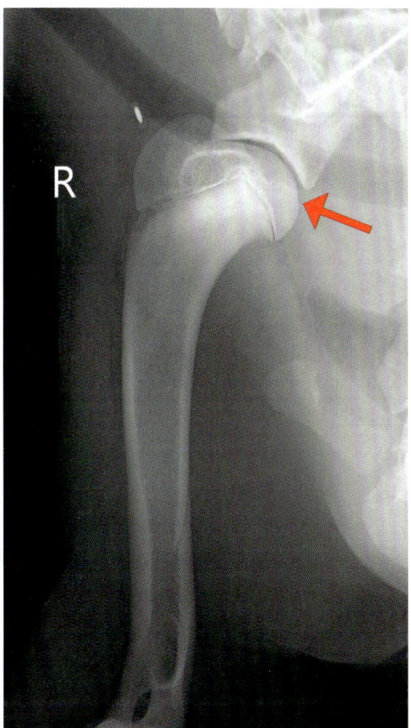

Ellbogen bds.

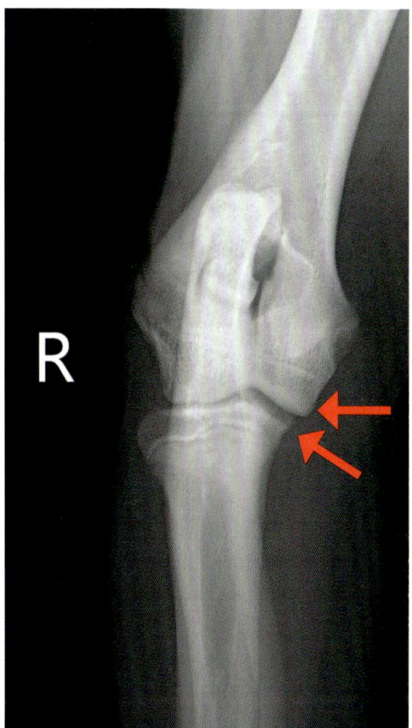

Ellbogendysplasie mit Coronoid-Pathologie (je roter Pfeil)

? Coronoid-Pathologie: Krankhafte, in diesem Fall arthrotische Veränderungen an der Gelenkfläche des Ellbogens im Bereich des Processus coronoideus (s. S. 12).

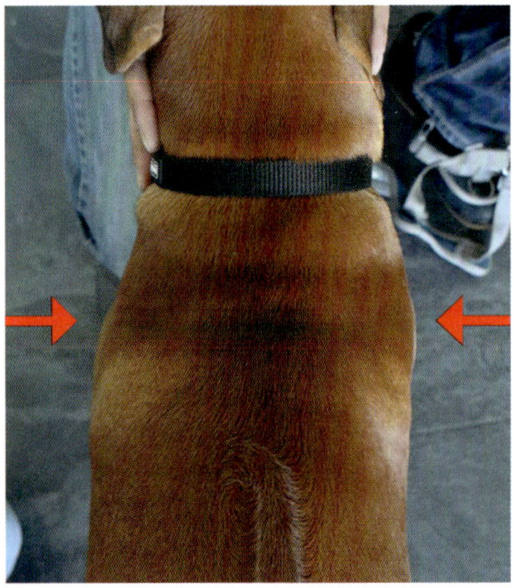

Vorher: Beide Schultern sind nicht symmetrisch und verlagert, dies gilt auch für die Brustwirbelsäule (rote Pfeile).

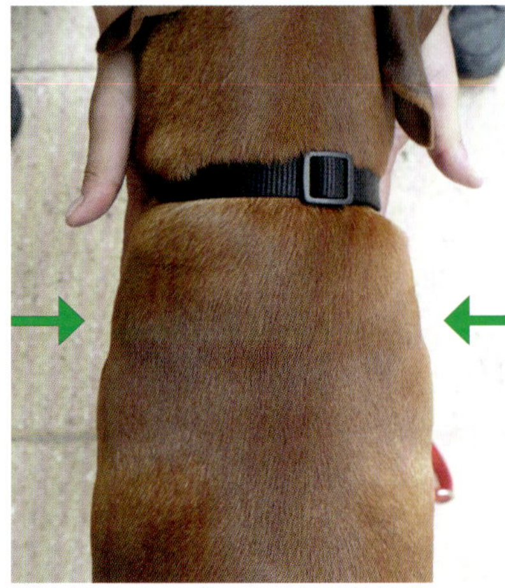

Nachher: Nach der orthopädischen manuellen Behandlung sind die Schultern symmetrisch gestellt und auf gleicher Linie (grüne Pfeile).
Der Hund kann wieder gleichmäßig mit der Vorhand laufen.

„Tracker Position" beschreibt die Stelle der Anbringung der Mess-Sensoren am Hundekörper, hier Humerus (Oberarm) links bzw. rechts, also vorn, und Femur (Oberschenkel) links bzw. rechts, also hinten.

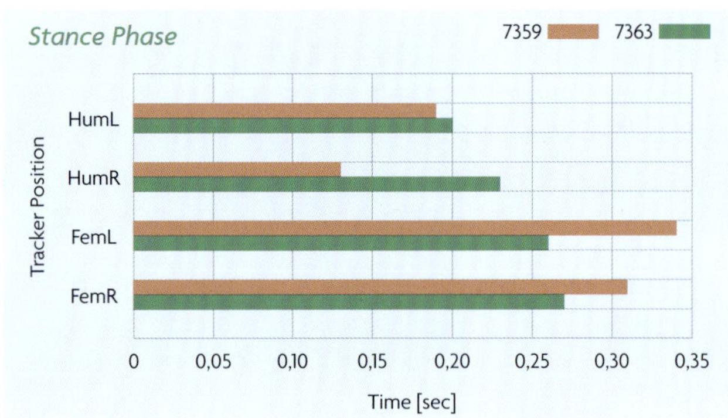

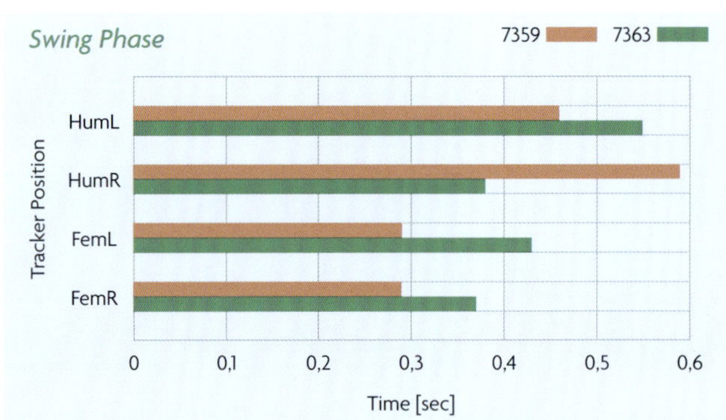

Kinematik: Stand- und Schwungphase vor der orthopädischen Behandlung.
Grün zeigt die Veränderung in der Standphase in der Vor- und Hinterhand.

Insbesondere die Befunde der Schultergliedmaße können auf eine veränderte Biomechanik in der Schultergliedmaße und das unkontrollierte Aufwachsen zurückgeführt werden. Unglücklicherweise hat dies einmal mehr einen Hund sehr früh das Leben gekostet.

Umwelt oder Gene – auch in der Orthopädie

Nun wurde in diesen Fallbeispielen bereits ein breites Spektrum an Informationen in Bezug auf den Welpen und Junghund präsentiert, so etwa die Grundvoraussetzungen für die Entwicklung einer Hüftgelenksdysplasie oder die Epigenetik, also genetische Einflüsse oder diejenigen externen Faktoren, die für die Entstehung dieser Skeletterkrankung verantwortlich sind. Insofern ist es wichtig, diese zum gegenwärtigen Zeitpunkt vorliegenden Erkenntnisse ergänzend mit zusätzlichen Informationen zu untermauern sowie deren Weiterentwicklung zu begünstigen und voranzutreiben. Aus diesem Grund erweist es sich als maßgeblich, eine objektive Untersuchung des Welpen oder wachsenden Hundes durchzuführen und dadurch eine Landkarte des einzelnen Individuums zu erzeugen, die sowohl die jeweils vorliegenden statischen als auch dynamischen Verhältnisse abbildet. Gleichzeitig ist es ratsam, in diesem Zusammenhang eine Unterscheidung zwischen den verschiedenen Rassentypen vorzunehmen und zwischen hochbeinigen, schmalbrüstigen Tieren wie etwa Windhunden und kleinen sowie brachyzephalen Hunden zu differenzieren, aber auch die Molosser-Hunderassen zu berücksichtigen, die deutlich schwerer sind und eine tiefe und breite Brust besitzen. So stellen sich je nach Hundetyp alle statisch-dynamischen Parameter und Features unterschiedlich dar, was einen großen Einfluss auf die orthopädische Erkrankung beim Hund ausübt. Des weiteren gilt es dabei zu beachten, dass die Schultergliedmaße durch eine sogenannte *Synsarkose*, also über eine muskuläre, an den Brustkasten geflanschte Gleitfläche, am Rumpf aufgehängt ist, wie auch der Beckenring eine Ringstruktur darstellt. Diese ist wiederum ebenfalls an der Wirbelsäule befestigt, nämlich durch das sogenannte Iliosakralgelenk, bei dem es sich nur um ein Pseudo-Gelenk handelt.

Die Berücksichtigung dieser zwei biomechanischen Grundvoraussetzungen lässt erkennen, dass diese sich in hohem Maße auf die Statik und Dynamik innerhalb des caninen Skelettsystems auswirken können, zum anderen aber auch auf die gesamte Biomechanik und infolgedessen auf die orthopädischen Erkrankungen des Hundes. Deshalb müssen eben diese Bedingungen im Zusammenhang mit der Art und Weise der Entste-

? Schulter-Synsarkose des Hundes:
Vordergliedmaße/Arm und Rumpf sind nicht wie beim Menschen fest knöchern miteinander verbunden (Schlüsselbein), sondern nur über Muskeln, Bändern und Faszien, was eine optimale Stoßdämpfung ermöglicht (s. a. S. 55).

hung einer Ellbogen- oder Hüftgelenksdysplasie, einer OCD oder Panostitis betrachtet werden.

Dabei mag es durchaus zutreffen, dass in einem solchen Fall genetische Voraussetzungen vorhanden sind, allerdings ist nochmals darauf hinzuweisen, dass diese Gene durch externe Einflüsse, wie Bewegung, Ernäh-

Lupo Gait® und Lupo Move® – was ist das?

An dieser Stelle machen wir einen kleinen Einschub und erklären Ihnen zum einen das diagnostische System LupoGait®, womit wir die Bewegung objektiv messen und aufzeigen können. Damit lässt sich einerseits beim Welpen die Bewegung aufzeigen und man kann Hinweise für eine beginnende Hüft- und/oder Ellbogendysplasie erhalten. Anderseits ist es auch möglich, prä- und postoperative evidenzbasierte Hinweise für die Regeneration und Rehabilitation zu erhalten.

Zum anderen beschäftigen wir uns in den verschiedenen LupoMove® Programmen mit der Prophylaxe bei Hunden, sei es beim Welpen, beim wachsenden Hund oder dann auch bei den Seniorpatienten. Gerade bei den Senioren sind das Aufdecken von Arthrose und somit von Schmerzen das zentrale Anliegen. Beim LupoMove ® Neuro-Kinematik beschäftigen wir uns mit dem Bewegungsgedächtnis, das nebst dem Schmerzgedächtnis ein zweiter zentraler Punkt in der Rehabilitation ist.

Genau an dieser Stelle existiert ein großes Manko, das es nun zu schließen gilt, denn erst nach der Erhebung der aufgelisteten Informationen kann der nächste wichtige Schritt in der Prävention, Prophylaxe sowie in der Therapie getätigt werden. Kurzfristig können ebendiese Daten genutzt werden, um chirurgische und therapeutische Maßnahmen für beispielsweise ein Hüftgelenk oder eine Ellbogenarthrose durchzuführen.

Hierbei soll vor allem die chirurgische Custom Made-Therapieoption Erwähnung finden. Eine Datenerhebung wie mit dem Lupo Gait® System bildet das Fundament für das Erarbeiten individueller therapeutischer Maßnahmen unter Berücksichtigung von Statik und Dynamik, die dann im 3D-Print optimiert werden können. Zudem wird dadurch auch ermöglicht, bei der Rehabilitation und Regeneration von diesen Daten Gebrauch zu machen. Es empfiehlt sich, diese Datenerhebung so früh wie möglich durchzuführen, also bereits beim Welpen oder beim erwachsenen Hund im Alter von acht Monaten. So soll also die Er-

? Custom Made-Therapieoption:
Auf den einzelnen Patienten bezogene chirurgische Intervention mit nur für diesen Patienten erstelltem künstlichem Gelenk, z.B. einer Hüftprothese

rung, Wachstumsintensität und andere generiert und aktiviert werden, wodurch schließlich eine Erkrankung zum Tragen kommt. Die diesbezügliche Grundlage betrifft die Biomechanik, über die mehr Informationen generiert werden sollen - sei es hinsichtlich der Statik, der Dynamik oder in der Untersuchung, wenn die Funktionalität besteht.

stellung solcher „Landkarten“ für die verschiedenen Rassen innerhalb des primären Wachstums, zu Beginn oder innerhalb des sekundären Wachstums erfolgen, um klar festzuhalten, welche Aspekte als normal oder abnormal gelten können.

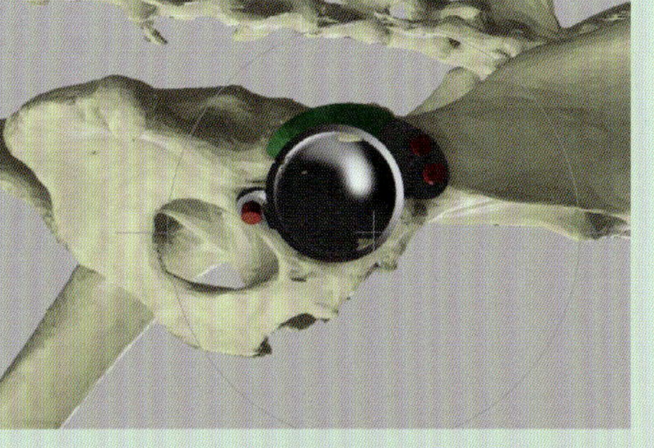

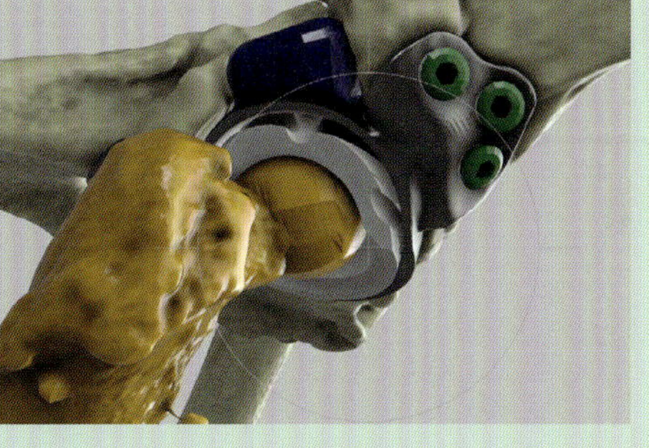

Auf Grundlage der mit LupoGait gewonnenen Daten kann mit 3D-Print ein individueller Gelenkersatz hergestellt werden, eine so genannte Custom Made-Therapieoption.

Es lässt sich festhalten, dass die Biomechanik und die Auswirkungen biomechanischen Parameter wie der Statik und Dynamik sich maßgeblich auf die orthopädische Gesundheit von Welpen und wachsenden Hunden, also von Sport-, Arbeits- und Familienhunden auswirken. Hierin liegt jedoch auch großes Potenzial für die Prävention, Diagnostik und Therapie sowie für ein gesundes und langes Leben der betroffenen Hunde. Gerade dieses Vorgehen ist in der Humanmedizin bereits möglich. Vor allem bei Schädeltraumen, die chirurgisch saniert werden müssen, hilft eine Software dabei, die Chirurgie durch Modellierung zu optimieren. Auch in der Dental- und Kieferorthopädie wird dies genutzt. Die genannten Methoden wurden in unserer Region Basel an der Fachhochschule FHNW in Muttenz entwickelt und finden bereits in der Praxis Anwendung.

An dieser Stelle bietet es sich an, als Überleitung das Thema der Hüftgelenksdysplasie aufzugreifen.

Mir persönlich erschließt sich nicht, wie die Entstehung einer Erkrankung wie der Hüftgelenksdysplasie ausschließlich aus genetischen Gründen erfolgen könnte. Das große Problem liegt meines Erachtens darin, dass noch immer eine Vielzahl von Hundebesitzern, aber auch Tierärzten sowie Wissenschaftlern und Genetikern die Meinung vertritt, dass eine entsprechende Veranlagung als der primäre Auslöser für die Entwicklung einer Hüftgelenks- oder Ellbogendysplasie gelten muss. Diese Vorstellung kann ich absolut nicht teilen.

Wir partizipieren nicht an einem Theaterspiel der römischen Antike, bei dem der sogenannte Deus ex Machina im Finale des dramatischen Stücks regulierend interveniert, das moralisch „Böse“ vernichtet und das „Gute“ zum Sieg führt. Diese Zeit ist vorbei. Die Hüftgelenks- und Ellbogendysplasie, OCD und Panostitis besitzt keinen ausschließlichen Zusammenhang mit der Genetik, allenfalls mit einer gewissen Veranlagung, denn in erster Linie stehen diese Voraussetzungen mit der Gewebestruktur, bzw. ihrer Morphologie – also mit der Qualität des Materials – in Verbindung. Die weitaus größere Rolle spielt in diesem Kontext die Biomechanik, die Form, das Reiz-Reaktions-Prinzip sowie die absoluten und relativen Form-Funktions-Veränderungen. Wenn die Biomechanik des Beckens diejenige des Femurs durch die *Antorsion*, aber auch mit dem *Genus valgus* diese verschiedenen anatomischen Strukturen verändert, erstaunt es wenig, dass eine ED, OCD oder HD entstehen kann, da sich an diesen Stellen die Druck-Zug-Verhältnisse verändern. Somit ist festzuhalten, dass eine veränderte Biomechanik in den verschiedenen Gelenken wie etwa der Hüfte, dem Ellbogen oder der Schulter und nichts anderes sich als das primäre Problem erweist, während alles andere eine altertümliche Ansicht darstellt.

Antorsion: wird kopfwärts gedreht

Genus valgus X-Bein der Knie

Die Wissenschaftler, die sich mit der Epigenetik auseinandersetzen, müssen bei ihren Forschungen sicherlich bemerkt haben, dass die Umwelteinflüsse einen dominierenden Faktor repräsentieren. Zwar wird ein Tierarzt, Biomechaniker oder Orthopäde, der sich mit diesem Thema jahrelang beschäftigt hat, zu der Feststellung gelangen, dass durchaus eine Veranlagung besteht; allerdings können erst die externen Einwirkungen diese Veranlagung aktivieren und zum Tragen bringen, indem die Festigkeit der anatomischen Strukturen vermindert wird und die veränderten biomechanischen Druck-Zug-Verhältnisse an den verschiedenen anatomischen Regionen, die vor allem durch Herumtoben, rabiates Spiel, Übergewicht, schnelles Wachstum etc. ausgelöst werden.

Das Ziel in diesem Buch ist das optimale Wachstum unter Einbeziehung der Orthopädie. Generell lässt sich festhalten, dass eine Lahmheit beim Hund einerseits auf strukturelle Veränderungen – wie etwa die Dysplasie der Hüfte – zurückgeführt werden und sich in einem Hinken des

Tieres manifestieren kann; andererseits ist es möglich, dass funktionelle Veränderungen, zum Beispiel eine veränderte Beweglichkeit (ROM/Range of Motion) sowie ROF (Range of Freedom oder auf deutsch Freiheitsgrade) der Schulter, die Ursache der Lahmheit darstellen und sich in derselben Bewegungsanomalie bemerkbar machen können. In diesem Fall kann eine axiale oder abaxiale *Translation* als Auslöser für die Schulterlahmheit fungieren. Allerdings lässt sich diese Problematik nicht anhand von Röntgen oder einer CT (Computertomographie) eruieren, sondern kann nur mit Hilfe der funktionellen Diagnostik in Form einer kinematischen Bewegungsmessung identifiziert werden.

In diesem Buch möchte ich aufzeigen, wie der Junghund konditionell und sportlich aufgebaut werden kann. Neben dem Fokus auf dem Familienhund wie etwa dem Labrador oder Golden Retriever, der seine Besitzer auf Ausflüge oder Wanderungen begleitet, werden auch Aspekte im Aufbau des Sporthundes (Boxer, Rottweiler oder Malinois) eingehend erläutert. Es bestehen wichtige Voraussetzungen, die erfüllt werden müssen, um einen Hund gesund auf seine Leistungsfähigkeit im Leben vorzubereiten.

An oberster Stelle findet sich dabei die Prophylaxe, der im Aufbau des Hundes nirgendwo so viel Bedeutung zukommt wie im LupoMove® Prophylaxe-Programm.

Die permanente Diskussion von Junghundeerkrankungen genetischen Ursprungs wie der Hüftgelenksdysplasie, der Osteochondrosis (OCD) oder Panostitis haben wir bereits erwähnt und näher ausgeführt. Die Biomechanik und Kinematik stellen thematische Schwerpunkte meiner Arbeit dar und erweisen sich zudem als integraler Bestandteil meiner Studie vom Welpen bis hin zum ausgewachsenen Hund und offiziellen HD/ED-Röntgen.

Hier sind vor allem Aspekte von Interesse wie etwa die Frage danach, wie man einen Welpen oder einen wachsenden Hund in der Bewegung und im Training belasten kann oder wann und weshalb orthopädische Erkrankungen entstehen. Dies und vieles mehr bildet den Fokus des vorliegenden Werkes.

Translation:
Unter dem Begriff der „**Translation**" ist die Verschiebung des Schulterblatts zu verstehen und beschreibt somit die veränderte Biomechanik der **Schultersynsarkose**.

Training und Leistungsaufbau der Bewegung des Hundes

Im Zeitraum der vergangenen drei Jahre konnte eine deutliche Zunahme der Hundepopulation in der Schweiz wie auch andernorts beobachtet werden. Dieser Umstand mag sich unter anderem auf den aus den Restriktionen der Pandemie hervorgegangenen Wunsch nach Gesellschaft und den gesteigerten Drang nach Aktivität im Freien zurückführen lassen. Dabei wurden viele Welpen von Züchtern wie auch Hundehändlern einem neuen Zuhause übergeben.

Nun versteht es sich von selbst, dass ein wachsender Hund graduell an die Bewegung herangeführt werden muss. Somit erweist es sich als unerlässlich, den Bewegungsaufbau eines Junghundes gemäß den Wachstumsbedingungen durchzuführen. Um ein besseres Verständnis für die Notwendigkeit und die Art und Weise eines solchen Vorgehens zu erlangen, müssen zunächst einige zentrale Begriffe näher erläutert werden. So sollen also neben der Form-Funktions-Isometrie- und Asymmetrie die Leistungsbereitschaft sowie die Leistungsfähigkeit des Hundes erörtert werden, während zudem die Gegenüberstellung von Genetik versus Epigenetik ausführlicher beleuchtet wird.

Die Form-Funktions-Begriffe beschreiben das Skelettsystem aus struktureller und funktioneller Sicht. *Strukturell* bezieht sich dabei auf das aus anatomischer und orthopädischer Perspektive gesunde Skelett, das keinen Hinweis auf eine Hüftgelenksdysplasie erkennen lässt. *Funktionell* bedeutet wiederum, dass die Gelenke, die regionalen Strukturen – wie etwa der Beckengürtel sowie das Skelett *in toto* (als Ganzes) – physiologisch, also der Norm entsprechend, und im Rahmen der Biomechanik arbeiten, die für sie vorbestimmt ist.

In der vorliegenden Grafik werden die Form-Funktions-Begriffe und deren Bedeutung innerhalb des Wachstums beschrieben.

Aufbautraining beim Hund

	FFA (Asymmetrie)	⟷	**FFI (Isometrie)**
Primäres Wachstum	**Strukturell** → Röntgenbilder Hüfte • konventionell • stehend • tangential		**Funktionell** → Messparameter
Sekundäres Wachstum	**FFA**	⟷ Funktionell	**FFI**

Die Begriffe Form-Funktion-Isometrie (FFI) und Form-Funktions-Asymmetrie (FFA)

Die Form-Funktions-Isometrie (FFI) beschreibt das Skelett mit einer gesunden Struktur sowie einer biomechanischen Bewegung der Gelenk- und Gelenkabschnitte innerhalb des Skeletts. Dies bedeutet, dass strukturell kein Hinweis auf eine Ellbogen- oder Hüftgelenksdysplasie und kein *Übergangswirbel* (s. S. 22) vorliegt und das Röhrenwachstum der Knochen ebenfalls einem gesunden und gleichmäßigen Bauplan entspricht. Außerdem lassen sich weder eine Ungleichlänge der Knochen noch veränderte Gelenke erkennen, die wiederum auf das Bestehen einer Hüftgelenksdysplasie hindeuten würden.

Funktionell bedeutet, dass der Beckengürtel, der Schultergürtel sowie die Wirbelsäule sich in der Norm bewegen können und sich dabei kein Vorhandensein einer Blockade oder einer ungleichmäßigen Bewegung feststellen lässt. Die Statik und Dynamik der Vor- respektive der Hinterhand ist in einem Verhältnis von 60:40 sowie 30:20 auf beiden Seiten (Längsachsen) gleich verteilt. Ferner sind der Becken- wie Schultergürtel symmetrisch zueinander und weisen vor allem keine *sagittale, horizontale* oder *transversale* Verschiebung auf. Zudem lassen sich keine Hinweise für Schmerz- und Entzündungsprozesse erfassen.

Übergangswirbel: siehe Seite 22

Anatomische Richtungsbezeichnungen:

Sagittal = parallel zur Mittelachse des Körpers

Horizontal = parallel zum Horizont

Transversal = rechtwinklig zur Längsachse des Körpers

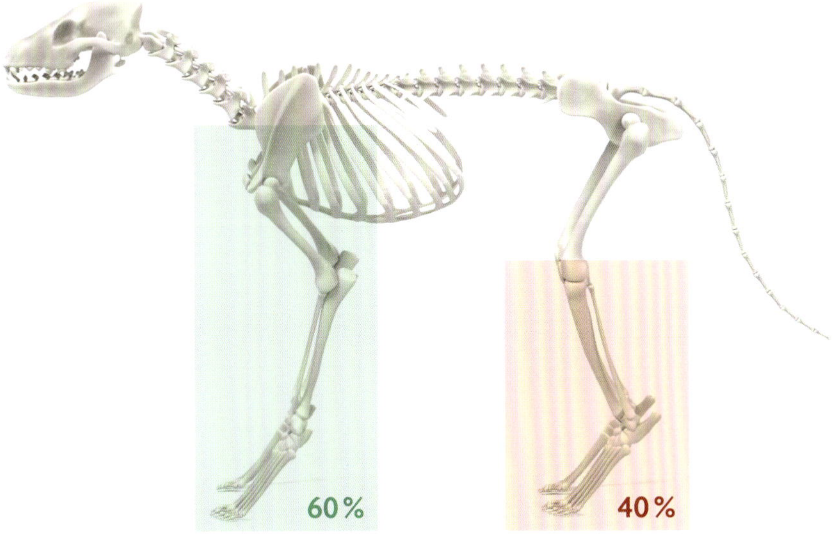

Die Vorhand trägt rund 60% der Last, die Hinterhand rund 40%.

Diese Voraussetzungen bilden die Grundlage für ein gleichmäßiges Wachstum sowie für einen optimalen Muskelaufbau und gelten für das primäre Wachstum – das sogenannte Größenwachstum – wie auch das sekundäre Wachstum, während dem die Entwicklung der Muskulatur, Kraft und Ausdauer erfolgt.

Im Hinblick auf die Form-Funktions-Asymmetrie *(FFA)* bzw. Veränderung ist es notwendig, strukturelle und/oder funktionelle Veränderungen zu beobachten. So bedeutet eine Anomalie struktureller Natur, dass der Hund eine Hüft- oder Ellbogendysplasie aufweist oder aber andere skelettale Missbildungen bestehen. In einem solchen Fall können Veränderungen der Statik und Dynamik festgestellt werden, die sich in Form von Entlastungshaltungen manifestieren: anstatt des Ausführens eines *push-move* aus der Hinterhand lässt sich ein *pull-move* – also eine gezogene Bewegung aus der Vorderhand – beobachten. Dies kann auf der gleichen Seite der erkrankten Gliedmaße, bzw. des betroffenen Gelenks, stattfinden oder diagonal zu dieser erfolgen. Damit handelt es sich also um eine kompensatorische, also eine ausgleichende Bewegung. Solange dieser Mechanismus funktioniert, kann oftmals kein Hinken und generell keine Lahmheit beim Hund beobachtet werden. Allerdings ist es möglich, mit Hilfe von Fachkenntnissen als Spezialist eine veränderte Bewegung frühzeitig zu identifizieren.

Um nun den Fokus auf den funktionellen Anteil einer strukturellen Erkrankung zu verlagern, soll als Beispiel die Hüftgelenksdysplasie in der linken Hüfte aufgeführt werden. Hierbei kann zunächst auffallen, dass der Hund mit der Hinterhand nach rechts schwenkt und sich somit in einer Außenstellung fortbewegt. Die linke und erkrankte Beckengliedmaße zeigt in diesem Fall ein vermehrtes Schwingen sowie eine kreisförmige Bewegung, allenfalls ein Zehenschleifen. Zudem erscheinen die Form und Bewegung des linken Knies – vor allem im Vergleich zum rechten – verändert.

Im Becken kommt es meistens ebenfalls zu einer funktionellen Asymmetrie, wobei aufgrund der Hüftgelenksdysplasie das Becken verkippt wird. Die Bewegung des *Femurs* (Oberschenkel) erfährt durch die Dysplasie eine sehr starke Beeinträchtigung: das Bein vollführt eine Bewegung wie am Stock – als wäre es locker – und lässt den Eindruck entstehen, als gehöre die Gliedmaße nicht zum Körper.

Nachdem nun die Bewegung des linken Beins sowie des Beckens auf der Seite mit der Dysplasie beschrieben wurde, soll im nächsten Schritt die Vorhand näher betrachtet werden. Wird diese aus der Bewegung heraus untersucht, lässt sich feststellen, dass sie aufgrund der durch eine dysplastische Hüfte verursachten Schmerzen einen *pull-move*, also eine gezogene Bewegung, ausführt und folglich eine veränderte Biomechanik aufweist. Der Hund versucht also, diese Problematik mit der Schultergliedmaße zu kompensieren, was oftmals auf der gleichen Seite wie die erkrankte Hüfte – also *ipsilateral* und somit vorne links – erfolgt. Zusätzlich kann es vor-

? ipsilateral: auf der gleichen Körperseite, hier: vorne und hinten auf der gleichen Seite kommen, dass das betroffene Tier über die rechte Schulter läuft, bzw. diagonal *traversiert* – ein Umstand, der sich auch beim Pferd observieren lässt.

Mit Hilfe der *Kinematik* lässt sich die veränderte Bewegung durch Parameter wie die Stand- und Schwungphase, *PVF* sowie die Schritt- und Ganglängen aufzeigen. Des weiteren besteht die Möglichkeit einer Klassifizierung der Hüftgelenksdysplasie. Aktuell arbeiten in der Schweiz die orthoVET sowie die Fachhochschule FHMW Muttenz an einem diesbezüglichen Forschungsprogramm und vor allem dem besten Algorithmus für eine solche Klassifizierung.

Kinematik:
Lehre von der Bewegung

PVF = Peak Vertical Force
Höchste einwirkende Kraft während der Standbeinphase

Somit wurden also die funktionellen Veränderungen beschrieben, welchen strukturelle Erkrankungen wie die Hüftgelenks- oder Ellbogendysplasie zugrunde liegen. Nun ist es allerdings auch möglich, dass der Hund eine funktionell veränderte Bewegung erkennen lässt und somit ein Hinken aufweist, ohne dass dabei eine strukturelle Veränderung im Skelettsystem vorliegt. Dies kann passieren, wenn der Hund als Folge von stumpftraumatischen Prozessen und Unfällen, Bodychecks, rabiaten Spielen und ähnlichen externen Einwirkungen eine veränderte Biomechanik im Skelett zeigt und diese sich entsprechend in einer veränderten Bewegung und Belastung der Gliedmaßen manifestiert. Dieser Umstand betrifft die Beckengliedmaße, insbesondere das Becken, den Oberschenkel und das Knie. In der Schultergliedmaße sind es wiederum insbesondere die Schulter, der Ellbogen und im Carpus das *os carpi accessorium*. Somit kann der Hund auch ohne das Bestehen einer strukturellen Anomalie im Skelettsystem eine relative Form-Funktions-Veränderung *(FFV)* aufweisen („relativ" deshalb, da keine strukturellen Veränderungen vorhanden sind, sondern nur eine Einschränkung in der Beweglichkeit).

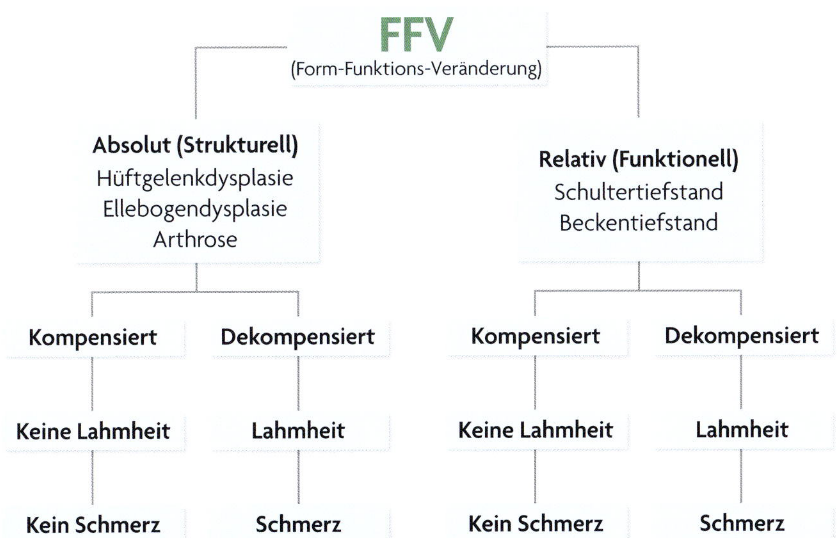

Hund zeigt durch schnelles Wachstum eine Asymmetrie in der Gliedmaßen-Achse

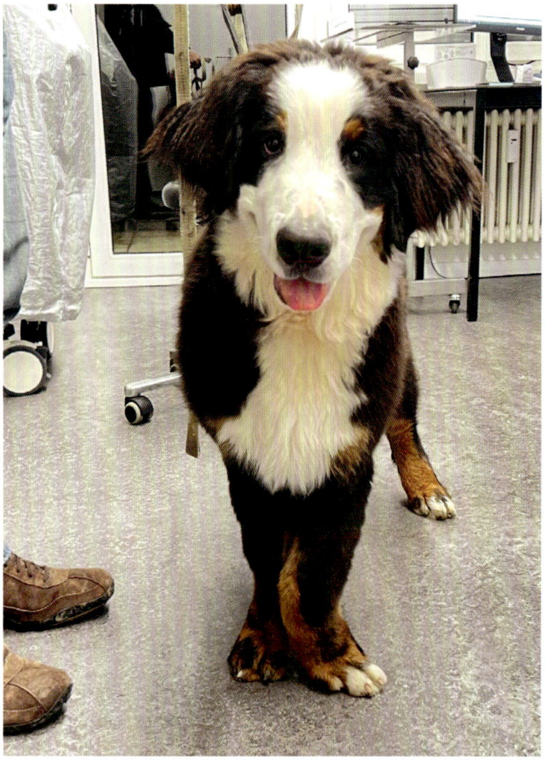

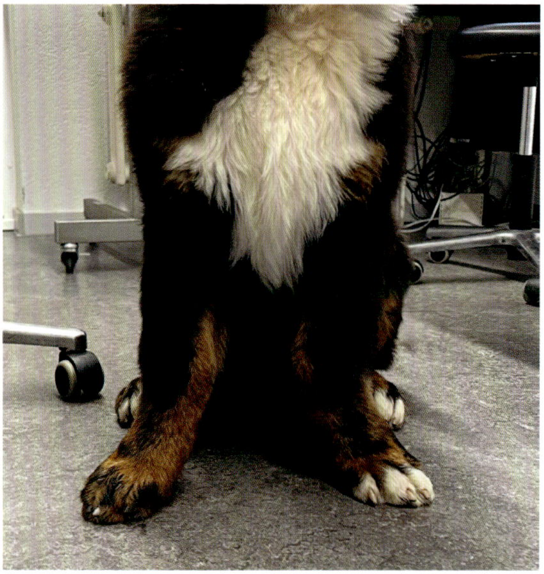

Der Berner-Sennen-Welpe aus dem Video zeigte eine sehr deutliche Fehlstellung der Vordergliedmaßen, die durch zu schnelles Wachstum entstanden war.

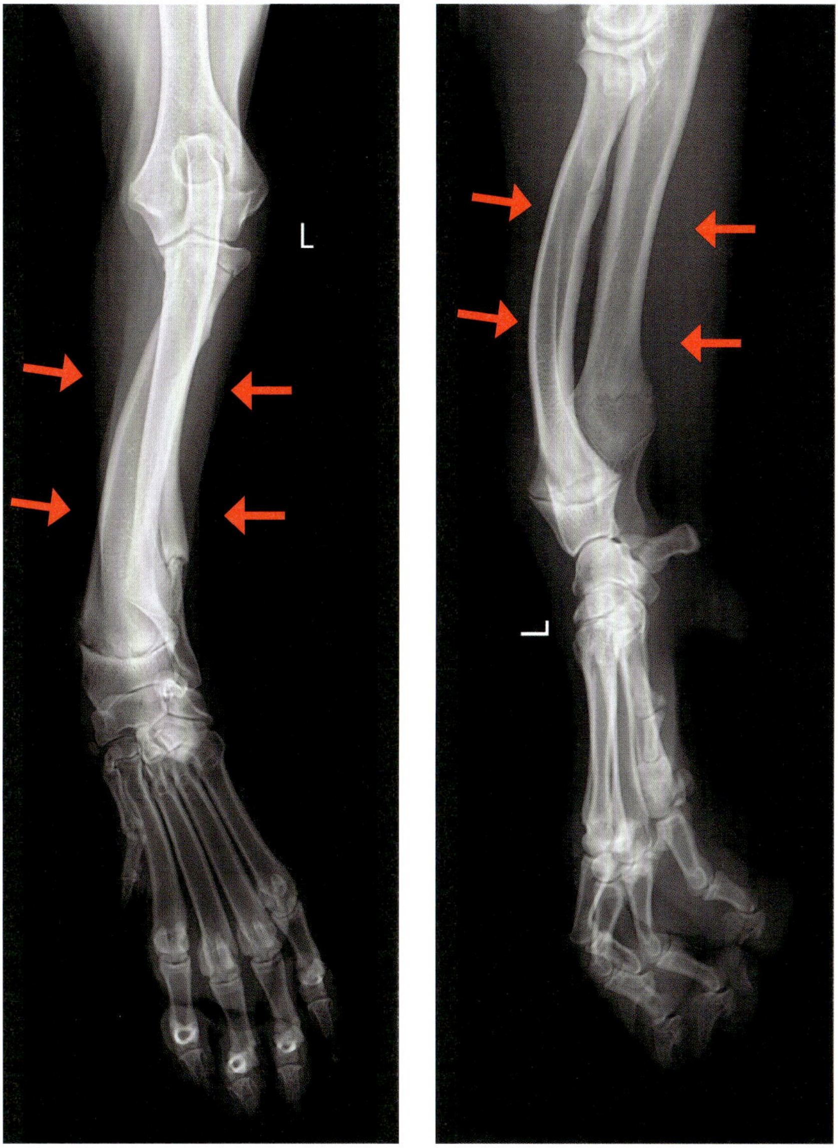

Röntgenbilder des Berner-Sennen-Welpen aus dem Video und links: Formabweichung Elle und Speiche links seitlich und in Aufsicht, Formabweichung mit roten Pfeilen markiert.

Die Arndt-Schulz-Regel

Vielleicht mag nun der Eindruck entstanden sein, dass die vielen Warnungen bezüglich Bewegung, Toben und Spielen zu pessimistisch anmuten und deshalb kaum der Realität entsprechen können. Dies ist jedoch keineswegs der Fall. Der Körper ist keine linear arbeitende Maschine mit limitiertem Funktionsspektrum und kann sich mit dem Besitz eines ausgeprägten Anpassungsvermögens brüsten. Dieses bleibt so lange bestehen, bis der Anpassungsprozess seine Grenzen bzw. Vollständigkeit erreicht hat. Oder anders ausgedrückt: der Körper ist dazu in der Lage, Fehl- und Entlastungs- sowie Überlastungshaltungen auszugleichen. Die Bewegung wird also kompensiert. Aus einem verminderten *push-move* der Beckengliedmaße entsteht ein *pull-move* der Schultergliedmaße. Doch wie stellt sich dieser Umstand konkret dar? Durch die Arndt-Schulz-Regel wird er folgendermaßen beschrieben:

*„Der Gebrauch erhält – die Anstrengung fördert –
die Überanstrengung schadet".*

Diese Grundregel bedarf als oberste Maxime beim Aufbau des Junghundes einer genaueren Definition. Dabei erweist es sich als unabdingbar, einer *fördernden Anstrengung* den Vorzug zu geben und eine *Überforderung* zu vermeiden – ein Grundsatz, der bereits beim Welpen zu den bedeutendsten Leitlinien gehört!

! Fördernde Anstrengung ist unerlässlich - Überforderung dagegen zu lassen!

Die *fördernde Anstrengung* soll dabei zum einen physisch erfolgen, darf zum anderen aber die geistig-emotionale Komponente nicht vernachlässigen. Somit ist diese Grundregel darauf ausgelegt, das Einhalten der Form-Funktions-Problematik zu garantieren, damit der Aufbau der Muskulatur den biomechanischen Rahmenbedingungen überhaupt erst entsprechen kann. Deshalb lässt sich also ein korrekt ablaufender Muskelaufbauprozess allein unter der Berücksichtigung dieser Voraussetzung gewährleisten. Wird hingegen die Form-Funktions-Problematik außer Acht gelassen, wird im Vergleich zur Bewegung einerseits keine oder zu wenig Muskelmasse aufgebaut; andererseits wird durch eine veränderte Form des Skelettsystems eine der falschen Funktion entsprechende Muskulatur ausgebildet – ein Aspekt, den es grundsätzlich zu vermeiden gilt.

Neben den auftretenden Schmerzen zählt die Strapazierung des Immunsystems zu einer weiteren Konsequenz der Missachtung der beschriebenen Grundregel. In diesem Fall werden die allgemeine Abwehr- wie auch die Immunkompetenz negativ beeinflusst.

Dieser Umstand resultiert wiederum in einer Fehl- und Überlastung von einem oder mehreren Gelenken oder regionalen Strukturen – wie es etwa am Beispiel des Beckengürtels ersichtlich wird – und lässt sich damit als Beginn der Arthrose begreifen. Dabei handelt es sich zudem um eine der Hauptursachen für eine Arthrose bei jungen Hunden im Alter von zwei bis drei Jahren.

Generell handelt es sich bei der Arthrose um eine degenerative Erkrankung, die mehrheitlich im Alter eines Individuums auftritt. Wenn die FFA-Problematik (s. S. 33) keine Berücksichtigung erfährt, werden der Verschleiß und die Überlastung der Gelenke verstärkt und fördern den fortschreitenden Entstehungsprozess der Arthrose. Daher ist es Tatsache, dass daher bei jungen Hunden im Alter von zwei oder drei Jahren bereits eine klinisch manifeste Arthrose bzw. eine Osteoarthritis durch permanente Fehl- und Überlastung eines oder mehrerer Gelenke auftreten kann.

Somit ist es nachvollziehbar, dass aufgrund der Vernachlässigung der Biomechanik Medikamente oftmals keine Wirkung zeigen. Zudem kann es sein, dass bei vielen Hunden eine klinisch *nicht* manifeste Arthrose vorliegt, wenn die ROM und die ROF – und somit also auch die Biomechanik – eingehalten werden. Dieses Thema soll jedoch in Kapitel 8 detaillierter behandelt werden.

ROM:
Range of Motion

ROF:
Range of Freedom
(Mehr dazu S. 56)

Im LupoMove® Puppy-Programm wird die tägliche Bewegungsdauer und ihre Unvereinbarkeit mit der Ein-Minuten-Regel klar aufgezeigt. Es lässt sich also feststellen, dass die Weichen für das Grundlagentraining bereits im frühen Wachstumsstadium des Welpen gestellt werden. Konkret empfiehlt das Programm in der zwölften Lebenswoche vier Spaziergänge pro Tag mit der Dauer von jeweils zwanzig Minuten. Somit ergibt das Addieren der Einzelspaziergänge des Welpen in der zwölften bis vierzehnten Woche eine Gesamtbewegungsdauer von achtzig Minuten und ist damit weit entfernt von der Ein-Minuten-Regel. Dieser Umstand ist nur logisch, da sich die Muskulatur, Koordination und Konstitution eines Hundes nur durch Bewegung aufbauen lassen, ebenso wie der Intellekt und die Nase durch den Kontakt zur Außenwelt geschult werden. Nun wird die Ein-Minuten-Regel berechtigterweise von den meisten abgelehnt, jedoch ist es in diesem Kontext neben zentral, sich mit der Qualität der Bewegung auseinanderzusetzen. So können etwa das rabiate Herumtollen mit anderen Hunden, das Ausrutschen auf unebenen oder glitschigen Böden oder Body Checks nicht als eine sinnvolle, qualitativ hochstehende Bewegungsart betrachtet werden. Dieser Aspekt muss also im Grundlagentraining berücksichtigt werden. Ferner hat die von uns im Zeitraum zwischen 2019 und 2022 durchgeführte Welpen-Studie demonstriert, dass alle partizipierenden Hunde, die sich nach den Empfehlungen meiner Bewegungstabellen körperlich betätigt haben und am Schluss im fünfzehnten Lebensmonat radiologisch auf Hüft- und Ellbogendysplasie untersucht wurden, auch mit diesen Mehrbelastungen kein erhöhtes Risiko für die genannten skelettalen Erkrankungen gezeigt haben. Nebst der Ein-Minuten-Regel soll auch die Arndt-Schulz-Regel, die Anpassung des orthopädischen Systems sowie die dazugehörigen

Empfehlungen über Ernährung sowie psycho-soziale Entwicklung berücksichtigt werden. Zusammenfassend berücksichtigen wir in diesem Wachstumsabschnitt die körperliche und geistige Auslastung sowie je nach späterem Einsatz die Grundsätze des Grundlagentrainings.

Genetik versus Epigenetik

Bei der Auseinandersetzung mit dem Thema der Genetik im Zusammenhang mit dem Junghund kommen zwangsläufig Erkrankungen wie die Hüftgelenks- und Ellbogendysplasie (HD und ED), die Osteochondrosis (OCD) und die Panostitis zur Sprache. Während beide erstgenannten Leiden wohl keiner näheren Erläuterung bedürfen, soll kurz darauf verwiesen werden, dass es sich bei der *Osteochondrose* um eine Knorpelerkrankung handelt, bei der Fragmente aus dem juvenilen Knorpel abgesplittert werden; die *Panostitis* wiederum ist als eine Entzündung des Knochengewebes bzw. der langen Röhrenknochen beim Hund definiert. Obschon für diese vier aufgeführten Erkrankungen die Genetik als ursächlich betrachtet wird, finden hinsichtlich dieser Annahme wiederholt verschiedene Faktoren keine Beachtung. Während es zwar naheliegt, bei einer Beschäftigung mit der Genetik in der Regel von den Mendel'schen Vererbungslehre und damit von einem Gen mit zwei Allelen – dominant oder rezessiv – auszugehen, kann diese Voraussetzung hinsichtlich den Erkrankungen HD, ED sowie der OCD vernachlässigt werden.

Fakt ist nämlich, dass seit vierzig Jahren verstärkt Bemühungen unternommen werden, durch Selektion eine Verminderung der Hüft- und Ellbogendysplasie herbeizuführen. Allerdings haben sich diese Anstrengungen als nur bedingt erfolgreich erwiesen. Dies mag zum einen darauf zurückzuführen sein, dass innerhalb der Hundezucht keine Verpflichtung besteht, sämtliche aus einem Wurf stammenden Nachkommen zu röntgen, um die Elterntiere bezüglich der Vererbung von HD und ED zu beurteilen. Andererseits ist es eine Tatsache, dass gerade beim Hund das Ermitteln und Festsetzen eines Zuchtwertfaktors fehlt, wie es etwa bei Nutztieren oder Pferden üblich ist. Der Zuchtwert gibt Auskunft über die vererbten Merkmale, wie sie bei den Elterntieren vorhanden sind und für die Nachkommen erwünscht wären. Dies würde voraussetzen, dass sämtliche Nachkommen einer Verpaarung radiologisch auf HD/ED untersucht werden müssen, um einen Zuchtwert für die Elterntiere bestimmen zu können.

Dies ist bei der Hüftgelenks- und Ellbogendysplasie auch nicht möglich, da diese Erkrankungen polygenetischer Natur sind und damit von mehreren Genen in ihrer Ausprägung beeinflusst werden. Erschwerend hinzu kommt der Umstand des Besitzes von Haupt- und Nebengenen, die für die Ausbildung der HD respektive ED verantwortlich sind. Während die Hauptgene ihrem Namen entsprechend von hoher Bedeutung sind und eine prägende Funktion innehaben, nehmen Nebengene eher eine untergeordnete Stellung ein. Zusätzlich lässt sich sagen, dass beide skelettale Erkrankungen auch multifaktoriell bedingt sind, worunter konkret der Zusammenhang mit Umweltfaktoren zu verstehen ist. Für mich als Orthopäde ist dies in erster Linie die Bewegung bzw. eine falsche sowie negativ beeinflussende Bewegung. An dieser Stelle soll erneut auf das Thema der Form-Funktions-Problematik verwiesen werden.

Für Erkrankungen wie die Hüft- und Ellbogendysplasie, die Osteochondrose oder auch die Panostitis erweist sich die Genetik als ein „alter Zopf". Vielmehr muss von der *Epigenetik* gesprochen werden, wenn über die Gegebenheiten und den Alltag angemessen reflektiert werden soll. Diese Aussage wirft verständlicherweise die Frage auf, worin denn genau der Unterschied besteht, der, um dies noch einmal zu betonen, in seiner Größe nicht zu unterschätzen ist. Würden die skelettalen Erkrankungen tatsächlich ihre Ursache in der Genetik finden, so hätte die Veterinärmedizin es in den vergangenen vierzig Jahren zustande gebracht, diese Junghundeerkrankungen zu besiegen – ein Umstand, der sich eben aufgrund der polygenetischen bzw. multifaktoriellen Bedingtheit dieser Erkrankungen nicht realisiert werden konnte.

Epigenetik: Dieser Wissenschaftszweig untersucht, wie Umweltfaktoren die Aktivität von Genen beeinflussen.

Hierbei lässt sich für eine klarere Illustration ein einfaches Beispiel heranziehen: Wenn wir etwa den Fall von eineiigen Zwillingen betrachten und dabei einen Teil des Geschwisterpaares in der Schweiz, den anderen dagegen in Afrika aufwachsen lassen, so erstaunt es wenig, wenn die Zwillinge, obwohl genetisch gleich, eine völlig unterschiedliche Entwicklung durchlaufen. Vor allem erweist sich dabei zumeist das Exterieur als verschieden, die Physiognomie, Haltung, der Intellekt sowie die Bildung etc. Diese teilweise oder gänzlich kontrastierenden Entwicklungsprozesse sind offensichtlich umweltbedingt. In der Schweiz profitiert der Zwilling von einem guten sozialen System mit Bildung und genügend Nahrung; in Afrika können diese Faktoren ganz anders aussehen. Gerade dieser Unterschied verändert den Druck auf die Gene, was dazu führt, dass der Zwilling in Afrika sich als weitaus resistenter und zäher zeigt, da sein Körper es viel eher gewohnt ist, in widrigen Umständen gedeihen zu müssen. Beim Hund stellt sich dies hinsichtlich der Hüftgelenksdysplasie in gleicher Weise dar.

Durch verschiedene Ernährungstypen des Hundes in Bezug auf Aspekte wie Energiezufuhr, Bewegung, Toben und Spielen – und in der Folge die Form-Funktions-Problematik – können unterschiedliche Haupt- und Nebengene für die Hüftgelenksdysplasie exprimiert werden, was wiederum in der Ausbildung einer HD/ED resultieren kann oder eben nicht. Genau dies ist auch der Grund, weshalb es wichtig ist, diese Umweltfaktoren zu

Ob eine genetisch disponierte HD/ED tatsächlich klinisch manifest wird, ist auch von Umweltfaktoren abhängig.

regulieren, bzw. genau zu berücksichtigen, da sie direkten Einfluss auf die Haupt- und Nebengene nehmen können.

Eine wesentliche Voraussetzung ist, dass der Hund bereits als Welpe mit Blick auf das zu erreichende Endgewicht ernährt wird – ein Bestreben, das häufig völlig falsch umgesetzt wird. Mit diesem Fehler werde ich immer wieder konfrontiert. Dabei fällt die Energiezufuhr durch die Nahrung oftmals zu groß aus, wodurch wiederum das Höhenwachstum zu schnell erfolgt und damit die Ausreifung von Knochen und Gelenken für die Geschwindigkeit des Wachstums und der Gewichtszunahme überfordert. Als unmittelbare Konsequenz entstehen Missbildungen und Verkrümmungen der Knochen. Es schließt sich ein Teufelskreis und somit erstaunt es leider auch nicht, dass Hunde bereits sehr früh eine Hüft- oder Ellbogendysplasie ausbilden. Diese Auswirkungen wurden am Beispiel des jungen Berner Sennenhundes (s. S. 36) aufgezeigt. Daher erweisen sich auch Aussagen wie das im Vorwort bezüglich der „freien Bewegung des Welpen“ angeführte Zitat ebenfalls als kontraproduktiv.

Zusammenfassend muss also festgestellt werden:

1) Die Kontrolle sowie die Qualität der Bewegung sind entscheidend für das Vorkommen von Junghundeerkrankungen.

2) Die Ernährung sowie deren Quantität und Qualität erweisen sich als weitere Faktoren, die als ausschlaggebend für die Entwicklung einer HD/ED gelten können. Diese muss unbedingt der Rasse und dem aktuellen Alter des Hundes angepasst werden.

3) Weitere Faktoren psycho-sozialen Ursprungs besitzen ebenfalls einen nicht zu unterschätzenden Einfluss auf die Ausbildung einer skelettalen Erkrankung.

4) Ausreichend gleichmäßige und physiologische Bewegung ist dennoch wichtig und indiziert.

5) Neben dem Faktor der Bewegung ist auch auf eine ausreichende kognitive sowie psycho-soziale Interaktion mit dem Umfeld Mensch-Hund zu achten (Arndt-Schulz-Regel) – wenn es dem Hund gutgeht und er keine Schmerzen hat.

6) Eine Prophylaxe während des Wachstums ist, vor allem aus skelettaler Sicht, sehr wichtig. Vermeidung von stumpfen Traumen und Unfällen.

7) Die Anpassungsfähigkeit des orthopädischen Systems ist zu berücksichtigen – positiv wie negativ.

KAPITEL 2

Was ist Orthopädie?

Definition der Orthopädie

Die etymologische Bedeutung des Begriffs *Orthopädie* lässt sich – unter der Berücksichtigung der oben beschriebenen Form-Funktions-Problematik – als das „gerade wachsende Kind“ aus dem Altgriechischen ins Deutsche übertragen. In der diesem Buch vorausgehenden Publikation findet sich bereits eine detaillierte Einführung in dieses medizinische Fachgebiet, in der unter anderem neben einem kurzen historischen Überblick und den Kernaspekten und Aufgaben der Orthopädie die Bedeutung der Prävention näher beleuchtet wird. Ebenso wurde bereits dargelegt, wie ein optimaler Wachstumsprozess eines Welpen auszusehen hat und welche Grundsätze beim Aufbau des jungen Tieres zu berücksichtigen sind. Diese Grundregeln gelten allerdings nicht als abschließend und sollen im folgenden Abschnitt weiterführend wieder aufgegriffen werden. Tatsache ist, dass sich die Orthopädie mit diversen Aspekten beschäftigt, die eine Unterteilung in Teilgebiete erlauben:

- Prophylaxe – siehe LupoMove®-Programm
- Trainings-, Leistungs- und Bewegungsablauf des Hundes
- Chirurgie
- Kinematik
- Orthopädische Therapie der Form-Funktions-Veränderung
- Therapie der Degeneration (Arthrose)
- Physiotherapie und vergleichbare Therapiemodalitäten

Dabei bildet die Priorisierung der Prävention und Prophylaxe die Grundvoraussetzung eines optimalen Trainings- und Konditionsaufbaus. Dies besitzt sowohl für das *primäre Wachstum* (in die Höhe) als auch für das *sekundäre Wachstum* (Muskelmasseaufbau) Gültigkeit. Hierbei werden die Grundsätze einer bestmöglichen Prophylaxe sowie das Wachstum und ein optimales Training für den Familien- und Sporthund angeboten.

In diesem Kontext ist der Trainingsaufbau nicht nur für den wachsenden Hund, sondern auch für den Arbeits- und Sporthund von nicht zu unterschätzender Bedeutung. Gerade in diesem Kontext gelten die Leistungsbereitschaft sowie die Leistungsfähigkeit als entscheidend. Deshalb sollen im anschließenden Kapitel 3 eine Erläuterung und Definition der Aspekte und Begriffe des Trainingsaufbaus erfolgen, die über die Möglichkeiten für den Muskel- und Ausdaueraufbau beim Hund entscheiden.

Die Chirurgie gilt dabei als ein wichtiger Aspekt und befindet sich im Prozess einer stetigen Weiterentwicklung. So kommen bei der Hüftgelenksdysplasie beispielsweise immer mehr künstliche Hüftgelenke zum Einsatz und die Bereitschaft, eine TEP (Totalendoprothetik) einzusetzen, hat eine Zunahme erfahren. Aber auch bei der Kreuzband-Operation als

? Totalendoprothetik (TEP): kompletter Ersatz eines Gelenks, z.B. Hüftgelenks bei der HD.

dem am häufigsten durchgeführten chirurgischen Eingriff lassen sich immer wieder Anpassungen an neue theoretische Erkenntnisse verzeichnen. Selbstverständlich existieren auch weitere Aspekte der Chirurgie, die hier jedoch nicht weiter thematisiert werden sollen.

Die Kinematik stellt einen wichtigen Faktor im Hinblick auf das Verständnis und die Therapie in der Orthopädie dar. Allen voran die Erkenntnisse, die sich der Welpen-Studie (s. S. 75) entnehmen lassen. Seit neun Jahren kann ich in meiner Praxis kinematische Daten erheben. Die Welpen-Studie ist in der Zielgeraden angekommen. Das Team der orthoVET hat über fünfzig Hunde untersucht und offiziell radiologisch hinsichtlich einer HD/ED ausgewertet. In einer Pilotstudie haben wir bereits die ersten Daten erhoben und den optimalen Algorithmus für die Auswertung der Daten evaluiert. Somit können wir endlich die Ein-Minuten-Regel (s. S. 9 ff.) verabschieden. Solche Botschaften – und seien sie noch so falsch – bleiben unglücklicherweise lange in den Köpfen der Hundehalter bestehen, während neue Erkenntnisse Zeit benötigen, um veraltete Maxime zu verdrängen und ihre volle Wirkkraft zu entfalten. Die medizinische Klassifizierung wird sich jedoch etablieren. Dabei stellt die Kinematik zur Darstellung der Bewegung nur die Grundlage dar.

Dies entspricht folgendem Beispiel: Angenommen, Sie fahren mit einem Geländewagen nur am Samstag ins Einkaufszentrum und nutzen damit ihr Gefährt nie für den Zweck, für den es ursprünglich gebaut wurde. Auf dieselbe Art verhält es sich mit der Ganganalyse. Vor allem die von uns verwendete Sensortechnik bietet sehr viele Einsatzmöglichkeiten. Nur bei der Technik auf einem Laufband ist dies nicht der Fall, weshalb die Anwendungsbereiche dabei begrenzt sind. Dennoch bin ich überzeugt davon, dass die Orthopädie gerade auf dem Gebiet der Kinematik im Zusammenhang mit der künstlichen Intelligenz (KI) in den kommenden fünf bis zehn Jahren eine starke Weiterentwicklung erleben wird. Es lassen sich bereits Entwicklungen verzeichnen, die mit speziellen Verfahren – wie etwa einem 3D-Drucker – die Operationstechniken beeinflussen können.

Ich hoffe, dass in der Zukunft durch den Einsatz der Kinematik eine qualitative Verbesserung der orthopädischen Diagnostik eintreten wird. Das Fachgebiet der Orthopädie hat durch den Zuwachs von Spezialisten in den Bereichen der tierärztlichen Osteopathie, Chiropraktik sowie der Physiotherapie enorm zugenommen. Die Qualität der Untersuchung hat sich aber bislang dem Tempo dieser Entwicklung noch nicht anpassen können, was für betroffene Hunde und deren Halter einen beachtlichen und leider oftmals zu spät registrierten Nachteil darstellt.

Die funktionelle Orthopädie des Hundes steckt also noch in den Kinderschuhen. Werden etwa Parameter betrachtet, die zur objektiven Beschreibung und Qualifizierung der Bewegung eines Hundes herangezogen werden – wie zum Beispiel die auf S. 15 beschriebene Stand- oder Schwungphase, Schritt- und Ganglänge, die Beschleunigung der Gliedmaße PVF oder die mechanischen Symmetrien –, so sind diese für viele noch unbekannt. Ich selbst bin mit diesen Parametern gut vertraut, denn deren Verwendung ist längst zu einem Bestandteil meines Berufsalltags geworden. Ein Umstand, der nicht weiter verwunderlich ist, da ich vom ersten Moment an der Entwicklung eines kinematischen Systems partizipiert habe. Nun ist es an der Zeit, neben der technischen Validierung, die medizinische Validierung voranzutreiben.

Die funktionelle Orthopädie

Die beiden letzten Punkte der Orthopädie platziere ich unter dem Oberbegriff der *funktionellen Orthopädie*. Darunter verstehe ich die orthopädische Erkrankung mit der diese auslösenden pathologischen Struktur und Gelenken sowie der dazugehörigen, kinematisch kontrollierten Therapie.

Definition der funktionellen Orthopädie

Die funktionelle Orthopädie beschreibt Ursachen, Wirkung und Folgen von Veränderungen in Knochen, Gelenken, Sehnen und Bändern, die durch stumpfe Traumata, Unfälle und andere physikalische, entzündliche und chemische Einflüsse die Verrichtung der Arbeit und das Stützen dieser Strukturen behindern oder unmöglich machen.

Wenn ein Hund hinkt, wird er für eine orthopädische Untersuchung in eine tierärztliche Praxis gebracht. Im Regelfall beläuft sich die Dauer dieser Prozedur auf ein paar Minuten, bevor die Diagnose gestellt wird, dass es sich bei dem Leiden um eine Zerrung oder Verstauchung handelt und nur der Einnahme von Schmerztabletten bedarf.

Zwar mag diese Maßnahme in einigen Fällen durchaus helfen, in vielen tut sie es aber nicht. Die funktionelle Orthopädie versucht dies nun professionell darzustellen.

Eine Grundvoraussetzung stellt demnach die professionelle orthopädische Untersuchung dar, die im Freien mit der Analyse der Bewegung des Hundes beginnt und zu fünfzig Prozent eben dort stattfindet. Im Anschluss wird der Hund anhand eines festgelegten Protokolls manuell untersucht. Je nach Schweregrad und Dauer der Erkrankung sind daraufhin radiologische sowie kinematische diagnostische Prozedere indiziert, um eine exakte Diagnose zu ermöglichen. Auf dieser Grundlage kann dann die Einleitung der Therapie erfolgen. Je nach betroffener Struktur im Skelettsystem lässt sich eine Einschätzung der Regenerations- und Rehabilitationszeit abgeben.

Insbesondere die Ganganalyse ist dabei von großer Bedeutung. In diesem Fall kann man die Bewegung vor und nach der Behandlung visualisieren, objektiv vergleichen und die Therapie sowie die Rehabilitations- und Regenerationszeit professionell beurteilen.

Für ein besseres Verständnis wird nachfolgend ein Beispiel aus meiner Praxis präsentiert, das die Handschmerzen einer Kundin beleuchtet.

Dass das funktionelle Denken auch unter den Human-Orthopäden keinen Standard darstellt, erlebe ich in meiner Praxis immer wieder. Eine langjährige Kundin leidet seit sechs bis neun Monaten an Handschmerzen. Sie besitzt keine Kraft in der rechten Hand und, je nach Bewegung, durchfährt die betroffene Hand schlagartig ein brennender Schmerz. Hält die Kundin in diesem Augenblick einen Gegenstand umfasst, so fällt dieser je nach Größe und Gewicht aus ihren Fingern, da sie ihren Griff nicht beibehalten kann. Wenn der Hund an der Leine zieht, bedeutet dies eine weitere Schmerzerfahrung. Aufgrund dieser Beschwerden befindet sich die Kundin bereits seit Monaten in Behandlung, denn es handelt sich bei dem Leiden um die typischen Schmerzen eines Karpaltunnel-Syndroms. Da bis zu diesem Zeitpunkt keine Therapie Wirkung gezeigt hat, ist die Kundin aktuell bei der Stoßwellentherapie angelangt, die momentan jedoch auch noch keine nennenswerte Verbesserung und Reduktion der Schmerzen herbeiführen konnte. Die Kundin hat mich daraufhin bei der letzten Konsultation ihrer Hunde angesprochen, denn ich kenne mich mit diesen Erkrankungen sehr gut aus. Mein diesbezügliches Wissen konnte ich mir einerseits aus der Pferdemedizin – vor allem hinsichtlich Fesselträgerschäden bei Reittieren – aneignen; andererseits habe ich bereits ein paar Human-Patienten mit diesen Symptomen erfolgreich kurieren können. Somit habe ich die Hand untersucht und wurde fündig: so waren das *Os capitatum* sowie das *Os hamatum* und *naviculare* nicht beweglich und das *Os pisiforme* fiel durch klare Schmerzhaftigkeit auf. Daraufhin habe ich die Hundebesitzerin darauf aufmerksam gemacht, dass die Therapie zwar im Moment wenig schmerzhaft erscheint, jedoch am darauffolgenden Tag sowie in der Zeitspanne der kommenden zwei Wochen mit Schmerz zu rechnen sei.

Die Besitzerin war sich dieses Umstands bewusst und beharrte auf dem Wunsch einer von mir durchgeführten Behandlung, da der Leidensdruck mittlerweile stark zugenommen hatte und die Verbesserungsaussichten wenig erbauend anmuteten.

Vier Wochen nach diesem Termin erschien die Kundin zur regulären Kontrolle ihres Hundes. Nachdem diese beendet war, kam die Kundin auf ihre eigene Hand zu sprechen und musste mir im Zuge unserer Unterredung bestätigen, dass die orthopädische Behandlung nicht schmerzhaft ausfiel; die folgenden vierzehn Tage verliefen hingegen der Prognose entsprechend ausgesprochen unangenehm, ehe das Leiden vollständig kuriert war. Die Kundin kann sich wieder einer vollen Beweglichkeit in der

Hand und vor allem der Absenz von Schmerzen erfreuen. Zusätzlich wurde ein Kontrolltermin bei der behandelnden Ärztin wahrgenommen, die sich sehr erstaunt über die nicht länger schmerzende Hand zeigte und sich nach der Lösungsmethode für das Problem erkundigte, da zuvor ja auch die Stoßwellentherapie ohne Erfolg geblieben war. Auf die Antwort der Kundin, dass sie ihren Tierarzt um Hilfe gebeten hatte, folgte – wie zu erwarten – tiefes Schweigen. Diese Reaktion stellt leider keinen Einzelfall dar.

So erklärt insbesondere das letzte Fallbeispiel die funktionelle Orthopädie sehr eindrücklich. Es zeigt zudem auf, dass die Orthopädie nicht nur in der Veterinär-, sondern auch in der Humanmedizin mit den gleichen Problemen konfrontiert ist. Dies betrifft das ganze Spektrum der Orthopädie, von der Untersuchung über die Bilddiagnostik bis hin zur Therapie.

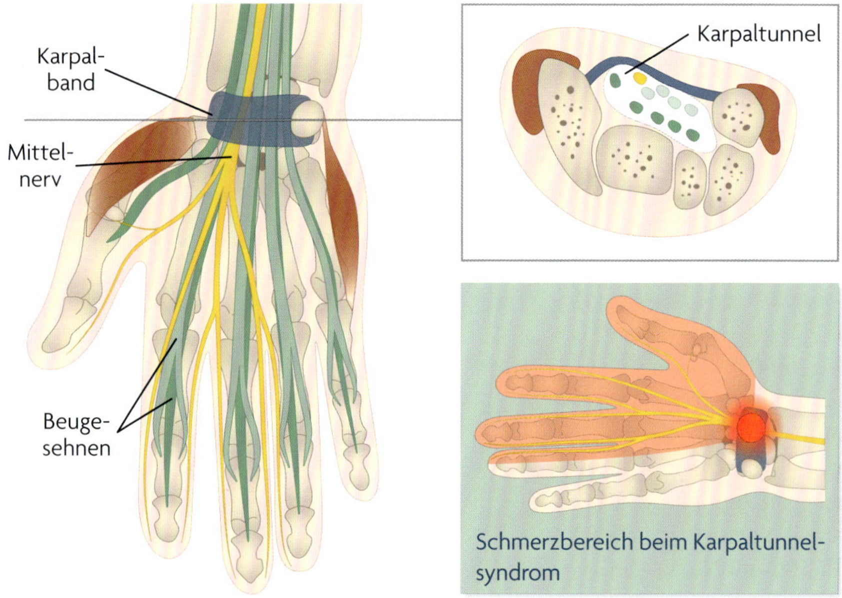

Vereinfachte Darstellung einer Hand inkl. Querschnitt durch den Karpaltunnel

Fallbeispiel aus der Praxis

VIDEO

Fallstudie Siberian Husky mit Hangbeinlahmheit

Das nachfolgend präsentierte Video soll einen Einblick in die veterinärorthopädische funktionelle Untersuchung und Diagnostik gewähren. Zudem sollen anhand dieses Beispiels einige essenzielle Begriffe erläutert werden.

Der in den Aufnahmen zu sehende Husky wurde mit Verdacht auf eine Muskelzerrung beim hauseigenen Tierarzt vorgestellt. Da jedoch die daraufhin verschriebenen Entzündungshemmer und Physiotherapie keine Linderung der Beschwerden brachten, wurde der Hund schließlich in unsere Praxis gebracht.

Dieser Fall demonstriert also nicht nur die Arbeitsweise der funktionellen Orthopädie – er zeigt auch, wie diese selbst vermeintlich „aussichtslosen" Patienten zu helfen imstande ist.

Im präsentierten Video können die Untersuchung, Diagnostik sowie der Therapieverlauf mitverfolgt werden. Daran anknüpfend soll in den anschließenden Kapiteln die funktionelle Orthopädie eine detailliertere Erläuterung erfahren.

Wie bereits beschrieben, beschäftigt sich die funktionelle Orthopädie mit den orthopädischen Strukturen und deren Pathologie. Im Speziellen geht es also um die Art und Weise der Beweglichkeit, so etwa um

- die Freiheitsgrade von Gelenken und Gliedmaßen (ROF)
- die strukturellen physiologischen und pathologischen Befunde
- die generelle (Dys)Funktion der Gelenke (ROM)
- die (Dys)Funktion (ROM) von regionalen orthopädischen Strukturen (Schulter- und Beckengürtel)

In dem vorgestellten Fall steht die Schulter des Hundes im Fokus. Die Begriffe *Range of Motion* (ROM) und *Range of Freedom* (ROF) spielen dabei eine besondere Rolle. Sie geben Auskunft über die Funktion oder – konkret in diesem Beispiel – die Dysfunktion eines oder mehrerer Gelenke und legen offen, ob es normal, verändert, oder ob es eine physiologische oder pathologische Auffälligkeit aufweist.

Zudem erfordert die Untersuchung der funktionellen Orthopädie – wie auch generell alle Spezialisierungen – ein beachtliches Pensum an Zeit und Erfahrung. Mitunter auch deshalb, um rassenspezifische Veränderungen der Hunde identifizieren zu können. Die Behandlung differiert stark, so auch im Hinblick auf die Größen- und Massenunterschiede der Patienten. Neben den Voraussetzungen von Erfahrung und Zeit ist gerade deswegen auch ein Fingerspitzengefühl vonnöten, um den individuellen Anforderungen der Patienten gerecht zu werden.

Das Ziel der funktionellen Orthopädie

Hunde werden orthopädisch untersucht, um strukturellen Veränderungen auf die Spur zu kommen, während dabei funktionelle Veränderungen nicht selten außen vor bleiben. Gerade funktionelle Pathologien bleiben somit oft unentdeckt.

Im Allgemeinen wird davon ausgegangen, dass eine Lahmheit beim Hund als Ursache eine Dysplasie, eine Arthrose oder eine anderweitig defekte Struktur aufweisen muss. Diese Annahme ist größtenteils korrekt, denn fünfzig bis sechzig Prozent der Lahmheiten beim Hund lassen sich darauf zurückführen. Diese Fälle können indes auch mittels Radiologie, CT, MRT oder einem orthopädischen Ultraschall diagnostiziert werden.

Die restlichen klinischen Fälle weisen jedoch eine funktionelle Ursache auf. In diesen Fällen ist die Statik oder Dynamik und damit generell die Biomechanik verändert, ohne dass dabei strukturelle Pathologien (an Knochen, Sehnen oder Bandstrukturen) vorhanden sind. Diese Fälle hängen zumeist mit der Architektur genetisch oder durch Aktivität und Bewegung erworbener anatomischer Strukturen (Gelenk- und/oder Gliedmaßenstellung) des Hundes zusammen.

Wo ist die funktionelle Orthopädie wichtig?

Die funktionelle Orthopädie ist von wesentlicher Bedeutung für:

a) Schultergürtel- sowie
b) Beckengürtelpathologien
c) die Wirbelsäule (wie auch beim Menschen, besitzen Rückenschmerzen beim Hund ebenso einen nicht geringen Stellenwert)

Die Schultergliedmaße beim Hund ist gerade deshalb wichtig, da diese im Gegensatz zum Menschen nicht als Rotatoren-Manschette stabil aufgebaut ist, sondern als *Synsarkose*, also als **Schulterblatt-Thorax Gleitflächen-Gliedmaße**. Dies bedeutet konkret, dass die Schultergliedmaße durch einen Flansch mit dem Brustkorb verbunden ist und dadurch relativ instabil daran entlang gleiten kann (s. S. 55). ROM und ROF spielen hier eine besondere Rolle.

Ein weiterer Punkt ist, dass viele canine Schulterpathologien Fälle von Weichteilpathologien darstellen. In der Folge können viele Pathologien weder mit Hilfe von Röntgen, Ultraschall noch mit MRT oder CT diagnostiziert werden. Neben dem genannten Fingerspitzengefühl und der visuellen Beobachtungsgabe bei der orthopädischen Untersuchung stellt deswegen die funktionelle Diagnostik einen unverzichtbaren Aspekt dar. Darunter ist die Gangbilddiagnostik mit der Inertial Measurement Unit –

kurz IMU – zu verstehen (siehe Canine Locomotion Center www.caninelocomotioncenter.com).

Damit zu vergleichen ist der Beckengürtel. Dieser ist auf dieselbe Weise mit der Wirbelsäule verbunden; das sogenannte *Iliosakralgelenk* erweist sich zu siebzig Prozent als eine bindegewebige Verbindung zwischen dem Darmbein-Schaufelgelenk sowie dem Kreuzbein und der Wirbelsäule. Wichtig am Beckengürtel ist die Anzahl der freiliegenden Nervenendigungen, aber gleichzeitig auch andere Rezeptoren, die für die nozizeptive Regelung der Beweglichkeit und insbesondere der Schmerzen verantwortlich sind. Bei dieser Verbindung wird die Region ebenso über den Anteil der Weichteile definiert.

Insbesondere bei Hunden ist dieser Bereich, die *Cauda-Equina*-Region, für diverse Pathologien der Hinterhand von Bedeutung. Bei Welpen stellt der Beckengürtel die anatomischen Strukturen für die Entwicklung der Hüfte, während er bei Junghunden im Hinblick auf den Trainings- und Bewegungsaufbau eine wesentliche Rolle spielt. Indes finden dort im mittleren Alter der Hunde die Bandscheibenpathologien ihren Anfang.

Es lässt sich also festhalten, dass gerade die *lumbosakrale* Instabilität im Zusammenhang mit dem Beckengürtel für den Beginn von Schwächen, Lahmheiten der Hinterhand sowie Schmerzen entscheidend ist.

Cauda-Equina-Region: Die Cauda-Equina (lat. für „Pferdeschwanz") ist eine anatomische Struktur innerhalb des Wirbelkanals, die von den im Duralsack kaudal (schwanzwärts) des unteren Endes des Rückenmarks schweifähnlich verlaufenden Spiralnervenwurzeln gebildet wird.

lumbosakral: Lendenwirbelsäule und Kreuzbein betreffend

Welchen Prinzipen folgt die funktionelle Orthopädie?

Bei der Auseinandersetzung mit der funktionellen Orthopädie müssen folgende Aspekte Beachtung finden:

a) das Reiz-Reaktions-Prinzip,
b) die Form-Funktions-Regel,
c) die Arndt-Schulz-Regel und die
d) die Anpassungsfähigkeit der Orthopädie

Der Punkt a) wird als *actio = reactio* gelehrt. Im Kontext der Hundemedizin bedeutet das, dass der heftige Sturz eines Hundes infolge von ungezügeltem Toben und Spiel Konsequenzen nach sich zieht. Diese können unmittelbar, aber auch verzögert auftreten. Dieser Faktor ist gerade bei einer Lahmheit der Schulter- oder Beckengliedmaßen zu berücksichtigen.

An dieser Stelle kommt auch Punkt b) zum Tragen: so kann eine Pathologie strukturell oder funktionell sowie absolut oder relativ sein. Bei der Hüftgelenkdysplasie beispielsweise kann von einer absoluten Form-Funktions-Veränderung gesprochen werden. Relative Pathologien stehen in Zusammenhang mit Schmerzen im ISG oder einem verkippten Becken im Hoch- oder Tiefstand.

Habituelle Patella: Kurz für „habituelle Patellaluxation", bei der die Kniescheibe (Patella) immer wieder (habituell) aus der dafür vorgesehenen Gleitrinne im Oberschenkelknochen springt (luxiert).

Punkt c) – und damit die die Arndt-Schulz-Regel – lässt sich in aller Kürze erklären. Jede physiologische Bewegung trainiert und fördert die Stabilität des Skelettsystems sowie die Muskulatur. Auf der anderen Seite kann überfordernde Bewegung oder überforderndes Training pathologische Folgen haben. Grundsätzlich geht es darum, Maß zu halten. Diese Devise ist vor allem für den Welpen im Wachstum von entscheidender Wichtigkeit und spielen eine Rolle innerhalb der breiten Diskussion über die Frage, wie viel Bewegung ein Welpe braucht. Diesbezüglich sollte in Kürze das Paper meiner Welpen-Studie 2019-22 veröffentlicht werden.

Die Anpassungsfähigkeit des orthopädischen Systems kann positive Auswirkungen haben. Dies kann bedeuten, dass Folgen des Ausdauer-, Kraft- und Schnelligkeitstrainings jederzeit in das orthopädische System übertragen werden. Auf der anderen Seite existieren jedoch auch negative Konsequenzen.

Dabei lässt sich als Praxisbeispiel das Hüpfen kleinerer Hunde anführen. Im Regelfall wird dieses Problem mit der Patella der Hunde in Zusammenhang gebracht. Ist die *habituelle Patella* jedoch nicht die Ursache, bleibt die Erklärung oft aus. Allgemein wird das Hüpfen in der Folge als „Tick" angesehen, was allerdings eine unzutreffende Bewertung darstellt. Der Hund zeigt schließlich diesbezüglich keine orthopädischen Zwangshandlungen oder ein vergleichbares Verhalten. Als orthopädischer Tick kann dabei das „Weben beim Pferd" Erwähnung finden, wobei das Pferd – wie beim Weben eines Teppichs – den Hals und Kopf nach rechts und links schwingt. Dabei handelt es sich um eine Verhaltensstörung als Resultat von Unterforderungen und anderen Situationen wie etwa den Haltungsbedingungen. Dies lässt sich beim „hüpfenden" Hund nicht verzeichnen und ist somit als Ergebnis der veränderten Biomechanik im Becken sowie der Beckengliedmaße (Hüft-Knie-Tarsus-Achse) zu werten.

Die funktionelle Orthopädie liefert hier diagnostischen Aufschluss und führt das Problem, wie oben bereits erwähnt, auf die Biomechanik des Beckens zurück. Durch Toben, Spiel und unkoordinierte Bewegungen kann sich die Biomechanik im Becken verändern, während die Wachstumsfugen aufgrund des jungen Alters der Hunde noch offen sind. Diese Veränderungen zeigen sich in der Folge auch in der Beckengliedmaße. Abwandlungen der Statik ziehen Abwandlungen der Dynamik nach sich. Das Hüpfen ist dabei als Kompensation zu verstehen, das konkrete Unterschiede der Frequenz und Schritt- und Ganglänge ausgleichen soll.

Als eine geeignete Analogie kann das Differentialgetriebe beim Off-Roader genannt werden. Dieses gleicht beispielsweise in Kurven die Unterschiede der Radumdrehungen der Achse aus. Ist das Differentialgetriebe gesperrt, ist der Durchtrieb starr und beide Räder der Achse vollführen auf der Geraden und in der Kurve gleichzeitig eine Drehung. Dies kann beim „Hüpfer" mit dem Hochziehen der Beckengliedmaße verglichen werden, was einseitig, beidseitig oder im Wechsel auftreten kann.

Neben der funktionellen Orthopädie ist auch im Zusammenhang mit dem Hüpfen kleinerer Hunde an dieser Stelle auch die Rolle der funktionellen Neurologie erwähnenswert.

Zusammenfassend kann festgehalten werden, dass die funktionelle Orthopädie und damit die Statik und Dynamik vermehrt in die veterinärmedizinische Orthopädie Einzug halten müssen – unter Einbezug der Biomechanik und ihren Regeln. Die funktionelle Diagnostik wird hier die nötige Grundlage bieten, um auch die Behandlung nicht struktureller Störungen beim Hund effizienter diagnostisch und therapeutisch angehen zu können.

Die Schulterlahmheit beim Hund

Die Lahmheiten der Schulter beim Hund kommen relativ oft vor und erweisen sich für die Diagnostik zum Teil als gar nicht so einfach. Dies ist deshalb der Fall, da viele Pathologien sich auf den Weichteilapparat beziehen, wobei die Diagnosestellung trotz hochtechnologischer Diagnostik wie der CT, dem MRT oder dem orthopädischen Ultraschall oft ergebnislos bleibt.

Die Anatomie des Hundes

Die Schultergliedmaße ist aus anatomischer Sicht beim Hund anders aufgebaut als beim Menschen (s. S. 55). Durch diese spezielle Verbindung zwischen Rumpf und Gliedmaße kommen Schulterpathologien relativ oft vor und stehen häufig in Verbindung mit dem Weichteilapparat. Aus diesem Grund sind funktionelle diagnostische Aspekte in Bezug auf die Untersuchung und technische Diagnostik sehr wichtig. Gerade die Bizepssehnen-Pathologie wird oftmals angetroffen, ist in der beschriebenen Situation beim Hund aber zumeist nur ein sekundäres Problem. Gleichzeitig bedeutet das, dass auch nach einer chirurgischen Intervention mittels einer *Tenotomie* der Sehne die Lahmheit nicht kuriert wird, sondern bestehen bleibt. Die Ursache für diesen Umstand lässt sich auf die veränderte Funktionalität zurückführen. Die Konsequenz einer Tenotomie der Bizepssehne, die nicht das Problem selbst, sondern nur seine Folgen behandelt, ist eine Instabilität der Schulter. Dadurch wird sich die Behandlung der Ursache der Lahmheit weitaus schwieriger gestalten, während sich gleichzeitig die Dauer der Regeneration und Rehabilitation erhöht. Im folgenden Abschnitt soll aber zur Vervollständigung dieses Kapitels zunächst ein Vergleich der Schulterregion von Menschen und Hund aufgestellt und durch ein Beispiel aus der Praxis untermauert werden.

? Tenotomie = Sehnenschnitt

Die Schulter beim Menschen

Die Schulter beim Menschen setzt sich funktionell aus vier Gelenken zusammen. Dazu kommen diverse Knochenstrukturen, die die Gelenke und somit die Funktionalität des Armes bilden. Zu den knöchernen Strukturen gehören:

- Humerus (Oberarm)
- Scapula (Schulterblatt)
- Clavicula (Schlüsselbein)
- Sternum (Brustbein)
- Costae (Rippen und Rippenbogen der Brust)
- Untere Halswirbelsäule

Zu den Gelenken gehören:

- Gleno-Humeralgelenk (Verbindung zwischen Schulterblatt und Oberarm)
- Akromioclavikulargelenk (Verbindung zwischen Acromion und Schlüsselbein)
- Sternoclaviculargelenk (Verbindung zwischen Schlüsselbein und Brustbein)
- Verbindung Schulterblatt sowie Thoraxwand

Die Rotatoren-Manschette besteht aus vier wichtigen Muskeln. Diese sind beim Hund ebenfalls vorhanden:

- M. supraspinatus
- M. infraspinatus
- M. subscapularis (Muskel auf der Innenseite des Schulterblatts)
- M. teres minor

Bei der Betrachtung dieser Aufstellung fällt auf, dass die Schulter beim Menschen deutlich komplexer aufgebaut ist als beim Hund. Die Verletzungen sind aber mit denen des Menschen vergleichbar. Wesentlich ist dabei die Tatsache, dass beim Menschen ebenfalls 80% der Pathologien und Schmerzen aus dem Weichteilapparat kommen, was beim Hund ebenfalls der Fall ist. Diese Information unterstreicht somit die Offensichtlichkeit des Umstands, dass die Bizepssehne häufig nur die Folgeerkrankung und damit eine Kompensation darstellt. Dies kann darauf zurückgeführt werden, dass die Funktionalität der Schulter nicht einfach zu verstehen und zu therapieren ist. Somit ist es naheliegend, dass sich die Protagonisten sehr oft auf die Bizepssehnen-Pathologie einschwören.

Vergleich der Anatomie der Schulter bei Mensch und Hund

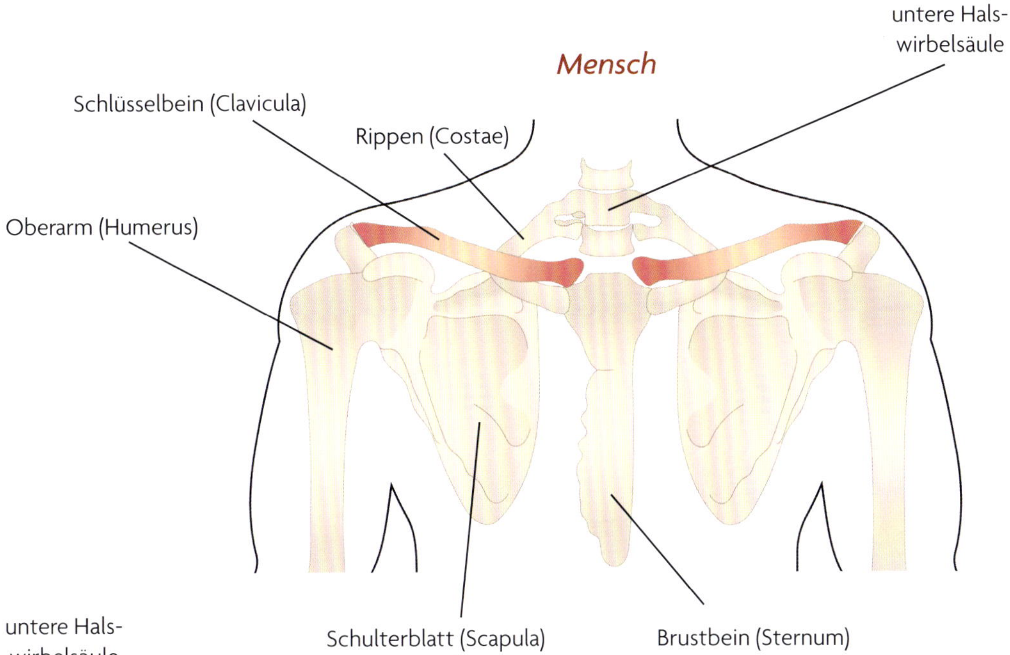

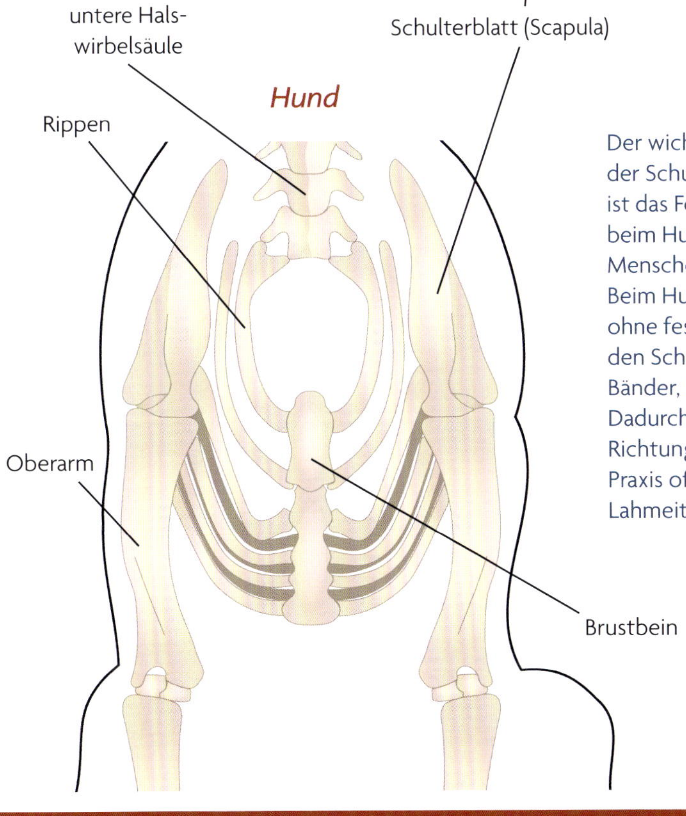

Der wichtigste Unterschied in der Anatomie der Schulter zwischen Mensch und Hund ist das Fehlen des Schlüsselbeins (oben rot) beim Hund. Es stabilisiert die Schulter beim Menschen, ist aber auch verletzungsanfällig. Beim Hund "hängen" Brustkorb und Rumpf ohne feste knöcherne Verbindung zwischen den Schulterblättern und sind nur durch Bänder, Sehnen und Muskeln daran befestigt. Dadurch ist die Schulter beim Hund in mehr Richtungen beweglich. Das erschwert in der Praxis oft die Diagnostik, wo Schmerzen und Lahmeiten ihren Ursprung haben können.

Ansicht ventral

Wie nun ersichtlich wurde, erweist sich das Schlüsselbein als der wichtigste Unterschied der Schulter von Menschen und Hund. Es ist verantwortlich für eine Stabilisierung der Schulter beim Menschen. Stürze und andere stumpf-traumatische Einflüsse auf das Schlüsselbein – wie etwa Sportverletzungen beim Tennis, Handball, Klettern o. ä. – können aber auch oft in Frakturen resultieren. Diese führen dann zu Schmerzen und Form-Funktions-Veränderungen, welche wiederum die Beweglichkeit und Funktionalität deutlich einschränken können.

Da beim Hund das Schlüsselbein fehlt, ist seine Schulter deutlich lockerer an die Brustwand angeflanscht. Die oben erwähnte Rotatoren-Manschette ist beim Hund ebenfalls vorhanden. Wie der Name impliziert, sind diese Muskeln vor allem für die Rotationsstabilisierung der Schulter von Bedeutung. Die nähere Betrachtung des Flanschs der Schulter beim Hund führt zu der Feststellung, dass verschiedene Muskelpartien vorhanden sind, welche die Schulter an den Rumpf und die Thoraxwand befestigen und dadurch die Bewegung und Funktionalität der Schulter erlauben. Hierbei muss eine Unterscheidung zwischen den Muskeln vorgenommen werden, die:

- die Schulter nach vorne bewegen
- die Schulter nach hinten bewegen
- die Schulter an die Brust befestigen (Adduktoren)
- die Schulter in Richtung Rücken und Bauchregion stabilisieren und ihre Bewegung ermöglichen

Somit ist klar, dass bei einem Hund die Ursache für eine Schulter-Lahmheit in den aufgelisteten Muskelpartien oder in der ROF der Schulter zu suchen ist. Unter ROF ist die *„Range of freedom"* zu verstehen, also die Freiheitsgrade der Schulter, bzw. in welche Richtung sich die Schulter zu bewegen in der Lage ist. Da die Bewegung in der 3-D-Richtung erfolgt, erweist sich die Diagnostik der Schulterpathologien in ihrer Durchführung und ihrem Verständnis als sehr komplex. Für diese Diagnostik sind vor allem die Radiologie, der orthopädische Ultraschall sowie eine MRT-Studie essenziell. Allerdings stellt noch vor der technischen Diagnostik die Durchführung einer professionellen orthopädischen Untersuchung die wichtigste Voraussetzung dar.

Die funktionelle Orthopädie der Schulter beim Hund

Durch die anatomische Struktur lässt sich die Schulter beim Hund in sechs Richtungen bewegen: Nach vorne und hinten, oben und unten sowie nach innen und außen. Hinzu kommt, dass sich aus diesen sechs Grundrichtungen der ROF eine Kombination ergibt, da jedes Lebewesen und hier im Speziellen der Hund einen dreidimensionalen Körper darstellt. Genau diese Tatsache wirkt sich erschwerend auf die orthopädische Diagnostik aus. Neben der strukturellen Diagnostik wie Röntgen oder MRT ist in diesem Fall eine professionelle kinematische Diagnostik – wie sie etwa mit Hilfe von LupoGait® erfolgen kann – unabdingbar. Durch die verschiedenen Features besteht die Möglichkeit, eben diese ROF genauer zu beleuchten und damit die manuelle orthopädische Therapie zu spezifizieren und zu kontrollieren. Dadurch kann die Rehabilitation und Regeneration optimal den Bedingungen des Hundes mit einer Schulterpathologie angepasst werden. Zudem fazilitiert es die Einschätzung der Ausheilungsdauer und somit eine bessere Planung der Belastung.

Die OCD *(Osteochondrosis dissecans)* beim Hund

Eine wichtige Erkrankung beim Hund, die in direktem Zusammenhang mit dieser ROF der Schulter steht, ist die OCD. Sie bezeichnet einen Knorpeldefekt beim Hund, der primär während des Wachstums des Hundes entsteht.

In diesem Kontext wird grundsätzlich mit der Genetik als Ursache argumentiert, der ich aufgrund meiner praktischen Erfahrung allerdings eine untergeordnete Rolle beimesse. Bei der OCD handelt es sich um eine multifaktorielle Erkrankung, bei der als wesentlicher Faktor die Biomechanik bzw. deren Veränderungen zu erwähnen sind. Die Entstehung eines Knorpeldefekts kommt durch Veränderungen der Druck- und Zugachsen in der Schulter zustande. Wenn diese Krafteinwirkungen sich ändern, wenn der Knorpel noch weich und instabil ist, können eben diese Druckabweichungen Einbuchtungen im Knorpel verursachen, die dann zu Einrissen im Knorpel führen und dadurch die typischen OCD-Läsionen hervorrufen. Ferner ist es möglich, dass nur ein Einbruch oder eine Eindellung entstehen oder zusätzlich ein Knorpelfragment abgerissen wird. Wenn derartige ROF-Veränderungen der Schultergliedmaße frühzeitig erkannt werden, besteht die Chance einer Regenerierung des Knorpeldefekts.

Nachdem nun die Funktionalität des Schultergürtels ausführlich beleuchtet wurde, muss nachfolgend der Beckengürtel betrachtet werden. Als eine wiederkehrende und signifikante Pathologie, die noch viele Fragen offenlässt, kann hierfür die Wasserrute beim Hund exemplarisch herangezogen werden.

Die Wasserrute beim Hund

Die Wasserrute beim Hund wird auch „Schwimmerrute“ oder „Hammelschwanz“ genannt. Die Rute der Lämmer besitzt von der schlaff herabhängenden Haltung her Ähnlichkeit mit der Wasserrute des Hundes. Der Unterschied liegt jedoch darin, dass diese beim Hund eine schlaffe Lähmung aufweist und auch schmerzhaft sein kann. Im Angelsächsischen wird die Wasserrute als „Limber Tail“ oder „Rudder Tail“ bezeichnet. Wie bereits erwähnt, zeichnet sich die Wasserrute – insbesondere nach vermehrter Belastung und Kälte- oder Nässeeinwirkung – durch eine schlaffe Lähmung aus. Neben der schlaffen Rutenlähmung kann der Hund auch Schmerzen erkennen lassen, einen aufgezogenen Rücken zeigen und durch Mühe in der Hinterhand und einen staksigen Gang auffallen; zudem kann vereinzelt auch eine einseitige Lahmheit, bzw. ein Hinken der Beckengliedmaße festgestellt werden.

Ursache(n)

Grundsätzlich ist festzuhalten, dass die genaue Ursache für eine Wasserrute nicht eindeutig geklärt ist. Die schlaffe Lähmung der Rute ist auffällig und klinisch pathognomonisch, wobei der Ansatz der Rute horizontal nach hinten gehalten wird und der Rest der Rute schlaff herunterhängt. Hierbei handelt es sich um eine akute Störung der Rutenmuskulatur, die vorübergehend entzündlich und schmerzhaft ausfällt und zudem eine Lähmung aufweist. Diese kann nach längerem Aufenthalt im Wasser erfolgen, kann aber auch ohne Wasser, Nässe oder Kälte auftreten. Deshalb ist der Name „Wasserrute“ irreleitend. Als weitere auslösende Faktoren werden schnelle und ruckartige Bewegungen wie *Sliding*, also schnelle Drehungen, abrupte Stopp and Gos, Bodychecks, Toben, generell mechanische, stumpf-traumatische Einwirkungen auf die Hinterhand und Rute betrachtet.

Dabei fällt hinsichtlich der anatomischen Region auf, dass vorrangig der lumbo-sakrale Übergang betroffen ist. Dazu zählen einerseits das Becken, das Kreuzbein aber auch das *Coccygeum*, das den Bereich der Rutenwirbel darstellt.

Es wäre falsch, das Vorkommen der Wasserrute primär den Arbeits- und Sporthunden zu zusprechen, obschon es offensichtlich ist, dass gerade sehr aktive Hunde davon betroffen sind. Allerdings kann dieses Problem auch bei Familienhunden sowie Hunden aus dem Breiten- und Freizeitsport angetroffen werden.

Anatomie

Eine Betrachtung der Anatomie der Rute zeigt diese als Verlängerung der Region Becken-Kreuzbein-Coccygeum-Achse. Beim Menschen ist das Steißbein sehr kurz und umfasst ein paar Segmente; beim Hund mit der Rute hingegen ist diese Region unterschiedlich lang. Im Gegensatz zur Knickrute (genetische Malformation, Zuchtausschluss), stellt die Wasserrute keine Malformation (Fehlbildung), sondern lediglich einen entzündlichen, schmerzhaften und zum Teil mechanischen Prozess dar. Hier ist eine veränderte *Vaskularisation* (Durchblutung) ebenfalls als möglicher Auslöser in Betracht zu ziehen. Die nachfolgenden Bilder zeigen die anatomische Region von Mensch und Hund im Zusammenhang mit der Wasserrute.

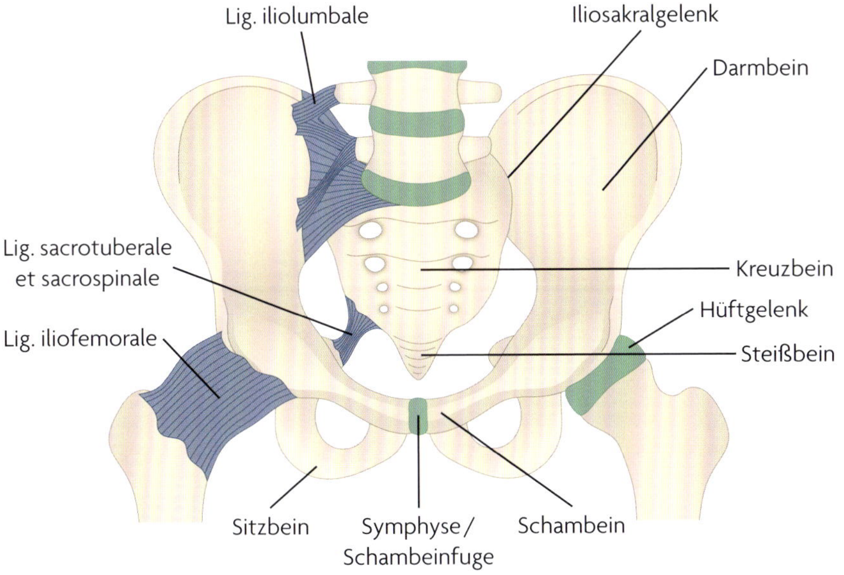

Becken und Steißbein beim Mensch

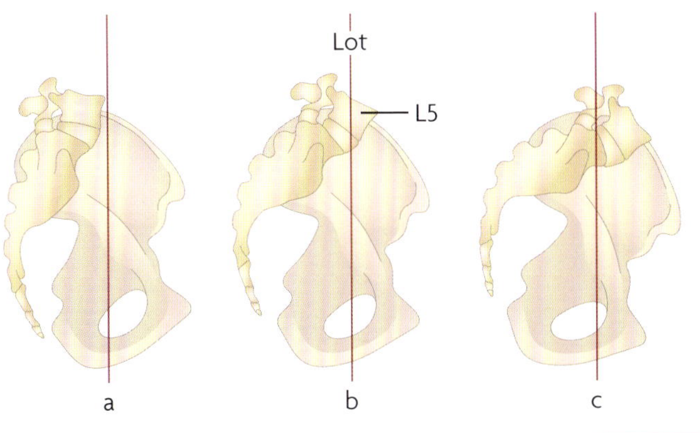

Becken und Kreuzbein mit unterschiedlicher Winkelung und somit mit möglichen Kreuzschmerzen.

Bewegungsstudie eines Hundes mit Knickrute

Auf den hier abgebildeten Röntgenbildern sind zwei mögliche Formen von Knickruten zu sehen. In der ersten Version befindet sich der Knick in relativer Nähe des Kreuzbeins, in der zweiten Röntgenaufnahme ist der Knick eher am Ende der Rute verortet. Dazu soll ergänzend die Bewegungsstudie präsentiert werden.

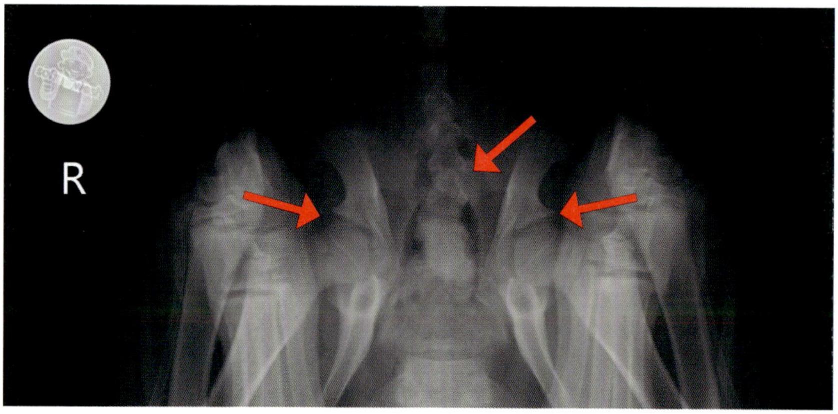

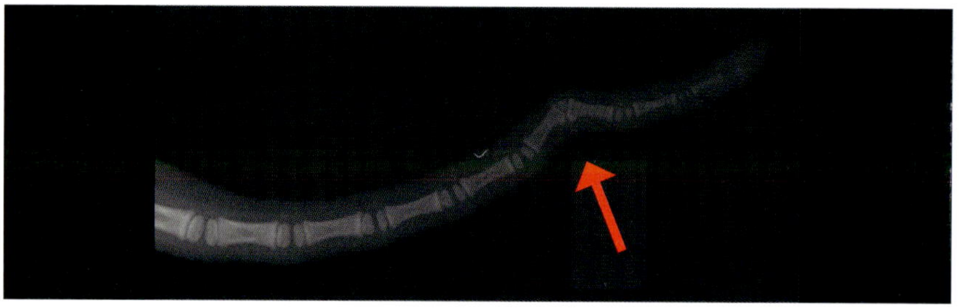

Nun wäre wohl zu erwarten, dass Hunde mit Knickrute vermehrt eine Wasserrute entwickeln würden, was aber nicht bestätigt werden kann. Aus klinischer Sicht lässt sich mit Gewissheit sagen, dass die Mechanik der Rute verändert ist, wobei die Durchblutung in Mitleidenschaft gezogen werden kann. Dieser Umstand ist jedoch abhängig von der Lokalisation und dem Schweregrad des Knicks. Je nach Einwirkungen von stumpfen Impulsen sowie Kälte können sich nun eine Entzündung und Schmerzen aufbauen und somit bei der Knickrute zu einer Wasserrute führen. Diese Konsequenz ist aber generell bei jedem Hund möglich.

Aus praktischer Erfahrung lässt sich feststellen, dass Hunde, die öfter an einer Wasserrute erkranken, zusätzliche funktionell orthopädische Befunde im Bereich des Lendenwirbelsäulenendes, des Beckens, Kreuzbeins und der Steißbeinregion zeigen. In dieser Situation liegt die Emphase allerdings klar auf der wiederkehrenden Wasserrute. Stellt diese ein einmaliges oder eher seltenes Ereignis dar, so kann sie einfach medikamentös behandelt werden. Tritt dieses Phänomen hingegen wiederholt auf, sollte dieser Pathologie Aufmerksamkeit geschenkt und eine professionelle orthopädische Abklärung in Betracht gezogen werden. Aus orthopädischer Sicht sollten in diesem Kontext degenerative Prozesse der Wirbelsäule wie etwa die Spondylose, eine vorquellende Bandscheibe *(Protrusion)*, eine *Spinalkanalstenose* oder andere Erkrankungen – wie eine Entzündung des Iliosakralgelenkes – in Betracht gezogen werden. Letztere wird als *Sacroileitis condensans* bezeichnet. Ergänzende und weiterführende Informationen zu Rückenerkrankungen beim Hund finden sich in meinem Webinar.

Spinalkanalstenose: Verengung des Spinalkanals in der Wirbelsäule

Sollten sich bei der Diagnostik tatsächlich degenerative Veränderungen der Wirbelsäule als Ursache für die Wasserrute herausstellen, so bedürfen diese einer adäquaten zu Behandlung. Eine *Epidural-Infiltration* mit ACS (autologes conditioniertes Serum) (s. S. 135) kann dabei gute Dienste erweisen. Auch manuelle Behandlungen erweisen sich als erfolgsversprechend, vor allem wenn es sich um coccygeale Fehlstellungen dieser Schwanzwirbel handelt. Hier sind vor allem Techniken via Anus wichtig. Diese sollten aber immer unter strengsten hygienischen Maßnahmen und mit viel Vorsicht und Erfahrung erfolgen. Zumeist ist in solchen Fällen die Beweglichkeit der Rute sehr stark eingeschränkt und schmerzhaft. Nach der orthopädischen, manuellen Behandlung ist die Range of Motion der Rute wieder praktisch normal.

Epidural-Infiltration: Injektion von Medikamenten in den Epiduralraum des Rückenmarks, d.h. den Raum zwischen dem Periost des Wirbelkanals und der Dura mater.

KAPITEL 3

Grundvoraussetzungen für den Aufbau

Voraussetzungen für den kontrollierten Aufbau des Hundes, seine Leistungsfähigkeit und -bereitschaft

Hat der Welpe schließlich die 24. Lebenswoche erreicht, so kann zum ersten Mal in Erwägung gezogen werden, das sich im Wachstum befindliche Jungtier einer höheren Belastung auszusetzen. Nicht nur hat der Welpe zu diesem Zeitpunkt das Alter erreicht, in dem eine deutliche Verbesserung seiner Koordination feststellbar ist – auch mag beobachtet werden, dass das für das frühe Entwicklungsstadium charakteristische Benehmen abgenommen hat und das kleine Wesen allmählich zu einer Persönlichkeit herangereift ist.

Dennoch sollte die neue Belastung dem möglichen Belastbarkeitsgrad angepasst und die Grenzen des physisch Zumutbaren nicht überschritten werden, da es durchaus vorkommen kann, dass der energische Welpe in seinem Bewegungsdrang dazu neigt, das eigene Skelettsystem zu überzustrapazieren, indem er über das für sein Alter empfohlene Limit hinausschießt. Es ist also unbedingt zu bedenken, dass das Körpergefühl des Junghundes noch nicht ausgeprägt genug ist, um zu wissen, wie weit er sich körperlich verausgaben kann und darf, um vor allem die Wachstumsfugen, Knochen und Gelenke nicht zu überlasten oder sogar zu verletzten.

Nun mag sich also die erste wichtige Frage stellen: Wie verhält es sich konkret mit der Belastung versus Belastbarkeit?

Die Belastung muss weiterhin dosiert vonstatten gehen. Zwar sind die Wachstumsfugen in den beiden Hüftgelenken geschlossen und die Überdachung ist gesetzt, allerdings ist die Lockerheit der Hüftgelenke noch immer vorhanden. Gleichzeitig sind auch die Wachstumsfugen der Röhrenknochen noch offen und erweisen sich somit einerseits als anfällig für eine Überlastung, andererseits für stumpfe Traumata. Daher ist es wichtig, dass die Belastung des Junghundes weiterhin kontrolliert und in Maßen, aber dennoch mit einer kontinuierlichen Steigerung erfolgt.

Um diesen Umstand genauer zu illustrieren, werden an späterer Stelle (s. Download S. 261) unsere Tabellen mit der Belastung für die einzelnen Altersstufen präsentiert.

Es kann also konstatiert werden, dass die Belastbarkeit durch folgende Faktoren limitiert wird:

1) Vor allem die Wachstumsfugen der Knie schließen sich als letztes. Dies kann je nach Rasse und Größe bis zum 11., unter Umständen so-

gar bis zum 13. Lebensmonat dauern. Letzteres trifft jedoch eher selten ein.

2) Es gibt Tierärzte, die behaupten, dass der Kreuzbandriss das Resultat von altersbedingter Degeneration sei. Dies mag zwar teilweise zutreffen und soll nicht in Abrede gestellt werden, allerdings treffe ich in meiner Praxis ebenso junge Hunde – also wachsende Tiere im Alter von zehn oder elf Monaten – an, die bereits einen Kreuzbandriss aufweisen. In diesen Fällen kann absolut nicht von einer Degeneration gesprochen werden; vielmehr handelt es sich bei besagten Beispielen ganz klar um Resultate von zu viel Bewegung, bei der vor allem die Biomechanik des Knies und die Belastbarkeit des Gelenks eindeutig überstrapaziert wurden und damit ursächlich für den partiellen Kreuzbandriss waren. Hier sind die Fallbeispiele aus Kapitel 1 zu berücksichtigen.

3) Die funktionelle Asymmetrie ist ebenfalls ein wichtiger Punkt. Gerade in Bezug auf das Kreuzband kann eine funktionelle Asymmetrie im Becken mit der darin veränderten Biomechanik diejenige im Hüft- und Kniegelenk verändern. Dieser Umstand bedingt die Entstehung eines *Valgus* im Knie, was die Zug-Druck-Achse auf das Kreuzband ändert und über einen längeren Zeitraum zu einem Anriss des Kreuzbandes und somit zur Instabilität im Kniegelenk führt.

? Valgus = x-beinige Stellung

Wie die vorangegangenen Ausführungen aufgezeigt haben, zählt die Auseinandersetzung mit der für Welpen adäquaten physischen Anstrengung und Belastbarkeit zu den Grundvoraussetzungen für einen optimalen Welpen-Aufbau.

Somit ist in diesem Kontext stets zu bedenken, dass der junge Hund noch nicht mit seinen eigenen Grenzen vertraut und damit nicht zur Selbstregulation fähig ist. Im Regelfall beginnt der Besitzer ab dem sechsten Lebensmonat damit, seinen Hund korrekterweise mehr zu fordern. Dabei ist jedoch neben dem Aspekt der körperlichen Belastung ebenso die geistige Forderung sowie Überforderung zu berücksichtigen. Die gleiche Tatsache gilt auch für die intellektuelle Auslastung. Wird diesem Umstand nicht Rechnung getragen, kann das junge Tier schnell überfordert sein und als unmittelbare Folge unter Hyperaktivität und kognitiver Überbeanspruchung leiden.

Es ist also zu empfehlen, die Belastung des Junghundes entsprechend den obigen Aussagen anzupassen bzw. zu ergänzen. Vor allem die Lockerheit des Hüftgelenks kann mit einer gezielt trainierten Muskelmasse gestärkt werden. Grundsätzlich lässt sich daher festhalten, dass Belastung und Bewegung essenzielle Elemente des Welpen-Aufbaus darstellen, dabei jedoch hinsichtlich ihrer Qualität und Quantität unbedingt auf das jeweilige Alter des Hundes abgestimmt werden müssen. In diesem Zusammenhang kann die immer wieder viel zitierte Ein-Minuten-Regel (s. S. 9 ff.) ohne Weiteres aus dem eigenen Wissensrepertoire entfernt und beim Welpen-Training komplett vernachlässigt werden; stattdessen sollte der Tatsache Aufmerksamkeit gezollt werden, dass ein optimal bewegter und auf die Umwelt und Soziales konditionierter Hund einen Platz in unserer Gesellschaft einnehmen kann. Allerdings ist es dennoch sinnvoll, die Belastungsfrage durch die abverlangte Ruhe für den Hund zu ergänzen und dadurch dem Hund die nötige Zeit einzuräumen, das täglich Erlebte zu verarbeiten und kognitiv einzuordnen. Zudem hilft diese Vorgehensweise dabei, dem Aufkommen einer Tendenz zur Hyperaktivität vorzubeugen.

Um die Auseinandersetzung mit dem körperlichen und geistigen Aufbau des Hundes angemessen fortsetzen zu können, sollen im Folgenden zunächst zwei weitere Begriffe näher definiert werden:

Definition „Leistung": Aus dem Fachbereich der Physik ist bekannt, dass die Leistung der Arbeit pro Zeit entspricht. Dies bedeutet, je schneller eine Arbeit vollendet wird, desto größer fällt die Leistung aus. Hierbei lässt sich der Vergleich zu einem Ski-Rennen herstellen: Je schneller der Fahrer einen Hügel hinab fährt, desto schneller gelangt er ans Ziel und geht als Sieger in dem bestrittenen Rennen hervor. Die Leistungserbringung ist somit maximal. Wird dieses Beispiel auf den Hundesport übertragen, so lässt sich schlussfolgern, dass, je schneller der Musher mit seiner Hunde-Crew von A nach B fährt, desto größer ist die Leistung. Entscheidend ist dabei offensichtlich das Zeitelement.

Definition „Training": Unter dem Begriff Training versteht man das wiederholte Üben und Wiederholen von Abläufen und Aktivitäten zur Stärkung der Muskulatur, Konstitution und Koordination sowie Kognition *(Blättler Monnier 2022).*

Grundsätzlich ist das Ziel des Trainings, den Körper, in diesem Fall den des Hundes, für eine Leistung zu ertüchtigen. Die Arbeit soll somit schneller, effizienter und mit weniger Verletzungsgefahr für das Tier erbracht werden. Dem Training kommt dabei nicht nur eine konditionelle Rolle zu, sondern es besitzt auch in einem gewissen Maße eine schützende Funktion. An dieser Stelle sei der Agilityparcours erwähnt, für dessen möglichst schnelles und erfolgreiches Absolvieren Kraft, Schnelligkeit und Geschicklichkeit benötigt werden. Das Training ermöglicht es, diese erforderlichen Eigenschaften zu schulen und zugleich das Verletzungsrisiko zu vermindern.

Nachdem nun beide Definitionen genauer ausgeführt wurden, soll im nachfolgenden Abschnitt kurz auf die Trainingsvoraussetzungen eingegangen werden.

Damit der Hund eine optimale Leistung erbringen kann, sollte er angemessen trainiert werden. Um letzteres zu garantieren, bedarf es einer Trainingsbereitschaft sowie einer Trainingsfähigkeit seitens des Tieres.

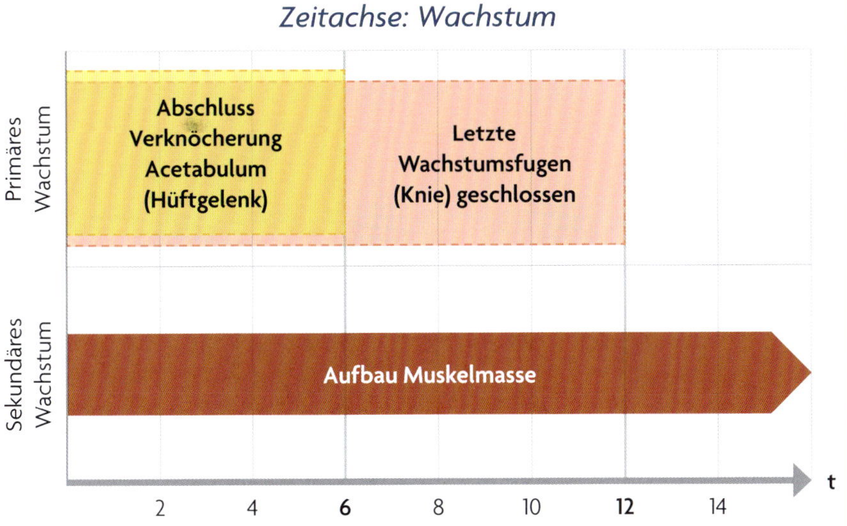

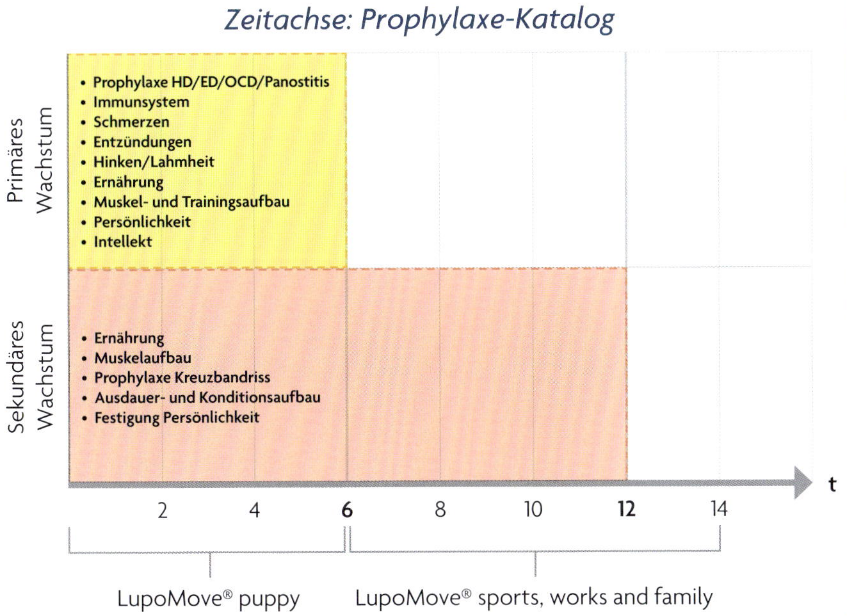

Leistungs- und Trainingsvoraussetzung beim Hund

- Trainingsfähigkeit
- Trainingsbereitschaft

Während die Trainingsbereitschaft des jeweiligen Individuums grundsätzlich durch äußere Umstände bestimmt wird, ist seine Trainingsfähigkeit durch interne Faktoren geprägt.

Trainingsfähigkeit

Bei besagten die Trainingsfähigkeit beeinflussenden Faktoren handelt es sich konkret um die Rasse, Abstammung und Genetik des Hundes. Die Abstammung bezieht sich dabei auf die Zuchtauswahl sowie die Vorfahren, also die Eltern- und Großelterntiere. Hier lässt sich das Beispiel eines Deutschen Schäferhundes oder Malinois anführen, der für die Position eines Schutzdiensthundes besser geeignet ist als etwa ein Labrador Retriever.

Weitere Voraussetzungen betreffen das Skelettsystem in seinen verschiedenen Facetten. Auch hierbei stellt der Deutsche Schäferhund ein geeignetes Beispiel dar, denn die West-Linien der DSH sind sehr oft im Besitz eines abfallenden Rückens, der die Tendenz zu einer *Cauda-Equina*-Problematik oder Hüftgelenksdysplasie aufweist. Die Ost-Linien der DSH zeigen hingegen einen geraden Rücken sowie ein weitaus geringeres Auftreten der beiden genannten Erkrankungen.

Trainingsbereitschaft

Betrachten wir nun die Trainingsbereitschaft, so sollten – wie bereits erwähnt – die externen Faktoren Berücksichtigung finden. So etwa Umweltfaktoren, Haltung und Hygiene.

Wird ein Hund also beispielsweise vor allem im Zwinger oder im Haus gehalten und inwieweit er entsprechend seiner regulären Behausung Wind und Wetter ausgesetzt ist. Selbstverständlich stellt sich der Bezug des Hundes zu seiner Außenwelt durch die Zwingerhaltung anders dar als bei einer Haltung im Haus. Hier ist zu berücksichtigen, dass eine Einquartierung im Zwinger auch im Haus möglich ist. Die Ernährung spielt in diesem Fall ebenfalls eine Rolle; dabei lässt sich generell zwischen Trocken- oder Nassfutter oder BARF unterscheiden. Gegenwärtig wird zudem immer mehr auch vegane Ernährung zum Trend, was beim Hund jedoch früher oder später zu medizinischen Problemen führen wird. Noch deutlicher ist dies bei der Katze zu beobachten, die ein reiner Fleischfresser ist. An dieser Stelle soll aber der Vollständigkeit halber darauf verwiesen werden, dass ich die vegane Ernährung bei uns Menschen auf keinen Fall diskreditieren möchte. Beim Hund ist aber eine Fleischernährung wichtig, die sich dabei durchaus anpassen lässt. Allerdings sollte dabei unter allen Umständen vermieden werden, die eigenen Entscheidungsfaktoren einer veganen Ernährung auf den Hund zu übertragen.

Trainingsvoraussetzungen

Innere Voraussetzungen:

- Genetik
- Rasse
- Abstammung
- Anatomisch-strukturell
- Anatomisch-funktionell
- Bewegungsapparat
- FFA/FFI
- Hormone

Äußere Voraussetzungen:

- Umwelt
- Ernährung
- Haltung
- Hygiene
- Aufwachsen
- Sozialisierung
- Prägung
- Konditionierung

Persönlichkeit + Gesundheit

Trainingsfähigkeit und Trainingsbereitschaft

Nach der Erörterung der Kernaspekte und des Ablaufs eines professionellen und kontrollierten Trainings- und Leistungsaufbaus soll sich nun der Frage gewidmet werden, was genau das angestrebte Ziel ist und welche Faktoren dabei beeinflusst werden können.

Funktionsbereiche des Trainings

- Konstitution
- Kondition und Ausdauer
- Koordination
- Mentalität/Persönlichkeit

Vor allem für diese vier Faktoren kann sich ein Training als nützlich erweisen.

Bei der Willkürbewegung wie auch dem Absuchen der Fährte, dem Laufen während des Obedience-Trainings oder dem Absolvieren eines Parcours während des Agility-Sports handelt es sich um komplexe Bewegungen, die von zwei Merkmalen bestimmt werden:

1) Sie sind zielgerichtet und zweckbestimmt.

2) Sie sind größtenteils erlernt, trainiert und konditioniert.

Die Koordination und im Speziellen die Willkürmotorik profitiert vom Training für die Feinmotorik sowie die technisch ausgefeilte Bewegung, was der Vermeidung von Unfällen zuträglich ist. Das Training hilft zusätzlich dabei, die Korrektheit der Ausführung der Aktivität zu üben und sie zur Routine werden zu lassen. Dies erweist sich vor allem bei einem Rettungshund in der Flächensuche oder in der Katastrophe als überlebenswichtig für die vermisste Person.

Die beiden Faktoren Konstitution und Kondition sind wichtig für die Ausdauer und das Durchhalten in einer Übung oder wenn der Hund – wie etwa bei einer Flächensuche – die Grenzen seiner Belastbarkeit erreicht.

Die Persönlichkeit profitiert ebenfalls vom Training. Bei einem Diensthund wird die Ernsthaftigkeit, das Abschätzen von Richtig und Falsch, Gut und Böse, trainiert. Der Hund erlernt durch das Training eine gewisse Eigendynamik und Entscheidungsfähigkeit.

Zusammenfassend kann man festhalten, dass die Trainingsfähigkeit und -bereitschaft sich als maßgeblich für einen optimalen Trainingsverlauf und sein Ergebnis erweisen. Die Faktoren für das Training zeigen dabei seine Ziel- und Umsetzung. Wie jedoch verhält es sich mit der Überprüfung des Trainingserfolges? Existieren Faktoren, anhand derer sich dieser bestimmen lässt? Zwar lässt sich diese Frage bejahen, allerdings nur für Tierärzte, die auf diesem Gebiet ausreichend bewandert sind und damit die notwendige Kenntnis und Praxiserfahrung besitzen. Die Überprüfung kann einerseits labortechnisch erfolgen, andererseits wiederum auf kinematischem Wege vonstattengehen.

Aus labortechnischer Sicht geben einerseits vor allem Leukozyten, andererseits Enzyme wie etwa *GOT, CK, Laktat und Pyruvat* Auskunft über den Trainingszustand. Aus kinematischer Sicht sind es insbesondere Features der *Gryoskop-Messung* und Auswertung, die über den Verlauf und Fortschritt des Trainings informieren.

Dies wiederum zeigt klar auf, dass die Anwendung und Interpretation dieser Parameter nur von spezialisierten Tierärzten durchgeführt werden können.

GOT = Glutamat-Oxalacetat-Transaminase

CK = Kreatinkinase.
Das Verhältnis der Aktivitäten dieser beiden Enzyme, der sog. CK/GOT-Quotient, dient der Bestimmung der Muskelarbeit bzw.-überlastung.

Laktat:
Ein Stoffwechselprodukt, das beim Abbau von Traubenzucker (Glukose) unter Sauerstoffmangel entsteht. Der Laktatwert im Blut kann zur Erkennung eines Sauerstoffmangels in Geweben bestimmt werden.

Pyrovat:
ein wichtiges Zwischenprodukt im aeroben und anaeroben Stoffwechsel während der Umwandlung von Glukose in Energie

Trainingsaufbau des Familienhundes

Die meisten Informationen bezüglich der Leistung sowie des Trainings und seiner Faktoren können auch auf den Familienhund übertragen werden. Allerdings ist es maßgeblich, Motivation, Zielsetzung und den Leistungsgedanken dem Familienhund anzupassen und dabei vor allem den Arbeits- und Trainingsdruck drastisch zu reduzieren. Stattdessen sollte die Betonung auf das spielerische Element gelegt und damit Freude, Spaß und das Event als vorrangig angesehen werden. Der Hund soll Vergnügen an der gemeinsam verbrachten Zeit haben, während sie für den Menschen selbst eine Freizeitbeschäftigung mit Aktivität im Freien bedeutet, die er in der Gesellschaft seines treuen Begleiters genießt.

Folgende Aspekte sind dabei besonders zu beachten bzw. in die gemeinsame Betätigung zu integrieren:

- Kopf- und Nasenarbeit
- Gleichmäßige und gesunde Bewegung
- Verzicht auf sture Trainings
- Spaß und Sport
- Vermeidung von großen Sprüngen
- Grundausbildung und Sozialisierung inklusive Leinenführung
- Vermeidung von Hyperaktivität
- Inklusion gezielter Ruhemomente

Ich bin der Meinung, dass die oben präsentierten Informationen für Besitzer von Familienhunden von Interesse sein können. Sie mögen mir jedoch eventuell in meiner Ansicht Recht geben, dass sie selbst nicht darauf hinarbeiten, Fortschritte in kürzester Zeit zu erreichen bzw. zu forcieren. Ihr vorrangiges Ziel liegt vielmehr in der Garantie des physischen und emotionalen Wohlergehens ihres Haustieres und dem Sicherstellen, dass ihr Vierbeiner nicht unter Schmerzen leidet und keine Lahmheit aufweist.

KAPITEL 4

Die Welpen-Studie

In der zu Beginn des Jahres 2019 lancierten Welpen-Studie ging es grundsätzlich darum, das Wachstum der Welpen von der zwölften Lebenswoche bis zum fünfzehnten Lebensmonat über einen Zeitraum von 42 Monaten mit Hilfe von *Inertial Measurement Unit* (IMU)-Sensoren (s. S. 50 f.) zu untersuchen und einen Zusammenhang zwischen der Bewegung und dem Vorkommen von Hüftgelenks- und Ellbogendysplasie sowie OCD oder Panostitis abzuleiten. Auch und vor allem das Eruieren des Prophylaxe-Gedankens stand im Fokus der Datensammlung und ihrer Auswertung.

Entstehungsgeschichte

Die Weichenstellung für die Entstehung der Welpen-Studie erfolgte 2007 mit dem sogenannten „Welpen-Pass". Dabei ist die von mir durchgeführte Schmerzstudie als der erste Schritt in Richtung der späteren KI-basierten Datenerhebung zu betrachten. Innerhalb dieser Schmerzstudie habe ich versucht, einerseits bei den Schmerzpatienten, andererseits bei den Welpen die Schmerzmediatoren Prostaglandin, Substanz P., Histamin, Serotonin, Calcitonin-Gene-related-Peptide (CGRP) zu ermitteln und offenzulegen. Das Problem bei dieser Studie war jedoch, dass die dabei angewandten antikörperbasierten Nachweisverfahren (ELISA-Tests) zu wenig Sensitivität für diese Schmerzparameter aufwiesen. Als nächstes habe ich mich daher der Diagnostik mit den IMU-Sensoren gewidmet, die hauptsächlich darauf abzielte, die Bewegung der Welpen in ihrer jeweiligen Wachstumsperiode aufzuzeigen, die Statik und Dynamik zwischen der Vor- und Hinterhand zu verifizieren und dabei das Verhältnis von Schulter- und Beckengürtel zu beleuchten. 2016 haben mein Team und ich diesbezüglich die ersten Versuche unternommen und sind dabei zu der Feststellung gelangt, dass es möglich ist, in diesem Kontext eine konkrete Aussage zu generieren. Um auf der Basis der neugewonnenen Erkenntnisse und klar definierten Ziele mit meiner Feldforschung fortfahren zu können, bedurfte es zusätzlich einer rechtlichen Bewilligung für die Durchführung der Welpen-Studie. Nachdem diese schließlich 2018 vorlag, konnte mit der Suche nach den benötigten Versuchstieren begonnen werden.

Ausgangsthese

Die Hüftgelenksdysplasie als biomechanische Erkrankung hat zur Folge, dass die entstehenden Anomalien im Gelenk das Gangbild deutlich verändern und sich somit klar fassbar in der IMU-Diagnostik der Bewegung manifestieren. Dieser Sachverhalt stellt den Gegenstand der durchgeführten Untersuchungen dar und ermöglicht es, die These aufzustellen, dass an einer Hüftgelenksdysplasie erkrankte Hunde in ihrem Gangbild eine höhere Varianz in der Bewegung aufweisen als es gesunde Tiere tun.

Diese höhere Varianz in der Bewegung zeichnet sich u. a. in den Stand- und Schwungphasen, der Range of Motion, Extension und Flexion der Bewegung sowie den mechanischen Symmetrien ab, um nur einige zu erwähnen. Im Bewegungsbild laufen die Hunde in einem solchen Fall beispielsweise sehr eng gestellt in der Hinterhand, zeigen ein Hinken oder lassen eine O-Bein Stellung in den Hinterläufen erkennen.

! Die per IMU gemessenen Bewegungsmuster beim Welpen bzw. Junghund können deutliche Hinweise auf HD geben.

Datengenerierung

Für die Studie wurden drei Rassen – jeweils eine kleine, mittlere und große – ausgewählt, die aus siebenunddreißig Australian Shepherds, elf Golden Retrievern sowie sechs Rottweilern bestanden. Dabei ist darauf zu verweisen, dass bei den Australian Shepherds eine deutlich geringere Wahrscheinlichkeit für die Entstehung einer Hüftgelenksdysplasie besteht als bei den Golden Retrievern oder Rottweilern. In einem zweiten Schritt wurde die Versuchsanordnung mit einer Aufstellung von insgesamt neun Untersuchungen festgelegt. Die Welpen wurden von der zwölften bis zur sechsundzwanzigsten Lebenswoche monatlich orthopädisch untersucht, während zusätzlich ein *BMI* erstellt sowie eine Bewegungsmessung mit IMU-Sensoren durchgeführt wurde. Nach der achtundzwanzigsten Lebenswoche wurden die Intervalle dann auf alle zwei Monate erweitert, bis schließlich im Alter von fünfzehn Monaten die letzte orthopädische Untersuchung inklusive der BMI-Erstellung und Bewegungsdiagnostik erfolgte. Aus den Daten der Inertial Sensoren wurden durch einen Machine Learning-Algorithmus einzelne messbare Eigenschaften innerhalb eines aufgezeichneten Datensatzes *(Features)* abgeleitet, welche für das Gangbild von Hunden im Zusammenhang mit einer Hüftgelenksdysplasie charakteristisch sind. Diese wurden dann von einem orthopädischen Veterinärmediziner für die weitere Analyse näher spezifiziert bzw. eingegrenzt. Die Daten wurden anlässlich einer offiziellen Radiologie für die Diagnostik für HD und ED erhoben, während die Auswertung der im Verlauf der letzten Untersuchung erstellten Röntgenbilder an der HD-Kommission Zürich vorgenommen wurde.

? BMI = Body Mass Index

Preprocessing und Datenanalyse

Die zum Anlernen des Algorithmus notwendigen Datensätze wurden durch ein umfangreiches Preprocessing geprüft. Mithilfe von veterinärmedizinischen Erfahrungswerten konnten Ausreißer identifiziert und von der Analyse ausgeschlossen werden. Diese erfolgte anschließend an der Fachhochschule Nordwestschweiz (FHNW). Aufgrund der Vorgehensweise der Messungen durch die veterinärmedizinische Praxis entstanden pro Hund an einem Tag bis zu drei konsekutive Ganganalysen. Um dabei die finale Analyse zu ermöglichen, wurden jeweils die Mittelwerte einzelner Features, die am selben Untersuchungstages generiert wurden, gebildet. Für die Auswertung wurde über den gesamten Zeitraum für die Features für jeden Hund der Studie eine lineare Regression berechnet. Basierend auf der linearen Regression wurde für jeden Hund die mittlere quadratische Abweichung (MSE) kalkuliert und aufgrund der gestellten Diagnose den Gruppen „Gesund“ oder „HD“ zugeordnet.

Resultate

Die Analyse der Daten ließ klar erkennen, dass die Gruppe derjenigen Hunde, die mit einer Hüftgelenksdysplasie diagnostiziert wurden, über den Untersuchungszeitraum in ihrem Wachstum bei allen Features eine höhere Varianz im Gangbild aufwiesen.

a) Extension
N gesund – 30, N HD – 14

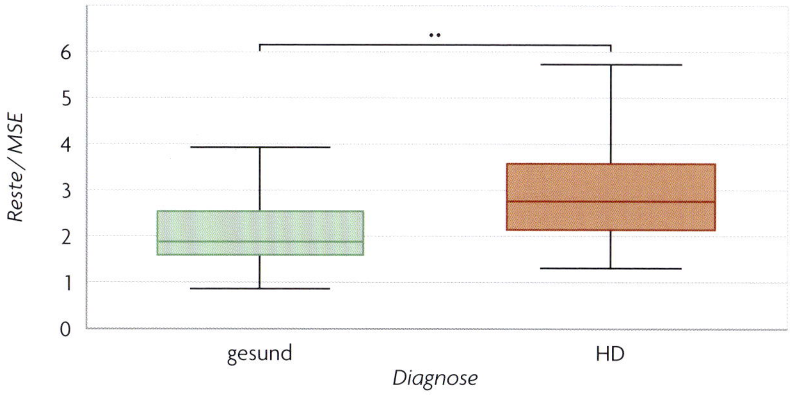

b) Schrittlänge
N gesund – 30, N HD – 14

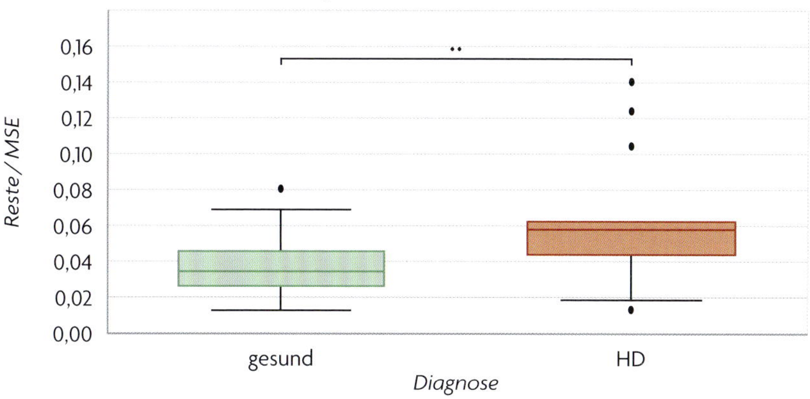

c) Maximale Beschleunigungsamplitude
N gesund – 30, N HD – 14

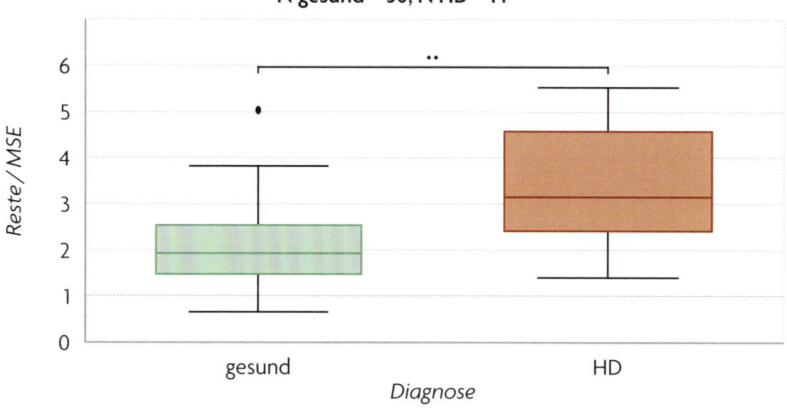

Erklärung zur den Grafiken:
Varianz der linearen Regression der gesunden (links) und mit HD diagnostizierten Hunden (rechts) mit Berechnung der Signifikanz über unabhängigen t-test. (*: $p < 0.05$, ** : $p < 0.01$, *** : $p < 0.001$) Auf der Y-Achse finden sich die Varianzen der jeweiligen Features. a) Extension, b) Schrittlänge, c) Maximale Beschleunigungsamplitude, d) Maximale Vertikale Kraft, e) Maximale Gyroskop Amplitude, f) Standardabweichung. Alle Features beziehen sich auf die Seite der pathologischen Extremität.

d) Maximale Vertikale Kraft
N gesund – 30, N HD – 14

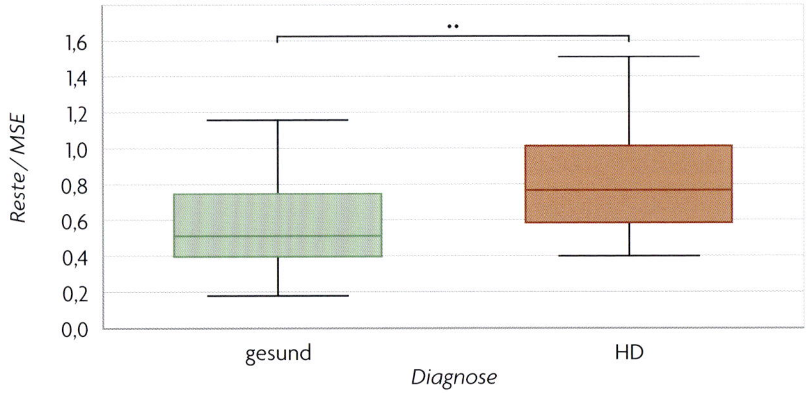

e) Maximale Gyroskop Amplitude
N gesund – 30, N HD – 14

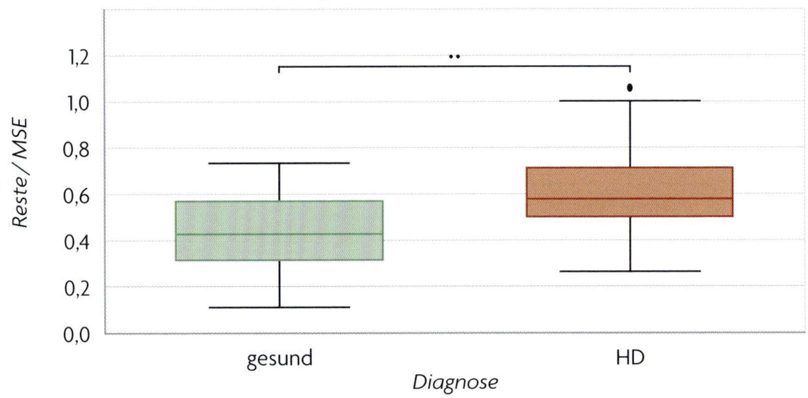

f) Standardabweichung
N gesund – 30, N HD – 14

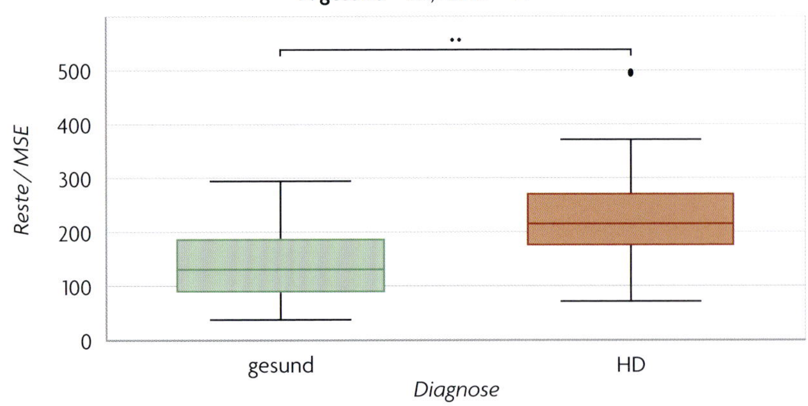

Konsequenzen für den Welpenbesitzer

Anhand der Resultate aus diesen Untersuchungen lassen sich drei Konsequenzen ableiten:

1) Der Hundebesitzer kann seinen Welpen in der Zeit von der vierzehnten bis zur zwanzigsten Lebenswoche orthopädisch-kinematisch untersuchen lassen und erhält damit vor der Durchführung einer Röntgenstudie inklusive Spezialprojektionen wie der DAR (Hüftgelenksdach) und Distraktionstechnik (Röntgen auf Lockerheit) bereits Informationen, die auf das potenzielle Bestehen einer Hüftgelenksdysplasie hindeuten. Diese werden einhergehend mit ihrem Schweregrad durch die Röntgenaufnahmen bestätigt und es wird zudem ersichtlich, ob eine *Symphysiodese* sinnvoll wäre. In diesem Zusammenhang erweist sich aber auch die Planung und Durchführung einer evidenzbasierten Physiotherapie als empfehlenswert.

2) Was für die Hüftgelenksdysplasie gilt, ist gleichsam für die Ellenbogendysplasie aussagekräftig. Hierfür bedarf es aber noch der Publikation der entsprechenden Daten. Ferner sind vergleichbare Erfahrungen genauso für die OCD und *Panostitis* möglich. An dieser Stelle sei zu erwähnen, dass in diesem Kontext die Klassifizierung und folglich der Einsatz von künstlicher Intelligenz eine Unterstützung darstellt.

3) In der Folge kann nun auch im Verlauf des primären und sekundären Wachstums der Bewegungs- und Trainingsaufbau durchgeführt werden, ohne den Hund zu überfordern, sondern um ihm im Rahmen des gesunden und physiologischen Wachstums zu assistieren. Dabei ist darauf zu achten, dass das Skelettsystem in Statik und Dynamik bewegt wird und insbesondere die Gelenke biomechanisch – also im Hinblick auf die Funktion, für die sie bestimmt sind – belastet werden.

Zusammenfassen lässt sich feststellen, dass eine Kontrolle des Hundes im Welpenalter oder als Junghund mit LupoGait® sich in jedem Fall als sinnvoll erweist. Dies gilt nicht nur für den Sport- oder Arbeitshund, sondern auch für den Familienhund. Der Hintergrundgedanke dabei ist immer die Prophylaxe und somit die Erhaltung der Gesundheit des Hundes. Gerade in diesem Zusammenhang bestehen andere weitreichende Konsequenzen. Frei nach dem Motto „da der Berg nicht zum Propheten kommt, muss der Prophet zum Berg gehen“, wird in absehbarer Zeit ein Produkt auf den Markt gebracht werden, welches die Prophylaxe der Hüftgelenksdysplasie berücksichtigt. Das bedeutet natürlich, dass gerade das Thema der Prophylaxe bereits in der Welpen-Schule ankommen muss.

Symphysiodese: OP-Verfahren, bei dem die Wachstumsfuge des Schambeins beim Welpen elektrochirurgisch inaktiviert wird. Dadurch wird das Wachstum im unteren, vorderen Beckenbereich gestoppt, während die oberen Anteile der Hüftknochen weiterwachsen. Damit kippen die Gelenkpfannen in einen günstigeren Winkel, die Entwicklung der Hüftgelenke während des Wachstums wird optimiert und die HD im besten Fall vermieden.

Panostitis: Entzündung des Knochengewebes

Fallstudie Bobby:
Fehlstellung beim Welpen

In meinem Praxisalltag werde ich immer wieder mit Sätzen wie „Man kann dem Welpen ja nicht alles verbieten! oder „Sie haben doch so schön gespielt!“ konfrontiert. Dies kann ich als Hundebesitzer und Tierarzt nachvollziehen. Deshalb ist das oben genannte Tracking-System umso wichtiger, da die Diagnose einer Hüftgelenksdysplasie für den Hundehalter immer ein trauriges Ereignis darstellt. Neben den weitreichenden Konsequenzen für das Leben des Hundes kann sie für den Besitzer zusätzlich zur emotionalen eine enorme finanzielle Belastung bedeuten. Aus diesem Grunde setzen wir dort, wo es am erfolgversprechendsten ist, auf den nutzenbringenden Einsatz der KI.

Das nebenstehende Video ist ein Fallbeispiel aus der Praxis und zeigt auf, wie wichtig ein kontrollierter und überwachter Bewegungsaufbau beim Welpen ist.

KAPITEL 5

Die LupoMove® Neuro-Kinematik beim Hund

Aus den vorherigen Ausführungen ist bereits klar hervorgegangen, dass viele Erkrankungen im Skelettsystem, beim Wachstum oder grundsätzlich mit dem Bewegungs- und Trainingsaufbau nicht selten als Folge von stumpfen Traumata, Unfällen sowie Zwischenfällen im Spiel und während dem Toben mit anderen Hunden auftreten können. Neben den entstehenden mechanischen Problemen resultieren diese Traumata je nach Schweregrad in Schmerzen, Entzündungen sowie einer Schonhaltung und funktionellen Veränderungen.

Im Kontext meiner klinischen Erfahrung stelle ich immer wieder fest, dass radiologische sowie klinische Befunde hinsichtlich der Orthopädie und Schmerzen oft keine Erklärung zu liefern imstande sind. Schwierig wird es besonders dann, wenn eindeutige klinische Symptome bestehen, die anschließende Durchführung zahlreicher diagnostischer Maßnahmen jedoch keine strukturellen Veränderungen offenlegt.

Dieses Kapitel stellt nun die Fortsetzung dessen dar, was mit dem Buch *„Schmerzen und Verhalten“* (Kynos 2023) seinen Anfang nahm. Grundsätzlich steht zwar primär das Thema der Orthopädie im Fokus des vorliegenden Buches, allerdings wird der Leser womöglich dennoch feststellen, dass die hier aufgeführten Informationen eine Übertagung auf den verhaltensauffälligen „Schmerzpatienten“ erlauben. Dieser Umstand wird am Ende des Kapitels noch mit einem oder zwei Beispielen aus der Praxis untermauert werden. Dementsprechend soll an denjenigen Stellen, die es sinngemäß nahelegen, auf den Verhaltenspatienten verwiesen werden.

Dieses Kapitel behandelt also den Bereich der Orthopädie, konkreter die zentrale Bewegungsregulation und Koordination sowie die Schmerztherapie. Insbesondere wird jedoch eine thematische Emphase auf die zentrale Regulation von Bewegung und Schmerzen gelegt, da nur die zentrale Steuerung zu einer fundamentalen Regenration und Rehabilitation von Bewegungs- und Schmerzpathologien führen kann.

Obschon die nachfolgenden Ausführungen sich als recht anspruchsvoll gestalten, ist es meiner Ansicht nach wichtig, als ersten Schritt die in diesem Kontext notwendigen Informationen möglichst klar und genau zu präsentieren. Dies in erster Linie deshalb, da neben der Kinematik auch die bei Schmerzen vorhandenen klinischen Symptome aufgezeigt werden sollten. In einem aktuell laufenden Projekt geht es genau darum, dass zusätzlich zu den Gangbildveränderungen die Messung anderer klinischer Parameter zur Darstellung des Verlaufs durchgeführt wird. Dieses Thema soll jedoch zu einem späteren Zeitpunkt näher erörtert werden.

Das Bewegungsgedächtnis beim Hund

Das Bewegungsgedächtnis ist ein wichtiger, in meinen Augen oftmals vernachlässigter Aspekt bei Bewegungs- und Schmerzpatienten – auch mit solchen, die zusätzlich Verhaltensveränderungen aufweisen. Ein wesentlicher Anteil der in meiner Praxis vorgestellten Patienten besteht aus Hunden, die ein verändertes Gangbild zeigen. In diesen Fällen waren die Besitzer zuvor beim Haustierarzt, wo aber keine Veränderungen festgestellt oder keine Erklärung für das Hinken und die veränderte Bewegung ermittelt werden konnte. Wenn diese Patienten in unsere Sprechstunde kommen, müssen sie zunächst visuell auf ihr Gangbild untersucht werden, bevor im Anschluss eine professionelle orthopädische strukturelle und funktionelle Untersuchung stattfindet. Ist nun von dem Bewegungsgedächtnis die Rede, das einen wesentlichen Anteil der Neuro-Kinematik darstellt, so muss zuvor ein Verständnis der Bewegung gewonnen werden. Diese lässt sich mit Hilfe folgender Beschreibung quantifizieren und qualifizieren:

- Hangbein – Unregelmäßigkeit oder Lahmheit (veränderte Schwebephase)
- Stützbein – Unregelmäßigkeit oder Lahmheit (veränderte Stützphase)
- Zehenweitstellung
- Zehenengstellung
- An- oder Rekurvatur in der Hinterhand (nach vorne oder hinten gestellte Gliedmaße)
- Zirkumduktion (kreisförmige Bewegung)
- Kyphose versus Lordose (aufgezogener Rücken oder Senkrücken)
- *Push-move* versus *pull-move* (normaler Vortrieb versus gezogene Bewegung)

Diese Liste könnte unendlich weitergeführt werden, was aber zum Verständnis der Neuro-Kinematik nichts beitragen würde. Die aufgeführten Punkte stellen eine professionelle Beschreibung der Bewegung der Gliedmaße und des Rückens durch die periphere neurologische Regulation dar. Ist die Bewegung des Hundes im Vorwärtstrieb verändert und ist diese Veränderung bereits einige Zeit vorhanden, also schon chronisch und ist demnach länger als drei bis sechs Monate präsent, so ist dieses Bewegungsmuster längst zentralisiert. Dies bedeutet, dass diese veränderte Bewegung im motorischen Kortex des Hirns festgelegt ist. Neben der Peripherie, also auf Höhe des Rückenmarks, das verantwortlich für die Steuerung der Gliedmaße ist, sind auch andere Zentren für die Bewegung wichtig. Dazu zählen der Hirnstamm, das Kleinhirn, das Mittelhirn und am Ende der motorische Kortex des Gehirns, das für die Steuerung und bewusste Willkürmotorik zuständig ist. Diese Hierarchie der Bewegung sollte somit bei diesen Patienten und bei der Therapie des veränderten Gangbildes berücksichtigt werden. Die folgende Abbildung zeigt nun diese Hierarchie der Bewegungssteuerung.

Nozizeption (Schmerzwahrnehmung)

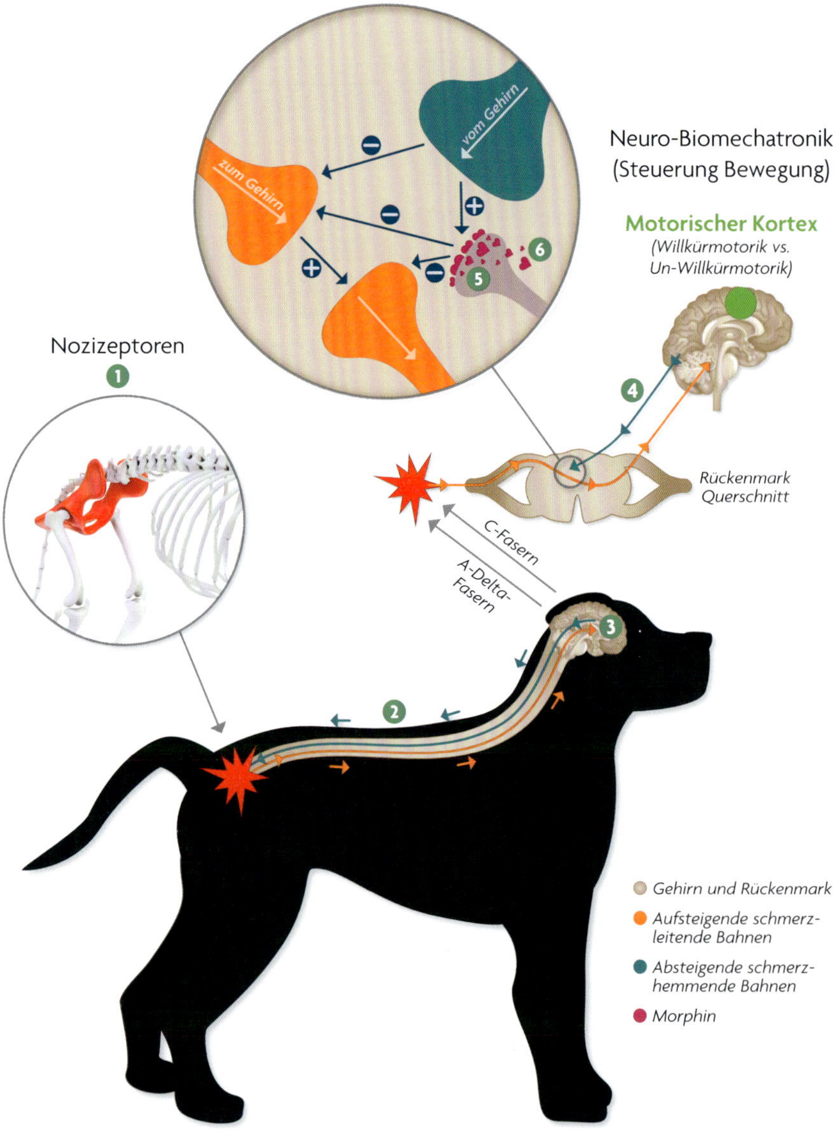

Legende siehe rechts

In der ersten Skizze ist die Nozizeption dargestellt, die Ursache für die Entstehung einer Bewegungsveränderung und infolge auftretender Schmerzen. Diese Störung, die als mechanischer Reiz bezeichnet wird, wird über den Reflexbogen via Rückenmark zentral weitergeleitet und kommt im Hirnstamm an. Dort wird dieser Reiz in Richtung des Kleinhirns weitergeleitet, das für die Regelung der Koordination verantwortlich ist.

Dieser Umstand ist vor allem im Hinblick auf den Welpen wichtig, da das Kleinhirn im jungen Alter noch nicht voll ausgebildet ist. Nun wandern also die Signale dieses mechanischen Reizes weiter in die Thalamus-Region, von wo aus die Impulse in die Großhirnrinde weitergesandt und dort bewusst wahrgenommen werden. Aufgrund dessen kommt es zu einer Reaktion, also zu einer Efferenz, die zunächst über die Basalkerne geregelt wird und dann in die Peripherie zur Reaktion gelangt. Um diesen Prozess zu veranschaulichen, lässt sich das Beispiel eines Kindes anführen, das sich an der heißen Herdplatte die Finger verbrennt und die schmerzende Hand sofort wieder wegzieht. Bei diesem Beispiel ist es aber sehr wichtig, das Gebiet des Thalamus zu kennen, das wiederum im nachfolgenden Abschnitt bei der Schmerz-Verschaltung der Neuromatrix eine Rolle spielen wird. Aus diesem Grund erweist es sich als sinnvoll, sich zunächst mit der Funktion des Thalamus zu befassen. Der Thalamus liegt im Zwischenhirn und wird auch als das „Tor des Bewusstseins“ bezeichnet. Damit ist gemeint, dass sämtliche sensiblen und sensorischen Informationen vor ihrer Ankunft im Großhirn durch den Thalamus transportiert werden. Die Betrachtung dieses Hirnareals zeigt eine Unterteilung in fünf Teile: *Thalamus – Epithalamus – Subthalamus – Hypothalamus* und *Metathalamus.*

Legende zu Grafik Nozizeption:

1. Die Enden der Nerven im Gewebe und Gelenken, die Golgi-Rezeptoren, registrieren mechanische, thermische oder chemische Reizungen (Fehlstellungen, Schnitt, Verbrennungen und Säuren). Psychosomatische Faktoren wie Angst oder Depression können Schmerzen verstärken.
2. Die Nervenbahnen leiten die Informationen und Schmerzen via Rückenmark zum Hirn. In gewissen Fällen haben wir den Reflex auf der Höhe des Rückenmarks (Beispiel: die Hand von der heißen Herdplatte wegziehen)
3. Im Hirn wird der Schmerz verarbeitet und bewusst wahrgenommen.
4. Absteigende Bahnen hemmen die Schmerzimpulse.
5. Interneurone produzieren körpereigene Opioide und hemmen somit die Schmerzimpulse.
6. Synthetische Opioide vom Tierarzt (Morphin) docken an den Rezeptoren im Rückenmark und unterdrücken so die Schmerzimpulse auf dem Weg zum Gehirn.

Die zentrale Bewegungssteuerung

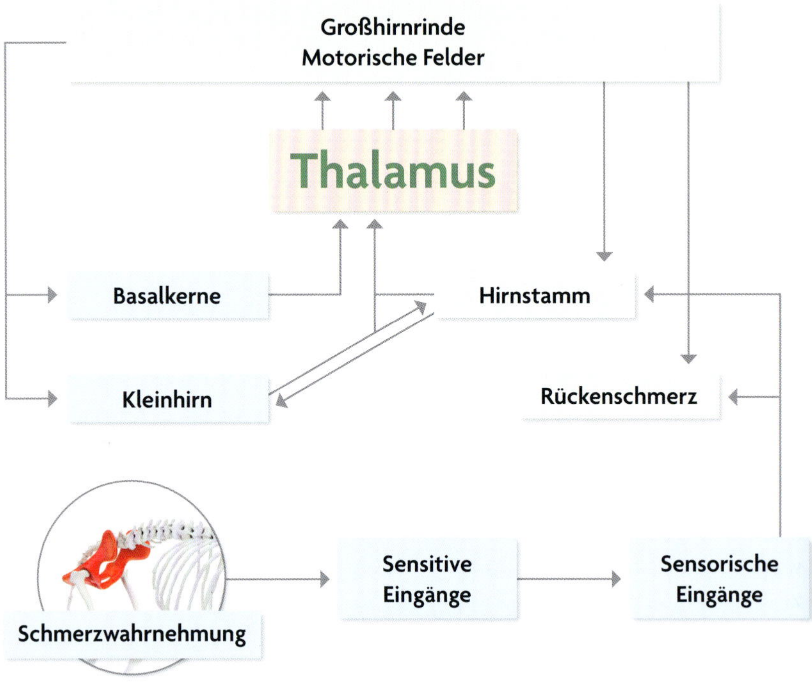

Der Thalamus und Metathalamus sind die wichtigsten Schaltstationen für die zum Cortex (Großhirn) aufsteigenden sensorischen Bahnen. Hier werden Reizinformationen integriert, koordiniert und in motorische Kontrollsysteme eingezogen. Der Hypothalamus stellt das zentrale Steuerzentrum für vegetative Funktionen, die Fortpflanzung und für das endokrine System dar. Somit lässt sich festhalten, dass sämtliche Informationen, die aus Sehen, Hören, Tasten und Fühlen gewonnen werden sowie die Wachstums- und Sexualfunktionen, Bewegung und Schmerzen über den Thalamus in Entsprechung seiner Funktion als „Tor zum Bewusstsein" reguliert und weitergeleitet werden. Dabei ist wichtig zu wissen, dass eine Möglichkeit besteht, das Bewegungsgedächtnis zu beeinflussen. Dies kann etwa durch eine manuelle Technik oder über die Akupunktur geschehen. Eine solche Beeinflussung der Therapie kann aktuell über die IMU-Technik der Bewegungsmessung und somit mit Hilfe von LupoGait® detektiert und quantifiziert werden, was ebenfalls eine qualifizierende Beurteilung erlaubt. In Kürze werden uns weitere Features zur Quantifizierung des Bewegungsgedächtnisses zur Verfügung stehen.

Zwei Fallbeispiele

In den beiden Fallbeispielen aus meiner Praxis ist die Beeinflussung des Bewegungsgedächtnisses bei einem Hund zu sehen. Der Patient im ersten Beispiel leidet seit sechs Jahren auf der rechten Seite unter einem Hinken. Trotz aller Bemühungen konnte diesem Hund zuvor nicht geholfen werden, bis er für eine Untersuchung in meine Praxis gebracht wurde.

Der zweite Fall präsentiert einen halbakuten Schmerzpatienten, bei dem eine perakute Onset-Phase in der Hinterhand vorlag. Die gelähmte Rute sowie die Ataxie der Hinterhand waren auffällig. Durch eine Spezialtechnik, die SOT (Sacro-Occipital-Technik), konnte die Neuro-Kinematik beeinflusst werden.

VIDEO

Fallstudie: Australian Shepherd mit 6-jähriger Lahmheitsgeschichte

VIDEO

Fallbeispiel: Zentrale Regulation der Bewegung

Die Neuromatrix beim Hund

Beim Schmerzpatienten steht immer die Zentralisation des Schmerzes oder das Schmerzgedächtnis im Fokus. Dabei wird argumentiert, dass, wenn der Schmerz nicht länger in der Peripherie besteht, er weiterhin zentral im Hirn vorhanden ist. Die Neuromatrix sowie deren Verschaltung und Regulation des Schmerzes erweisen sich als ein wichtiger Teil dieses Schmerzgedächtnisses. Daneben sind auch andere *endokrinologische* Aspekte von Bedeutung. So spielt auch hier die Region des Zwischenhirns und somit der Thalamus eine tragende Rolle.

Der vorliegende Abschnitt widmet sich der Auseinandersetzung mit dem Schmerzgedächtnis und seinem Zusammenhang mit dem Thalamus. Hierbei soll auf das holistische Krankheits- und Schmerzmodell aus dem Buch *„Schmerzen und Verhalten"* zurückgegriffen werden, das von mir auch als ortho-kybernetisches-psycho-soziales Krankheits- und Schmerzmodell bezeichnet wird. Die folgenden Schilderungen sollen wiederholt verdeutlichen, was genau darunter zu verstehen ist.

? Perakute Onset-Phase: Ein hochakutes Geschehen, also eine schnelle Reaktion und Erkrankung des Körpers mit hochgradigen Symptomen, oft auch nach vorher unbemerkt gebliebenen schleichenden Prozessen. Das Einsetzen erfolgt dann schnell und heftig.

? Endokrinologisch: auf das Hormonsystem bezogen, s. a. S. 195

? Neuromatrix: von griech. neuron = Nerv und latein. matrix = Mutter/Ursprung - das genetische Programm für die Entwicklung des Nervensystems, dessen Expression durch epigenetische Faktoren beeinflusst wird.

Stressverarbeitung und Schmerzen der Neuromatrix

Die *Neuromatrix-Theorie* hat sich aus der Gate-Control-Theorie des Schmerzes entwickelt und wurde erstmals 1991 von Melzack beschrieben und veröffentlicht [Melzack R. Pain and the neuromatrix in the brain. J Dent Educ 2001;65(12):1378–82.].

Diese Theorie beschreibt ein großes, weit verbreitetes Neuronennetzwerk, welches Thalamus, Kortex und das limbische System integriert, zunächst genetisch determiniert ist und das später durch äußere (sensorische) Einflüsse – das sogenannte Körper-Selbst – geformt wird. Hiermit wird die polygenetische Komponente der Neuromatrix offensichtlich und zeigt, dass dieses System sich durch eine Lernfähigkeit auszeichnet.

Unter *Stress* ist ein Zustand bedrohter biologischer Homöostase oder besser gesagt eine Störung im körperlichen Gleichgewicht zu verstehen. Tritt dieses Ungleichgewicht auf, werden genetisch determinierte neuronale, hormonelle und Verhaltensprogramme mit dem Ziel aktiviert, das biologische Gleichgewicht wieder herzustellen. Eine Aktivierung dieser Programme kann durch körperliche Schädigung (ortho-kybernetisch) oder durch psycho-soziale Belastung (psycho-sozialer Stress) ausgelöst werden. Bei Stressreaktionen konnten drei Dimensionen unterschieden werden:

- Stressschwelle
- Stressdämpfung
- Stressreaktivierung

Die Stressschwelle entscheidet über die Stressreaktion in Abhängigkeit vom Ausmaß des Stressors. Die Stressdämpfung spiegelt die individuelle Fähigkeit, eine Stressreaktion bei Erreichen der Schwelle zu stoppen, während die Stressreaktivierung das Ausmaß einer erneuten Erregung nach zunächst erfolgter Dämpfung der Stressreaktion definiert.

Hofer et al. (1988 und 1996) konnte im Tierexperiment an Rattenbabys zeigen, dass eine fünfzehntägige Trennung von der Mutter als Stressor zu weitreichenden Veränderungen bei wichtigen Neuroendokrinen führte.

So resultierte dies in einem Abfall der Katecholamin-Spiegel, der Synthese von Nukleoproteinen, einer reduzierten Herz- und Atmungsaktivität von etwa dreißig Prozent, einer reduzierten Bildung und Ausschüttung von Wachstumshormonen sowie der für die Hirnreifung wichtigen Ornithin-Decarboxylase; zudem konnten eine Beeinträchtigung des Schlafes sowie Hyperaktivität festgestellt werden.

Gerade zum derzeitigen Zeitpunkt werden viele Hunde in meiner Praxis vorgestellt, die eine Tendenz zur Hyperaktivität sowie Probleme mit der Stressschwelle demonstrieren, deren Ursache sich auf einen oder mehrere Vorfälle in der Welpenzeit zurückführen lässt. All diese Prozesse waren mit einer Rückkehr zur Mutter irreversibel.

Andererseits gelang es Meaney et al. (1988) nachzuweisen, dass ein besonderes Maß an Körperkontakt und Streicheleinheiten in der ersten Zeit nach der Geburt bei Ratten im späteren Leben zu einer wesentlichen Dämpfung der Stressantwort führte.

Liu et al. 1997 konnte mithilfe von Studien belegen, dass die frühe Umgebung die Sensitivität und Effizienz bestimmter neuroendokriner Systeme verstärken und damit die Antwort auf Reize, welche das Gleichgewicht bedrohen, verbessern kann.

Eines ist dabei klar: das Aufwachsen spielt bei der Sensitivität, Verarbeitung und Anpassung auf Stressoren und Schmerzen eine wichtige Rolle. Nun wurde also die Ursache von emotionalen Stressoren aufgezeigt – nämlich die Komponenten der psycho-sozialen Anteile – was, wie bereits an anderer Stelle erwähnt, in Bezug auf das Krankheits- und Schmerzmodell von zentraler Bedeutung ist. Gerade bei Schmerzpatienten sollten diese immer eine Berücksichtigung erfahren. Allerdings kann es sich bei Hunden mit einer Auslandsanamnese mehr als schwierig gestalten, diese Komponenten in Erfahrung zu bringen. Anderseits ist jedoch meistens offensichtlich, dass in einem solchen Fall die tierexperimentellen Erfahrungen deutlich wahrzunehmen sind.

Dies gilt ebenfalls für die mechanischen und entzündlichen Stressoren, die regelmäßig in der Bewegung passieren, wie etwa kleine Unfälle im Spiel, in der Interaktion mit und generell durch Sozialkontakt mit anderen Hunden. Diese sollten ebenfalls nicht vernachlässigt werden. Zwar hebt der vorliegende Abschnitt die Wichtigkeit hervor, sämtlichen ortho-kybernetischen Komponenten Beachtung zu zollen, doch muss oftmals in der Anamnese tiefer gegraben werden, um konkrete Ursachen aufzudecken. Eben an dieser Stelle kommt der Thalamus-Kern als „Tor zum Bewusstsein" ins Spiel. Damit sind auch die beiden zentralen Säulen des Stresssystems genannt:

- Hypophysen-Nebennieren-Achse (HPA-Achse)
- Locus Coeruleus-Norepinephrin-Achse (LC-NE)

Beide Achsen werden wesentlich durch das *Corticotropin-Releasing-Hormon* (CRH) stimuliert, das vor allem im Hypothalamus und im *Nucleus paraventricullaris* und in anderen Regionen des Gehirns produziert wird. Das Ziel der beiden Systeme ist es, die Homöostase bzw. das biologische Gleichgewicht wieder herzustellen. Dazu bedarf es viel Energie, also Glukose, da diese den Hauptenergielieferanten des ZNS darstellt. Dies geschieht durch die Aktivierung des kardio-vaskulären Systems mit einer Erhöhung von Puls- und Blutdruck sowie durch die Aktivierung der Atmung. Somit können nun Sauerstoff und Nährstoffe ins ZNS und in die aktivierten Regionen gelangen. Gleichzeitig werden Wachstums- und Fortpflanzungssysteme gehemmt, während das Entzündungs- und Immunsystem stabilisiert werden.

ZNS = Zentrales Nervensystem

Neben den körperlichen Reaktionen wird auch das psychische Verhalten angekurbelt, was den Körper insgesamt in einen Zustand der Alarmbereitschaft versetzt. Im Körper werden nun in der Folge durch diese körperlichen und psychischen Stressoren weitere Substanzen produziert und ausgeschüttet. Dazu gehören Zytokine, Interleukine sowie Tumornekrosefaktor, etc. Bleiben nun diese Stressoren länger bestehen oder treten wiederholt auf, so wird die die Corticotropin-Ausschüttung und

Cortisol: Wichtigstes „Stresshormon“

HPA-Achse: Hypothalamus-Hypophysen-Nebennierenrinden-Achse oder sogenannte „Stressachse“, das System der Stressaktivierung.

Cortex praefrontalis: Teil des Frontallappens der Großhirnrinde

damit der Cortisolspiegel ansteigen, was wiederum die HPA-Achse und Dopamin-Noradrenalin (LC-NE-Achse)-Ausschüttung erhöht und aktiviert. Durch diese Kaskade von Reaktionen wird nun der Hippocampus beeinträchtigt. Der Hippocampus ist eine Region im Gehirn, der für Lernprozesse verantwortlich ist. Eine längere Phase von Stress und damit ein erhöhter Cortisolspiegel kann den Hippocampus schädigen. Die Folgen sind verheerend, da dadurch zum einen die Erinnerungs- und Lernprozesse verändert werden und zum anderen die Corticoidausschüttung nicht reguliert werden kann, was einen Teufelskreis ausgelöst. Als Konsequenz kann eine erhöhte Noradrenalin- und Dopaminausschüttung (LC-NE-Achse) zusätzlich zu einer Schädigung des Cortex praefrontalis und damit zu einer Dysfunktion kognitiver Stressbewältigung führen, was sehr oft als Grundlage eines Aufmerksamkeitsdefizit-Hyperaktivitäts-Syndroms (ADH-Syndrom) gesehen wird. Ein solcher Prozess ist vor allem in Bezug auf den Menschen gut beschrieben. Dies trifft aber auch auf Hunde zu, die sehr hibbelig und hyperaktiv sind, zu häufigem Bellen und allgemeinem Heischen nach Aufmerksamkeit neigen.

Wenn wir nun einen Schmerzpatienten in der Sprechstunde begrüßen, werden folgende Punkte in die Abklärung miteinbezogen:

- Psycho-soziale Beeinträchtigung in der Welpen-Zeit, die zur Verstärkung der Schmerzwahrnehmung führen kann (Herkunftsanamnese)
- Erhöhte Schmerzempfindlichkeit aufgrund der Schmerzerfahrungen biologischer Stressoren
- Angst, Depression sowie Persönlichkeitsstörungen als potenzierende Faktoren bei Schmerzen
- Medikation bezüglich dieser oben genannten Störungen als Interaktion mit dem Schmerzprozess

Somit ist es schlussendlich wichtig, bei Schmerzpatienten das orthokybernetische-psychosoziale Krankheit- und Schmerzmodell zu berücksichtigen. Sonst droht die Gefahr, Symptome zu übersehen, Prozesse falsch zu beurteilen und damit den Erfolg einer Therapie zu behindern.

Es ist jedoch möglich, dass der Besitzer durch eine falsche Motivation Informationen zurückbehält. Gerade im psycho-sozialen Bereich ist dies anfangs schwierig zu erkennen. Bei rein somatischen Prozessen, vor allem in der Orthopädie, ist es mir möglich, diese auf Basis meiner Praxiserfahrung gut einzuschätzen, da der Körper einen länger andauernden Prozess durch die Rückbildung der Muskulatur sofort aufzeigt. Neben diesem Krankheits- und Schmerzmodell sollten, wenn möglich, sogenannte prä- und postnatale Erfahrungen ergänzend integriert werden. In diesem Fall steht insbesondere das Verhältnis des Muttertiers zu dem betroffenen Hund im Fokus. Konkreter die Frage, wie sich der Umgang mit dem Wel-

somatisch: körperlich, auf den Körper bezogen (von griech. Soma = Leib)

pränatal = vorgeburtlich

postnatal = nachgeburtlich

pen gestaltet oder ob das Tier überhaupt die Möglichkeit hat, diese Aufgabe wahrzunehmen.

Als Quervergleich sei die Mutterkuhhaltung erwähnt. Eine Mutterkuh ist extrem fürsorglich, wenn sie die Möglichkeit erhält, und es kann für den Menschen gefährlich werden, wenn er störend in dieses Verhältnis eingreift. So kann etwa das Betreten einer Weide mit Mutterkuhhaltung mit einem Hund zu einem Spießrutenlauf ausarten. Als finaler Punkt soll nun noch die Reiz-Reaktions-Regel angesprochen werden: Jeder Input für den Körper besitzt eine Konsequenz, die orthopädisch, schmerztechnisch oder in einer anderen Form der Regulation von Flucht und Drang mit Kreislauf, etc. ausfällt.

Das Schmerzgedächtnis ist nicht nur als der reale Schmerz, der erlebt wurde, zu verstehen, sondern stellt auch die kognitive Abspeicherung von Schmerzauslösern dar.

Hier kann nochmals auf den Vergleich zum Kind verwiesen werden, das sich die Hand an der Herdplatte verbrennt. Nach dieser Erfahrung hat das Kind gelernt, dass die Berührung mit der heißen Herdplatte zu Verbrennungen und damit zu Schmerzen führt.

Viele Hunde machen eine ähnliche Erfahrung mit dem unter Strom stehenden „Viehhüter-Draht". Wenn ein Hund infolge des schmerzhaften Kontakts mit einer auf diese Weise geschützten Absperrung einen Elektroschock erleidet, macht er von da an einen großen Bogen um den Draht, um die damit verbundene Schmerzempfindung zu vermeiden. Je nachdem, ob der Draht zusätzlich zur physischen Konsequenz beispielsweise knistert, prägt sich der Hund auch das dazugehörige Geräusch ein, das er in Zukunft mit einem schmerzhaften Zwicken verbinden wird. Unglücklicherweise schafft der Hund nicht selten auch Verknüpfungen in Bezug auf den Besitzer, die zu Angstverhalten führen. Dies vor allem dann, wenn zu einem ungünstigen Zeitpunkt vom Menschen eine verbale Korrektur des Hundeverhaltens zum Schutz angebracht wird. Genau diese Situation hat sich mit meiner Schäferhündin ergeben. Unsere Beziehung basiert auf gegenseitiger Liebe, doch als sie auf einem Sommerspaziergang in die unmittelbare Nähe eines Weidezauns gelangte, habe ich sie genau in dem Moment des Stromstoßes abgerufen, um sie davor zu schützen. Diesen Stromstoß hat sie danach mit mir in Verbindung gebracht und die anschließende Rekonditionierung zog sich über Monate.

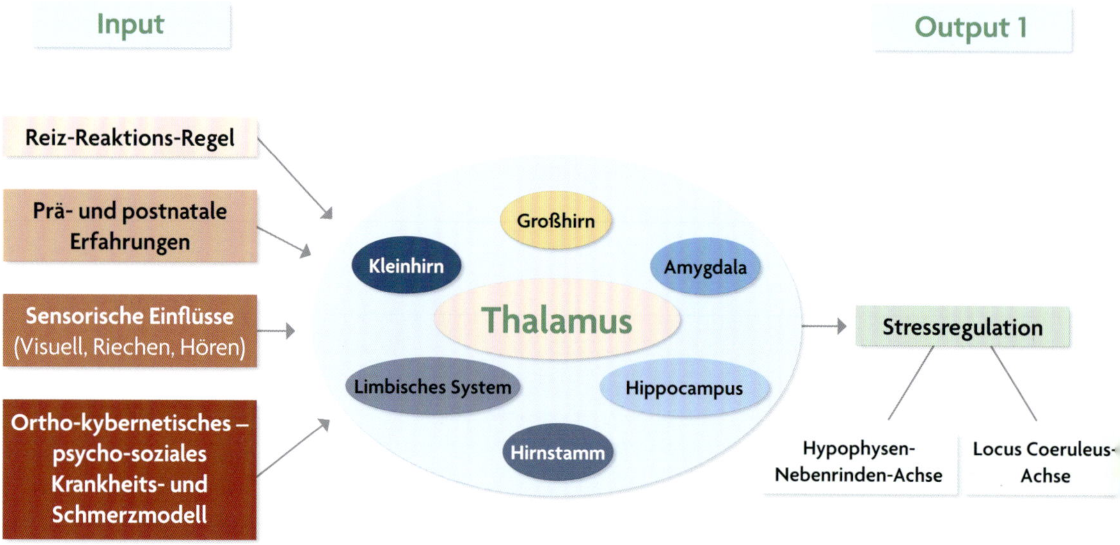

Hier ist die Regulation der Bewegung auf der höchsten Ebene dargestellt. Verarbeitung von Input und Output – die Faktoren, die die Neuro-Kinematik beeinflussen und die an den Körper weitergegeben werden.

VIDEO

Therapie der Neuro-Kinematik

Fallbeispiel

Ein ausführlicher Fall, der exemplarisch für die Neuro-Kinematik stehen kann, ist in dem nebenstehendem Video, zu sehen. Bei dem gezeigten Hundepatienten handelt es sich um einen sieben Jahre alten Hovawart, der eine lange Anamnese vorzuweisen und bereits eine Odyssee durch vielzählige Uni-Kliniken hinter sich hat. Er leidet unter einem bewegungsabhängigen Leistungsabfall mit Hyperthermie, wobei die Temperatur nach fünfzehn Minuten Bewegung nahezu auf 41,5 Grad ansteigen kann. Unglücklicherweise blieben die Versuche, durch verschiedene Untersuchungen wie CT, MRT, Radiologie, Ultraschall, Muskelbiopsien oder Szintigraphie sowie wiederholte Laboruntersuchungen, ACTH-Stimulationstests etc. eine Diagnose zu stellen, ergebnislos. Zwar konnte letztlich die Bewegungsdiagnostik Erklärungen für die Veränderungen eruieren, doch erst der Einbezug der Neuro-Kinematik ermöglichte es, dem Tier definitiv helfen zu können.

Der Homunkulus oder der „Canunkulus“

Unter dem Homunkulus oder dem „Canunkulus“ versteht man ein Modell, das die neuronale Beziehung zwischen den kortikalen Bereichen in der Großhirnrinde und dem Skelettsystem oder sensorischen Feldern darstellt, wobei benachbarte Körperregionen auf nahegelegenen Kortexarealen abgebildet werden. Das bedeutet, dass der Hund auf dem motorischen Kortex (Großhirn) für sensorische Eingänge und Empfindungen von Gangstörungen oder Schmerzsignalen abgebildet wird. Dies gilt auch für sogenannte Efferenzen, also motorische Antworten aus dem Kortex, wie etwa „das Kind zieht die Hand von der heißen Herdplatte weg“. Dieser Homunkulus ist nun primär für den Menschen beschrieben, aber für den Hund sind die Areale vergleichbar. Die abgebildete Skizze soll diesen Umstand illustrieren.

Der Canunkulus

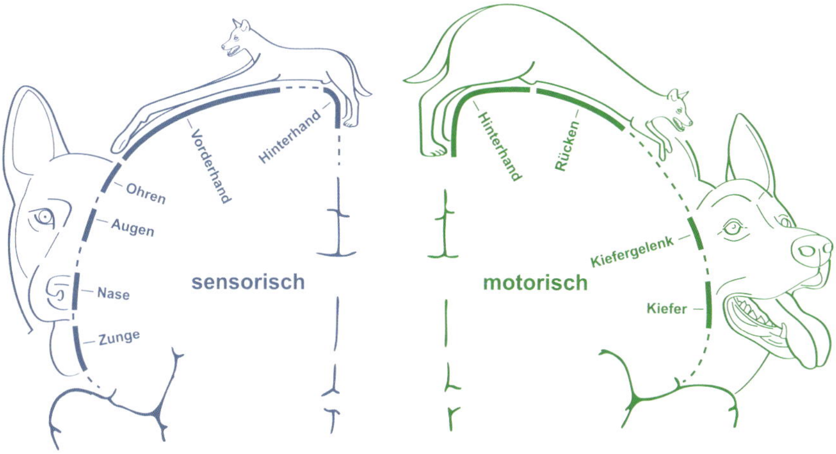

Der sensorische Canunkulus

Der sensorische Canunkulus zeigt die Areale und Körperteile auf, die vermehrte sensorische Aktivität aufweisen. Beim Hund sind dies vor allem Nase, Augen und Ohren, ferner die Vordergliedmaßen und der Rücken. Hier fällt auf, dass die Areale nicht nach Lokalisation des Hundes erscheinen, sondern nach der Wichtigkeit in der Sensorik, damit also alle wichtigen Zentren des Hundes für sensible und sensorische zuführende Informationen umfassen.

Der motorische Canunkulus

Der motorische Canunkulus spiegelt die Areale am Körper des Hundes wider, die für die Steuerung von Bedeutung sind, bzw. eine ausgeklügelte und filigrane Steuerung des Hundes erlauben. Hier ist zu erwähnen, dass dies auch in Abhängigkeit zur Prägung und Kognition steht.

Die klinische Relevanz liegt für mich darin, dass diese Felder durch die Neuro-Kinematik angesteuert werden können. Dies wird vor allem in Zukunft eine wichtige Rolle spielen, wenn wir unsere neue apparative Schmerzdiagnostik einführen und dazu in der Lage sein werden, diese Areale aufzuzeigen.

Zusammenfassung

Wie in diesem Kapitel dargelegt wurde, sind Bewegung und Schmerz sehr eng miteinander verknüpft, während zusätzlich emotionale Verbindungen via Amygdala und dem limbischen System hergestellt werden. Somit bin ich der Meinung, dass die Kapitel im Buch *„Schmerzen und Verhalten“* noch einmal unter einem anderen Blickwinkel zu betrachten sind. Da diese Thematik jedoch insgesamt schwierig zu verstehen ist, ist dieses Thema auch noch nicht abschließend diskutiert. Es soll zu einer anderen Gelegenheit wieder aufgegriffen und durch zusätzliche Informationen sowie diagnostische Tools ergänzt werden. Zu diesem Zeitpunkt ist es mir nicht möglich, weitere Informationen zu teilen, die über die obigen Ausführungen hinausgehen. Allerdings haben ebendiese mir als Basis für die Entwicklung der hier abgebildeten LupoMove® Neuro-Kinematik „Schmerz- und Bewegungsmatrix“ gedient. Diese soll es in der Praxissprechstunde erleichtern, eine optimale Einschätzung des Patienten abzugeben und zu ermitteln, wie sich bei diesem die Pathologie Schmerz-Bewegung-Verhalten abzeichnet. Dabei sollte die Neuro-Endokrinologie nicht außer Acht gelassen werden. Wie es der oben präsentierte Praxisfall des Hovawarts gezeigt hat, spielt die Neuro-Kinematik in vielen Fallbeispielen eine zentrale Rolle, um die zu wissen und die es zu berücksichtigen gilt. Erst dadurch kann man chronische und chronifizierte Schmerz- und Bewegungsauffälligkeiten beim Hund in der Praxis erfolgreich behandeln.

KAPITEL 6

Funktionelle Orthopädie im Zusammenhang mit mechanischen Traumen beim Welpen und Junghund

In meiner Praxis werden sehr viele Patienten mit dem Verdacht auf eine bestehende Schmerzpathologie vorgestellt. Allerdings muss angemerkt werden, dass die Diagnostik sowie die Diagnose in den oben genannten Fällen in eine vollkommen andere Richtung verlief als ursprünglich vermutet. Unser Buch *„Schmerzen und Verhalten"* wurde bereits von einer hohen Zahl von Hundebesitzern gelesen und hat diese mit dem Thema vertraut gemacht. Das vorliegende Kapitel soll nun aber keine Wiederholung des bereits veröffentlichen Wissens darstellen; vielmehr zielen die nachfolgenden Ausführungen darauf ab, Hundebesitzer für dieses Thema zu sensibilisieren und daran zu erinnern, dass mechanische Traumen – insbesondere im Welpenalter – weitreichende Folgen haben können.

Bei den angeführten Fallbeispielen aus der Praxis wurde der erste Patient zuvor über neun Monate lang gegen allergische Beschwerden behandelt, obwohl das Labor keinen Hinweis auf das Vorhandensein einer Allergie ergeben hat. Erst durch das Wissen aus dem oben genannten Buch hat sich die Kundin bei mir gemeldet. Beim zweiten Patienten hat das aggressive Verhalten gegenüber dem Besitzer, vor allem in Momenten, in denen der Hund in seinem Körbchen gelegen ist, den Hundehalter mit seinem Tier zu mir geführt. Sämtliche vorherigen orthopädischen, internistischen sowie schmerztechnischen Untersuchungen in der Klinik, im Labor und auch das durchgeführte MRT haben keine Erklärungen für das auffällige und zum Teil besorgniserregende Verhalten des betroffenen Hundes liefern können. Schließlich war es die Untersuchung in meiner Praxis, die die Ursache in der zehnten Lebenswoche zu finden vermocht hat. Der dritte Patient ist durch sein Verhalten, durch seine Hibbeligkeit und Schmerzepisoden nach dem Kauen aufgefallen. Diese Fallbeispiele werden je nach Situation ergänzend mit theoretischen Informationen untermauert.

Allergie versus Schmerzen

In diesem Fall wird ein Australian Shepherd vorgestellt, der bei der Erstuntersuchung ca. ein Jahr alt war und der neun bis zehn Monate lang aufgrund von Allergiesymptomen behandelt wurde. Diese zeigten sich in Form des Leckens der Pfoten bis zu den Vorderbeinen und einem abwechslungsweise links, dann rechts auftretenden Zittern in den Vorderbeinen. Zusätzlich ließ sich eine Schwellung des Kopfes, insbesondere des Bereichs um den Kiefer sowie um die Augen, verzeichnen. Gerade diese äußerliche Auffälligkeit erweckte den Eindruck, als hätte der betroffene Hund einen Schlag auf den Kopf erlitten, der in einem geschwollenen oder blauen Auge resultierte. Des weiteren konnte beobachtet werden, dass das Tier regelmäßig – und damit deutlich zu oft – den Kopf schüttelte. Bereits während der Anamnese konnte ermittelt werden, dass der

Hund im Welpenalter von zwölf Wochen an einem Abend im Spiel mit seinen Artgenossen einen Überschlag vollführt hatte, der ursächlich für diese Schwellungen am Kopf gewesen war. Diese Symptome – wie auch eine merkliche Schwellung auf dem Nasenrücken – und insbesondere das Kopfschütteln sind die letzten neun bis zehn Monate vorhanden gewesen. Die Kontrolle beim Tierarzt sowie im Labor hat die Vermutung aufgeworfen, dass es sich bei den Leiden um die physischen Manifestationen einer Allergie handeln könnte. Allerdings sind auch unter dem Ausschluss bestimmter Speisen und einer medikamentösen Behandlung mit beispielsweise Cortison die Symptome – wie in erster Linie das Schütteln des Kopfes und das Beknabbern der Vordergliedmaße – unverändert geblieben. Aus diesem Grund wurde der Hund in meine Praxis gebracht, wo im Verlauf der orthopädischen Untersuchung vor allem eine O-Beinstellung der linken Schultergliedmaße, also ein Varus im Ellbogen, festgestellt werden konnte. Zusätzlich zu der identifizierten Zehenenge wurde eine Anomalie in der Laufbewegung des Hundes aufgedeckt, die sich generell etwas hakelig und unrund gestaltete. Außerdem konnten weitere Auffälligkeiten wie etwa ein aufgezogener Rücken und ein primär linksseitig zurückgebildeter Kiefermuskel sowie Temporalmuskel, also Kopfmuskel, offengelegt werden. Das TMJ – das Kiefergelenk –, bzw. das *Temporomandibular*-Gelenk, zeigte sich linksseitig etwas reaktiv und leicht schmerzhaft, während beim Testen der beidseitigen Kiefermobilität eine stärkere Restriktion registriert werden konnte. Überdies demonstriert der Hund auch eine gewisse Konzentrationsschwäche, gepaart mit einer leichten Überempfindlichkeit und Hyperaktivität. Und dennoch hat augenscheinlich die Summe all dieser Symptome den Haustierarzt dazu veranlasst, den Zustand des Hundes als Allergie zu titulieren. Der Patient wurde anschließend einer orthopädischen und radiologischen Untersuchung unterzogen, was letztendlich zu der Erkenntnis und Gewissheit geführt hat, dass es sich bei dem Hund um einen sogenannten Kopfschmerzpatient handelt, der ein beidseitiges Clusterphänomen aufweist. Diese Schmerzverschaltung ist – wie im vorangegangenen Kapitel erläutert – bereits zentralisiert. Es liegt eine veränderte Bewegung über die linke Schultergliedmaße vor, welche bei dem erwähnten Unfall gestaucht wurde, aber auch der Kopf und die motorisch sensible Verschaltung zeigen in diesem Fall einen chronischen Schmerzprozess und damit das beschriebene Clusterphänomen. Es ist gelungen, dieses bis jetzt erfolgreich zu behandeln, wodurch diejenigen Symptome, die zuvor fälschlicherweise mit einer Allergie assoziiert wurden, sind nun praktisch verschwunden. Was die Reaktivität und Aktivität, bzw. Hyperaktivität, anbelangt, so konnte diesbezüglich zwar eine leichte positive Veränderung vermerkt werden, allerdings bedarf es noch einiger Arbeit, bis eine signifikante Besserung eintrifft. Jedoch hat der Hund innerhalb der letzten zwei bis drei Monate massive Fortschritte gemacht, sodass in seinem Fall eine gute Tendenz zu erwarten ist.

Fallbeispiel Australian Shepherd

Chronisches Schmerz-geschehen

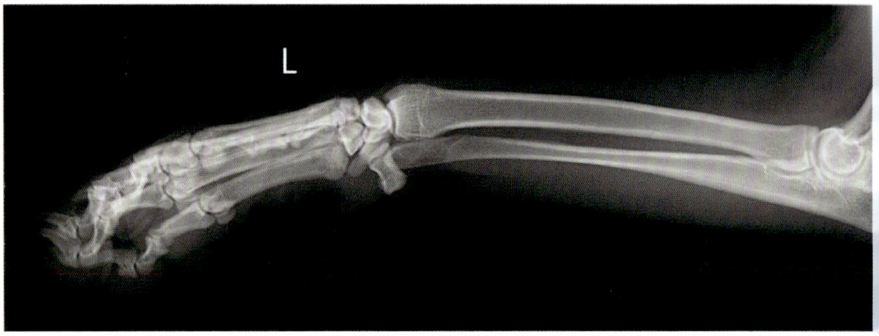

Pfote seitlich oben

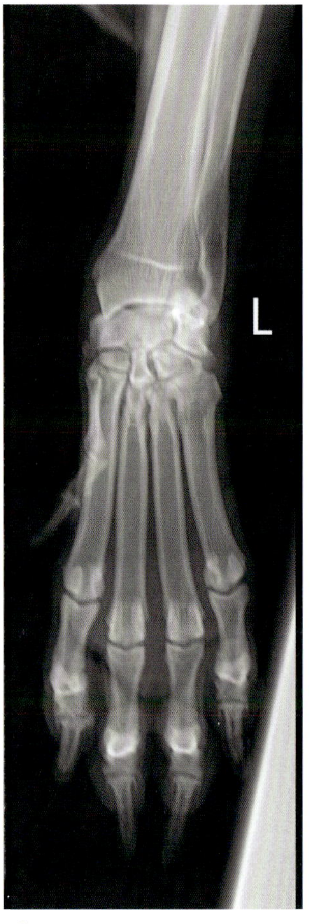

Pfote a-p unten

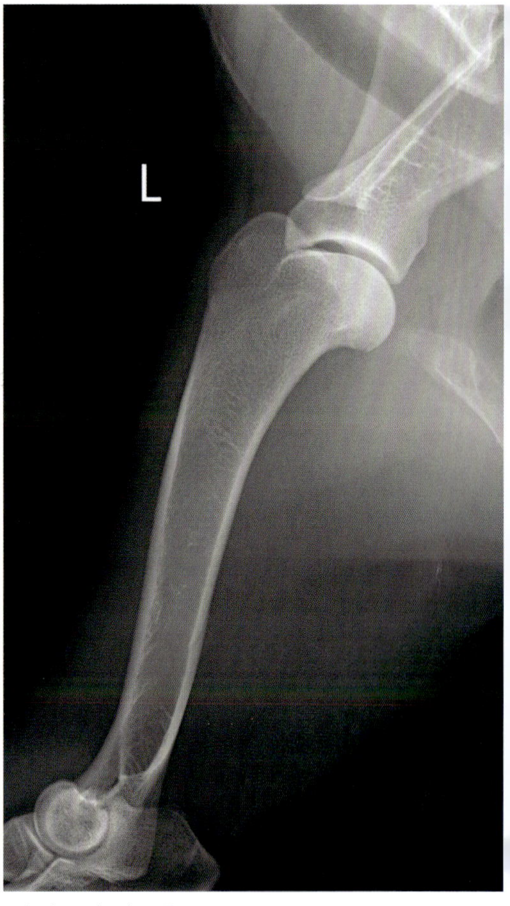

Schultergliedmaße

Die röntgenologische Untersuchung der "verdächtigen" Pfote und Schultergliedmaße ergab keinerlei Befund, es handelte sich somit um ein rein funktionelles Hinken.

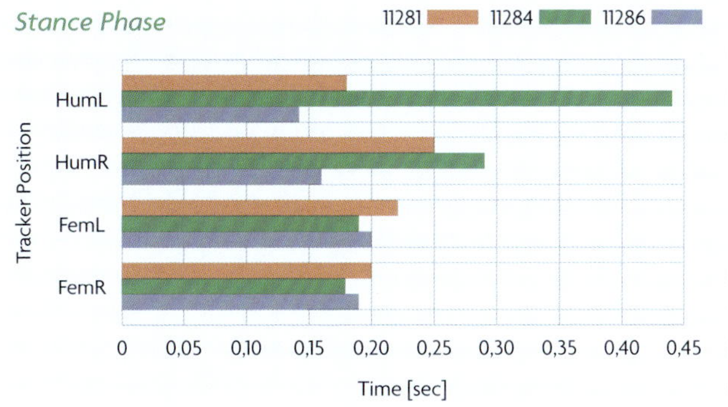

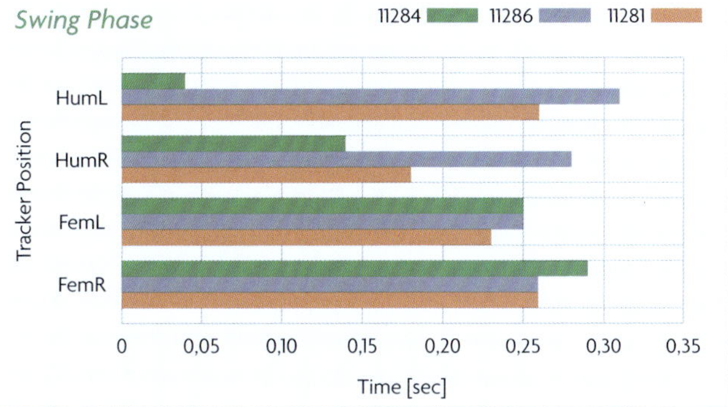

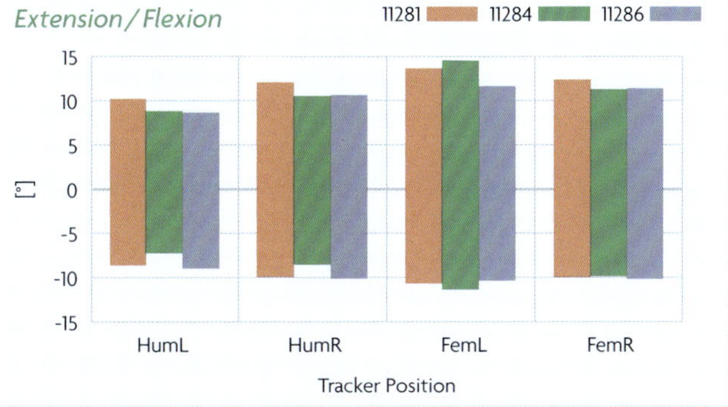

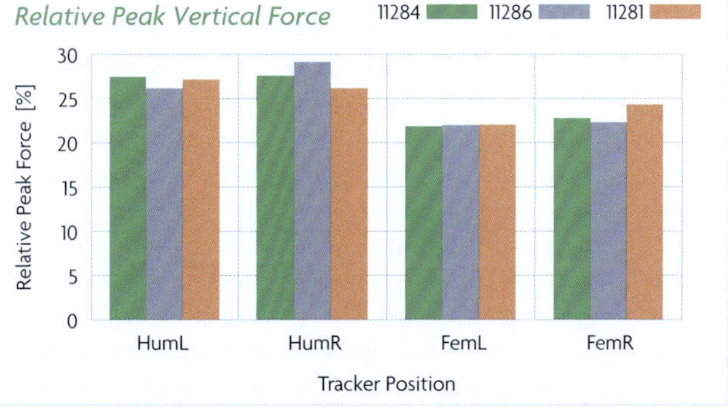

Die Bewegungsanalyse des Australian Shepherds aus dem Video zeigt die Veränderungen in den verschiedenen Parameter je nach orthopädischer manueller Behandlung.

Die grünen Werte sind nach der orthopädischen manuellen Behandlung der linken Schulter. Dabei hat sich die Standphase vorne links deutlich verändert. Die blauen Balken zeigen die Werte nach der manuellen Behandlung der Neuro-Kinematik, wobei Einfluss und Behandlung der Hinterstammregion vorgenommen wurde. Dies ist der Übergang zwischen Kopf und Halswirbelsäule.

Aggression versus Schmerzen

Im Fokus dieses Beispielfalls steht ein zweieinhalbjähriger Labrador Retriever mit einer längeren Anamnese. Im Alter von einem Jahr wurde der Hund beim Haustierarzt aufgrund von wiederholtem, langanhaltendem Erbrechen, Durchfall und einem eingeschränkten Allgemeinbefinden vorgestellt. Weder Blut- und Laboruntersuchungen noch Röntgen oder ein Bauchultraschall haben eine Erklärung für die Symptome zu liefern vermocht. Allein ein zusätzlich durchgeführter Allergietest hat Reaktionen gezeigt. Als dann aber die in diesem Zuge verordnete Diäternährung schließlich eine Verbesserung der Situation erwirkt zu haben schien, wurde der Hund praktisch zeitgleich mit einer Verhaltensveränderung in die Klinik gebracht. Das Tier war zuvor durch aggressives und Meideverhalten aufgefallen, durch Luftschnappen und das Anknurren seines Besitzers mit der Drohung, zu beißen. Diese Symptome erschienen am ausgeprägtesten, wenn seitens der Halter der Versuch unternommen wurde, den Hund auf seinem Liege-bzw. Schlafplatz berühren zu wollen. Insbesondere in diesem Moment schien die Aggressivität in der Reaktion des Tieres besonders stark auszufallen. Auch die in der Folge durchgeführte neurologische Untersuchung und MRT-Studie konnten keine Ursache für das auffällige Verhaltensmuster aufdecken, weshalb die Besitzer in Anbetracht dieser Umstände keine andere Möglichkeit sahen, als sich mit der Situation abzufinden und sich auf die Verhaltensweise ihres Tieres einzustellen. Allerdings konnte nun auch zusätzlich zu den bestehenden Problemen ein Abfall der Leistungsbereitschaft des Hundes verzeichnet werden, wodurch folglich die Motivation für Arbeit und damit auch Trainings immer weiter abnahm. Daraufhin wurde der Hund in meine Praxis gebracht und von mir untersucht. Das Bewegungsmuster, das sich im Video dargestellt findet, erweist sich als sehr auffällig. Während die Hinterhand vor allem hinten rechts etwas unregelmäßig läuft, zeigt sich die linke Schulter als weniger raumgreifend und lässt eine veränderte Stellung der Pfote erkennen. Zudem fällt auf, dass der Kopf verkippt ist. Die orthopädische neurologische und strukturell-funktionelle Untersuchung konnte eine nach rechts verdrehte Asymmetrie im Becken und eine ebenfalls nach rechts verdrehte Wirbelsäule aufdecken; die Schulterstellung zeigte dabei eine Translation, also eine Verschiebung nach hinten, sowie eine linksseitige Verkippung des Kopfes. Somit lag also eine klare Achsenverteilung der Kraftverteilung zwischen links und rechts mit der Belastung der rechten Seite vor. Auf meine Nachfrage hin, ob der Hund vorne links bereits ein Hinken demonstriert hat oder ob eine Unfallanamnese vorliege, wurden beide Punkte von der Besitzerin bestätigt. Zwar war es ihr nicht möglich, während der Konsultation die betroffene Seite zu verifizieren, doch der Haustierarzt konnte diese als die linke Schultergliedmaße ausweisen. Zwei Wochen nach dem ersten Unfall erlitt der Hund im Welpenalter von zehn Wochen ein weiteres Trauma in Form eines Überschlages. Dieser führte zwar zu keinem offensichtlichen physischen Problem, jedoch konnte beobachtet werden, dass der Vorfall eine deutliche Reduktion der Freudigkeit bei dem Tier herbeigeführt hatte und ihn zu einem sehr ruhigen Hund werden ließ, ehe dann im Alter von einem Jahr der Beginn der beschriebenen Symptomatologie einsetzte. Der Hund wurde bei mir einer kinematischen Untersuchung unterzogen. Anschließend wurde die Fehlstellung der Kopfwirbelsäule und Wirbelsäulenachse behandelt, was zu einer schlagartigen, positiven Veränderung des Verhaltens und einer Besserung der Leistung und Leistungsbereitschaft des Hundes führte. Dieser wurde anhänglicher und vor allem zutraulicher und berührungsfreudiger. Der Labrador Retriever befindet sich derzeitig weiterhin in einem Trainingsaufbau und wir hoffen, dass er zu einer normalen Leistung zurückfinden wird.

VIDEO

Fallbeispiel Labrador mit eingeschränktem Allgemeinbefinden

Aggression vs. Schmerzen

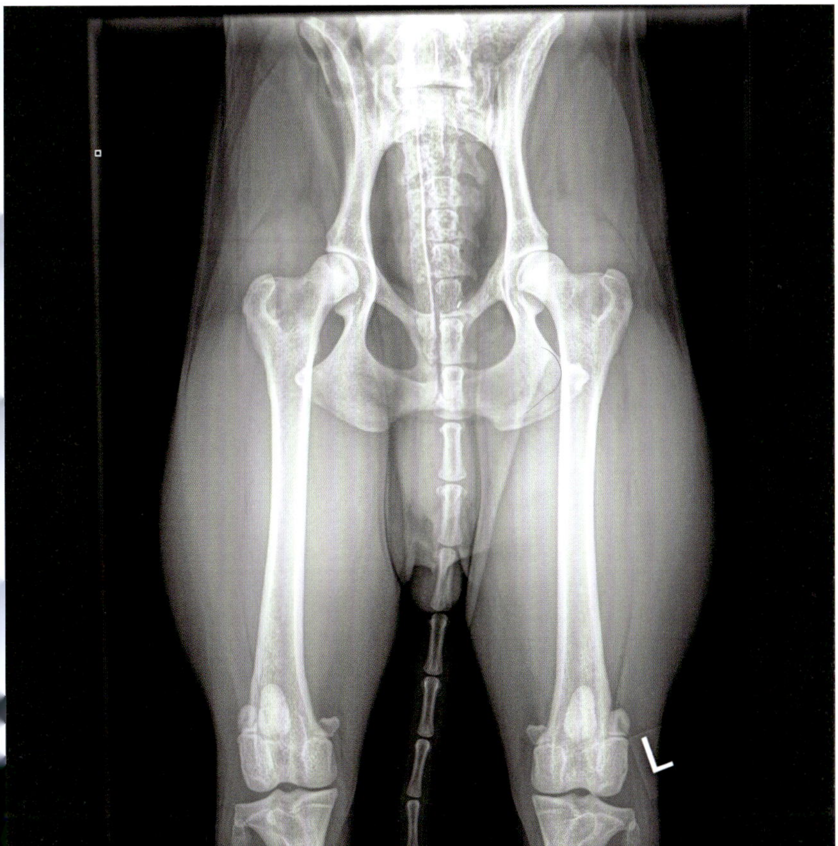

Das Röntgen der Hüfte zeigte keine krankhaften Veränderungen.

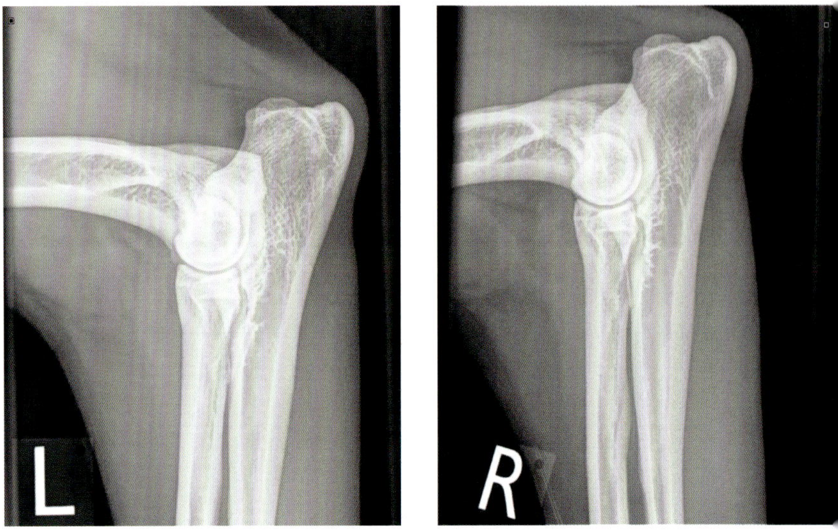

Auch die Röntgenbilder der Ellbogen waren ohne Befund .

Kinematik wiederum vor und nach orthopädischer Behandlung, in diesem Fall ist aber die gelbe Messung nach der Therapie der Neuro-Kinematik und somit die zentrale Verschaltung der Bewegung. Wir berücksichtigen hier das Bewegungsgedächtnis.

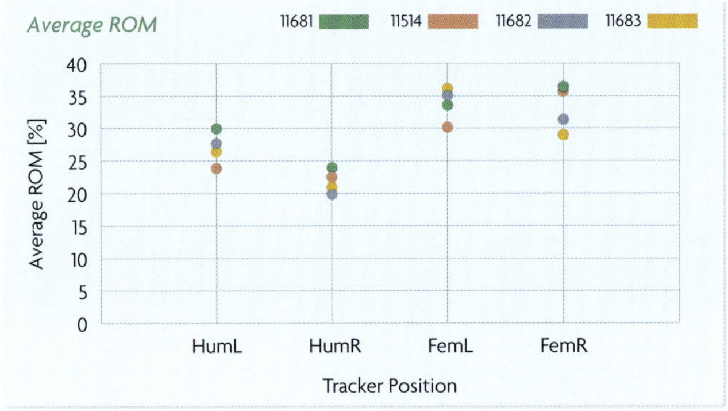

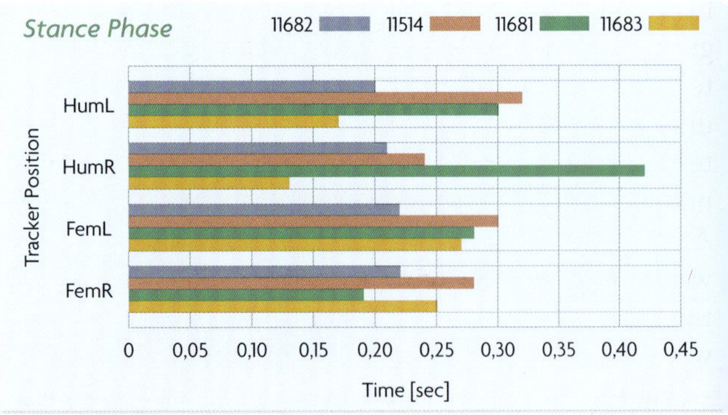

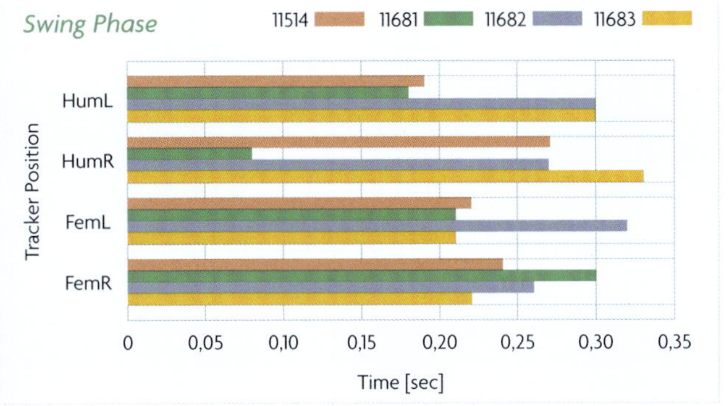

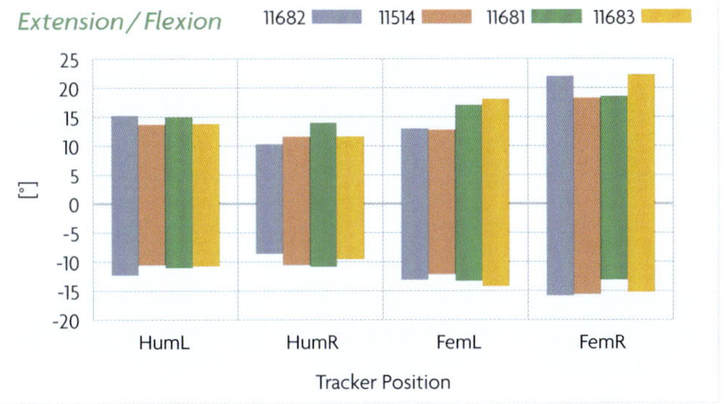

Hibbeligkeit und Schmerzepisoden beim Kauen

Ein interessanter Fall war eine knapp 18 Monate alte Australian-Shepherd-Hündin, die in meiner Praxis vorgestellt wurde. Sie war auffallend hyperaktiv und zeigte mangelnde Impulskontrolle, weshalb die Besitzer gerne eine mögliche Schmerzursache abklären wollten. Die Hündin zeigte zwar ein unauffälliges Gangbild, aber eine starke Tendenz, ein wenig unkontrolliert und eben hyperaktiv durch die Welt zu laufen. In der Untersuchung ließen die Wirbelsäule, die Brust- und Lendenwirbelsäule, genau wie die Schulter-, Ellbogen-, Hüft- und Knie- und Zehengelenke keine Auffälligkeiten erkennen. Einzig die obere Halswirbelsäule erschien etwas steif in den Biegungen nach links, rechts, nach oben und nach unten, während zudem eine linksseitige Verkippung des Kopfes festgestellt werden konnte. Außerdem waren der Kopfmuskel – der Temporalmuskel – beidseitig und der Masseter-Muskel, also der Kiefergelenksmuskel, auf der linken Seite zurückgebildet. Eine Untersuchung der Regionen um das Genick herum hat eine Einschränkung in der Beweglichkeit und leichte Empfindlichkeit aufgedeckt. Dieselben Befunde konnten vor allem linksseitig auch für das Kiefergelenk ermittelt werden. Der vorliegende Fall kann zwar ebenfalls als ein Beispiel für eine Kopfschmerzsymptomatologie gelten, jedoch liegt hierbei kein Cluster oder Spannungskopfschmerz vor, sondern ein atypischer Kiefergelenksschmerz. Seine Ursache lässt sich auf die Fehlstellung des Kopfes zurückführen und wurde wahrscheinlich durch ein Trauma verursacht. Bei dieser Patientin kommt außerdem hinzu, dass der Schmerz aus dem Kiefergelenk nicht lokal bleibt, sondern in Richtung des linken Auges wandert und damit ein Clusterschmerzphänomen auslöst. Dies ist jedoch nur sekundär, weil die Ursache hauptsächlich aus dem Tiefengelenk kommt. Die Besitzerin hat die Situation zum Testen noch weiter verschärft, indem sie der Hündin ein Kauspielzeug gereicht hat. Die auf diesem Wege provozierte Kauarbeit hat beim Tier nach zwanzig bis fünfundzwanzig Minuten einen Schmerzprozess auszulösen vermocht. Die beim Haustierarzt gemachten Röntgenbilder fielen hingegen unauffällig aus. Die Therapie – die mechanische sowie neuro-kinematische Therapie, wie sie im Vordergrund beschrieben wurden – verlief bislang positiv und es konnte eine Besserung hinsichtlich des Verhaltens der Patientin beobachtet werden. Sie wurde ansprechbar und zeigte eine höhere Bereitschaft zur Partizipation am Training. Allerdings ist es unvermeidbar, dass bei einer Nachbehandlung zur Stabilisation jedes Mal ein neuerlicher Schmerzschub hervorgerufen wird. Aber grundsätzlich lässt sich feststellen, dass sich eine stete Verbesserung des Verhaltens eingestellt hat. Es bleibt allerdings offen, ob wir je nach Situation noch eine MRT-Untersuchung des Kopfes anordnen werden. Wenn jedoch die Behandlungserfolge anhalten und das Verhalten, die Reaktivität und die Impulskontrolle der Hündin sich stetig weiter verbessern, kann damit gewartet werden, da davon auszugehen ist, dass keine strukturellen Veränderungen vorhanden sind, sondern stattdessen eine funktionelle Situation vorliegt, in der der Schmerz durch ein stumpfes Trauma aktiviert wurde. Meistens wird eine derartige Symptomatologie im Welpenalter verursacht, wenn junge Hunde beispielsweise bei einem Purzelbaum mit dem Kopf voran gegen eine Türe stoßen oder besonders wild mit anderen Hunden spielen. Es sind oftmals also keine Tumore oder Entzündlichkeiten, wie etwa eine Meningitis, die in einem solchen Fall als Auslöser fungieren, sondern klare strukturelle Veränderungen. In Zukunft wird es möglich sein, diese Prozesse auch visuell besser diagnostizieren zu können, was bereits im fünften Kapitel dieses Buches erwähnt wurde. Bei diesem Beispiel kann demnach noch einmal auf besagtes Kapitel und konkreter auf das sogenannte ADH-Syndrom beim Menschen verwiesen werden, das hier ebenfalls auf den Hund übertragbar ist.

! Auch Hyperaktivität kann eine Schmerzursache haben!

? Meningitis = Hirnhautentzündung

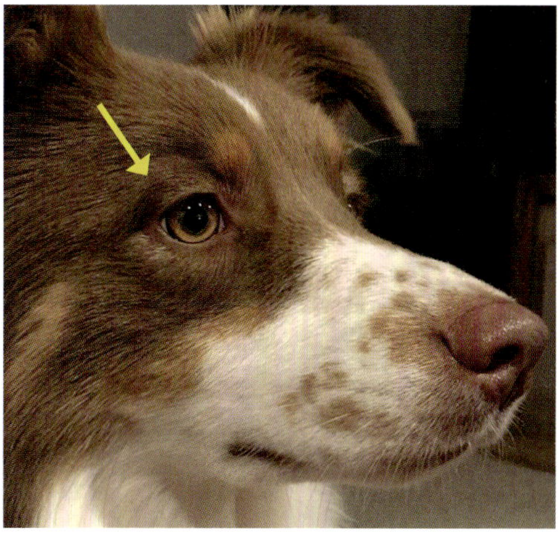

Hund zeigt Veränderungen über rechtem Auge, Hinweis für einen Cluster

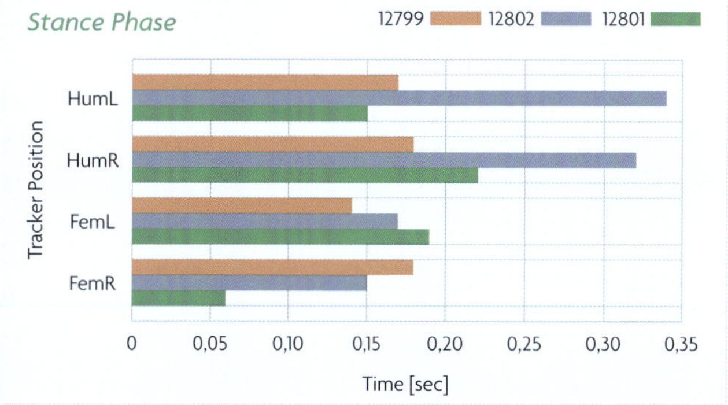

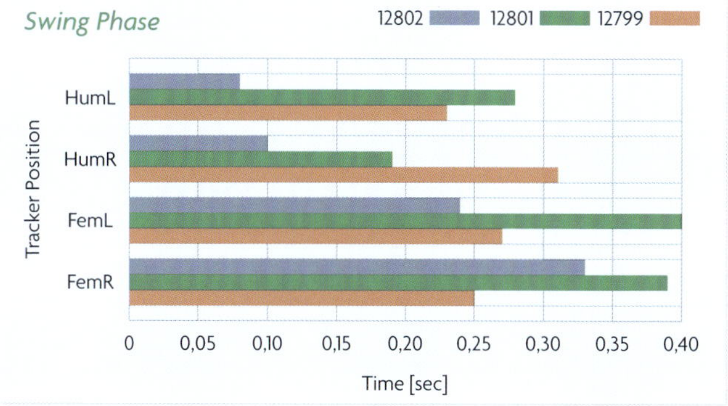

Kinematik:
Die grünen Werte beziehen sich auf die manuelle Behandlung der linken Schultergliedmaße und zeigen eine Veränderung in Stand- und Schwungphase.
Die grauen Werte sind nach der manuellen Behandlung des Kopfes, aber vor allem des Kiefergelenkes. Dadurch konnten die Bewegungswerte praktisch so reguliert werden, dass die Resultate mit einem gesunden Hund vergleichbar waren.

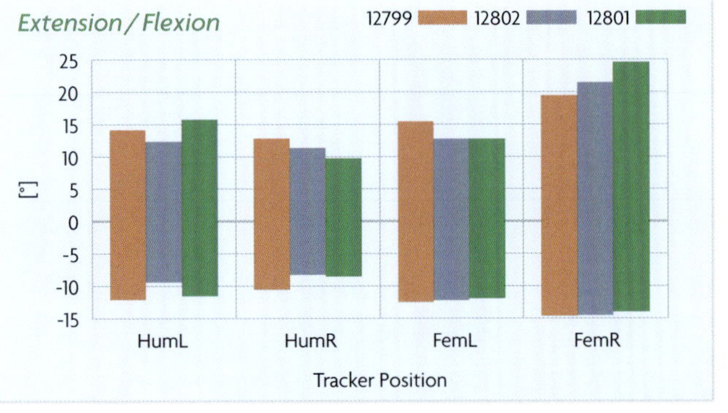

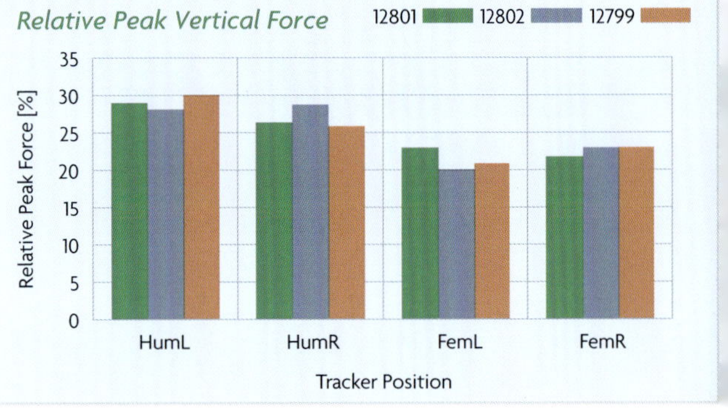

KAPITEL 7

Funktionelle Diagnostik in der Bewegung

Lahmheit:
Ist der Fachbegriff für jeglichen orthopädischen und neurologischen Prozess

Hinken:
Bezieht sich effektiv nur auf das Hinken und somit rein orthopädisch

Schmerzen:
Sind meistens ein Produkt von orthopädischen, neurologischen und internistischen Prozessen

Die Orthopädie fokussiert sich aktuell im Wesentlichen auf strukturelle Veränderungen. Im Anschluss an die orthopädische Untersuchung wird auf das diagnostische Verfahren der Radiologie zurückgegriffen. Wenn diese jedoch keine Erklärung für die jeweilige Erkrankung zu finden imstande ist, werden weiterführende diagnostische Tools wie etwa das CT und MRT eingesetzt. Sollten nun aber auch diese Untersuchungsmethoden die Ursache für Bewegungsauffälligkeiten wie Lahmheit, Schmerzen oder Hinken nicht aufdecken können, sind für den Tierarzt damit gegenwärtig die Möglichkeiten der Diagnostik erschöpft.

Aus der Pferdemedizin ist nur allzu gut bekannt, dass aufgrund dieser Problematik fünfzig bis sechzig Prozent der orthopädischen Erkrankungen ohne Diagnose und somit ohne kausale Therapie verbleiben. Unter Umständen kann in solchen Fällen erst eine symptomatische Therapie zum Ziel führen, die oftmals unter Einsatz von Kortison oder Gabapentin stattfinden. Mit Hilfe der funktionellen Diagnostik können wir an eben dieser Stelle die Lücke schließen. Allerdings bedarf es dabei der Voraussetzung, dass der behandelnde Tierarzt über erweiterte orthopädische Kenntnisse verfügt. Dieses Kapitel soll dazu dienen, den Leser für das Thema der funktionellen orthopädischen Diagnostik zu sensibilisieren und zugleich einen näheren Einblick in den Praxisalltag bieten.

Die funktionelle Diagnostik kann beim Sport- und Arbeitshund genutzt werden, um den Trainingszustand sowie Trainingsaufbau des Tieres zu messen. Dabei wird die Diagnostik durchgeführt, während der Hund sich in einem Belastungszustand befindet. Dies findet auch bei Schlitten- oder generell denjenigen Hunden Anwendung, die in ihrem Tätigkeitsfeld große Laufdistanzen überbrücken müssen. Ein weiteres Einsatzgebiet für die funktionelle Diagnostik stellt die Arthrose dar.

Viele Hundebesitzer sind der Meinung, dass für Arthrose grundsätzlich keine Therapieoptionen existieren. Dabei kann jedoch gerade die funktionelle Diagnostik dabei helfen, auch bei Arthrosepatienten die Bewegung zu erhalten und die veränderten Gelenke so zu bewegen, dass Entzündungen und Schmerzen auf ein Minimum reduziert werden.

Die Liste der Fälle, die von der funktionellen Diagnostik profitieren können, ließe sich noch erweitern, doch für den Moment sind die Indikationen klar. Allerdings sollte ergänzend noch ein weiterer Aspekt angesprochen werden. Dass LupoGait® sich als eine sinnvolle Ergänzung für den Tierarzt und den Physiotherapeuten erweist, ist offensichtlich. Nun suchen aber auch viele Hundebesitzer die Unterstützung von Hundetrainern. Gerade diese sind in einem Berufsfeld tätig, welches in Zukunft ebenfalls in den Nutzen von LupoGait® kommen kann. So ist es dem Trainer mit Hilfe von LupoGait® beispielsweise möglich, die Fragen von Hundehaltern zum Gangbild oder der auffällig erscheinenden Bewegung des Hundes zu beantworten. Somit wird es in Zukunft mit Sicherheit mehr Hundetrainer geben, die von den durch LupoGait® generierten Informationen profitieren können. Auf S. 117 berichtet der Hundetrainer Dietmar Schäfer im Kontext dieser Entwicklung über unsere Zusammenarbeit und seine Erfahrung mit LupoGait®.

Fallbeispiel aus der Praxis – Hinken trotz künstlichen Hüftgelenks

VIDEO

Fallbeispiel Lahmheit trotz TEP Hüftgelenk

Der Patient, der im Zentrum dieses Falls steht, ist ein Berner Sennen-Landseer-Mischling, der im Alter von einem Jahr infolge der Diagnose einer Hüftgelenksdysplasie eine Totalendoprothese (TEP) erhalten hatte, dem also ein neues Hüftgelenk eingesetzt worden war. Zwar verlief die Operation problemlos, doch hatte der Einbau der Prothese dem anfänglichen Hinken des Hundes keine Abhilfe zu schaffen vermocht. Um die Ursache für dieses hartnäckige Problem ausfindig zu machen, wurde daraufhin erneut eine CT und zusätzlich eine Szintigraphie durchgeführt. Doch diese Verfahren haben – genauso wenig wie ein Ultraschall oder sämtliche anderen Diagnostiken – nicht ans Licht bringen können, weshalb der Hund selbst mit der Prothese noch immer unter dieser Bewegungsanomalie litt.

Die Besitzer des Hundes wurden anschließend mit ihrem Tier von einem anderen Veterinärmediziner in meine Praxis überwiesen, wo sich im Verlauf der Untersuchung schnell herausgestellt hat, dass es sich bei dem Problem des Hundes um eine sogenannte „Exercise induced"-Lahmheit handelte. Das heißt, dass der Hund sich zwar mühelos erheben und die ersten paar Minuten gut laufen konnte, sich dann aber mit zunehmender Belastung an der operierten Gliedmaße das Hinken gezeigt hat. Diese Situation haben wir in der Praxis mithilfe einer stressbedingten Kinematik reproduzieren können, indem zunächst eine Leermessung in Ruhe und anschließend – nachdem der Hund zuvor über eine Viertelstunde gerannt ist – eine Nachmessung unter Belastung durchgeführt wurde. Dabei konnten Veränderungen in der Stand- und Schwungphase wie auch in den Symmetrien festgestellt werden. Die Ursache war auf die Fehlstellung im Beckenbereich und im Knie zurückzuführen. Dazu kam erschwerend hinzu, dass der Hund durch die längere Zeit der Fehlbelastung zusätzlich ein anderes Bewegungsmuster erkennen und womit sich ferner auch die Neuro-Kinematik erklären ließ. Unglücklicherweise dauerte in diesem Fall die Situation bereits so lange an, dass die Besitzer nicht mehr dazu bereit waren, den Zeitaufwand für eine Therapie in Kauf zu nehmen. Sie hatten damit gerechnet, innerhalb von dreiundzwanzig Wochen ihren Hund von der Lahmheit befreit zu sehen – eine Erwartung, die nicht realistisch und somit nicht erfüllbar war. Aus diesem Grunde waren wir gezwungen, die Behandlung auf Wunsch der Besitzer nach der Diagnose einzustellen.

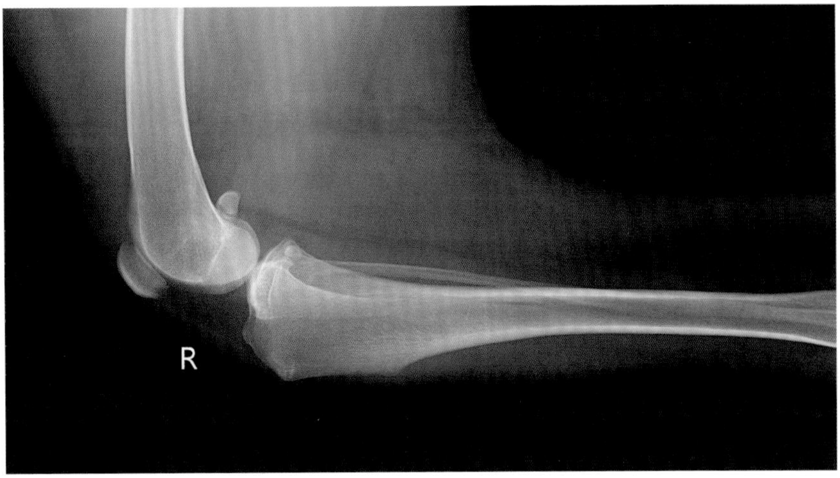

Knie rechts ohne Hinweis auf Kreuzbandriss.

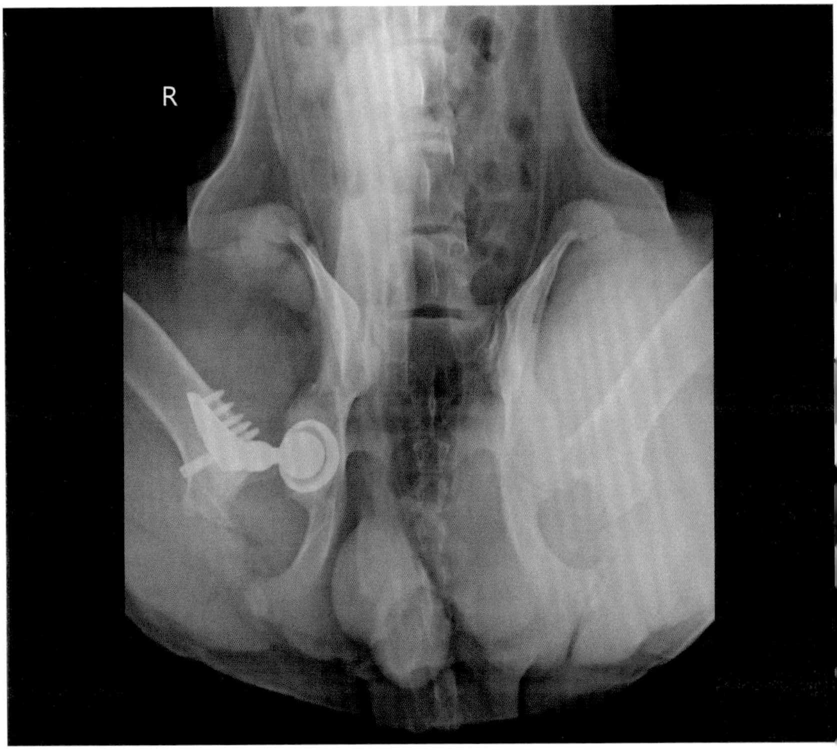

Stehende Hüfte, rechts nach TEP (Einsetzen eines künstlichen Hüftgelenks)

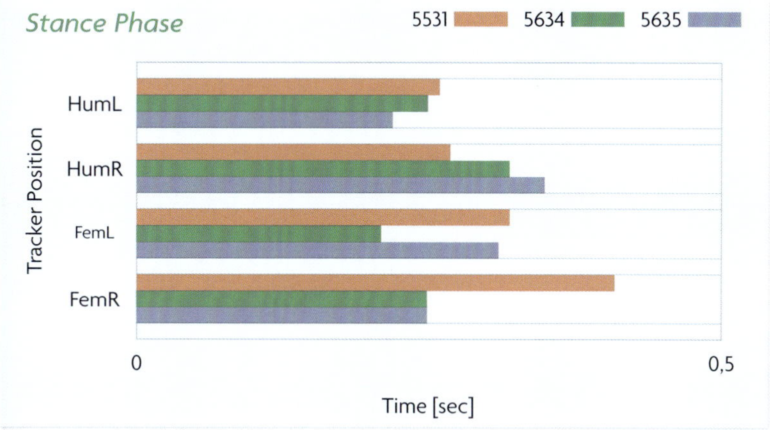

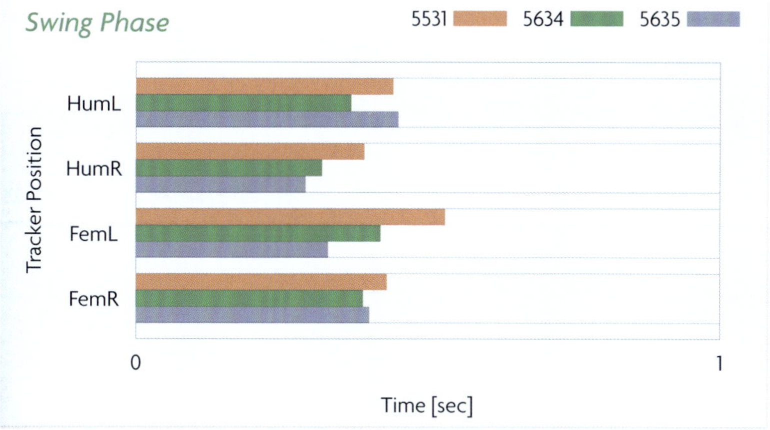

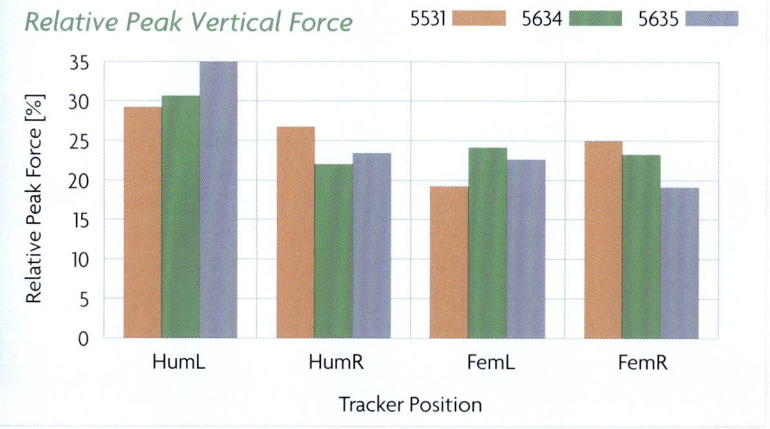

Die Kinematik zeigt die Veränderungen in Ruhe (orange), sowie nach Belastung (grün) und nach orthopädischer Behandlung (blau).
Die verlängerte Standphase hinten rechts zeigt zwar auf, dass das künstliche Hüftgelenk wohl die Funktionalität hat, dennoch zeigt der Hund eine Lahmheit. Nach der orthopädischen manuellen Behandlung ist diese Hinterhandaktivität zwar symmetrischer, aber dennoch zeigt der Hund eine Dekompensation. Auch die Behandlung der Neuro-Kinematik konnte diesen Prozess nicht regulieren.

In diesen drei Grafiken sehen wir bei der ersten: Nach der Regulation der Neuro-Kinematik ist die Vor- respektive die Hinterhand ausgeglichen. Bei der zweiten Grafik sind die rechte respektive die linke Längsachse nach der Behandlung der Beckenachse symmetrisch und bei der dritten Grafik bleibt die Fehlbelastung auf der Diagonale vorne links über hinten rechts immer asymmetrisch, was eine Ursache der linken Schultergliedmaße als zusätzlichen Herd für das Hinken in Betracht ziehen lässt.
Leider konnte diese Problematik aufgrund der langen Zeitachse im Vorfeld nicht aufgearbeitet werden.

Die linke Schultergliedmaße war funktionell noch nicht regulierbar. Wir konnten aufgrund der langen Vorgeschichte nur zwei Behandlungen durchführen. Die Besitzer wollten einfach mit ein oder zwei Behandlungen die Lahmheit geregelt haben, unabhängig davon, wie lange der Hund schon trotz neuen Hüftgelenks lahmte.

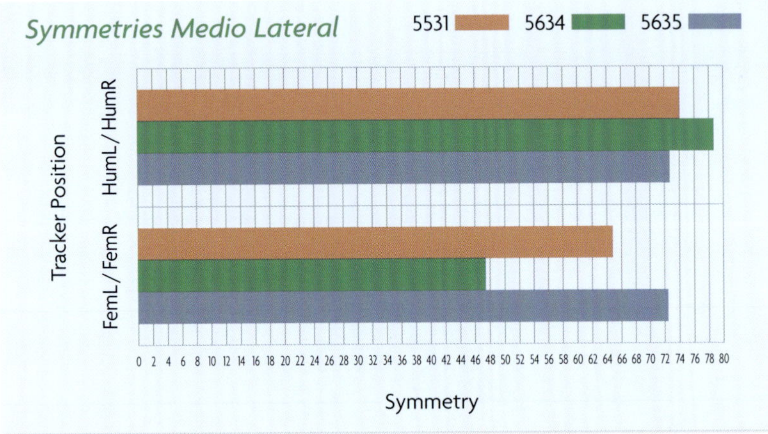

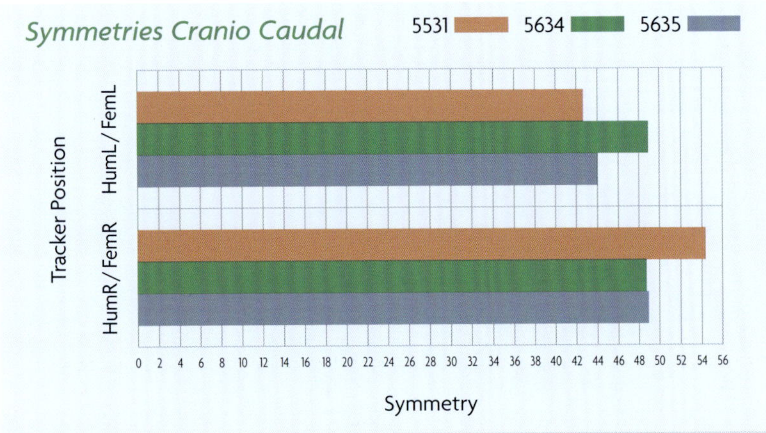

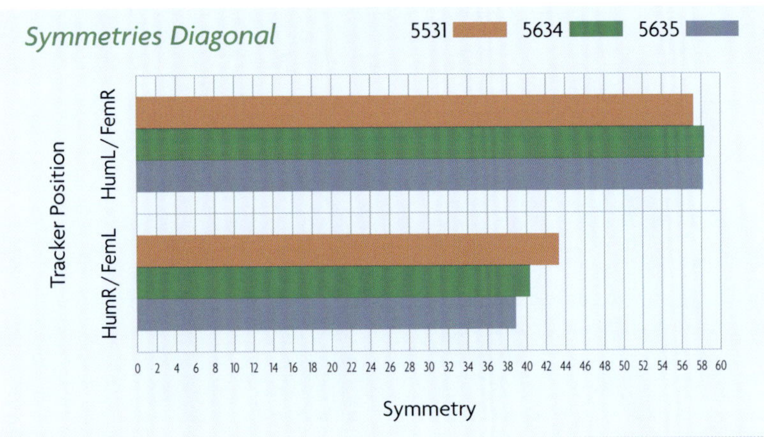

Fallbeispiel aus der Praxis – bewegungsabhängiger Leistungsabfall

Bei dem in diesem Abschnitt vorgestellten Patienten handelt es sich um einen fünfjährigen Deutschen Schäferhund, der während seiner Einsätze im Zughundesport bei längerer Belastung einen deutlichen Leistungsabfall demonstrierte. Eine Untersuchung des Tieres brachte Einschränkungen der Beweglichkeit beider Hüftgelenke sowie ein unwilliges Verhalten des Hundes zutage. Es konnte zwar keine Muskelrückbildung festgestellt werden, dafür aber ein *Muskelhartspann*, der auf eine erhöhte Tonizität der Muskulatur hinweist. Diese konnte zusätzlich auch an weiteren Stellen identifiziert werden, wie etwa in den Bereichen von Becken und Lendenwirbelsäule, die ebenso durch eine erheblich verminderte Flexibilität auffielen. Nach der anfänglichen Untersuchung wurde in einem zweiten Schritt die belastungsassoziierte Kinematik durchgeführt, deren Verlauf im Video zu sehen ist. Der dritte Schritt stellte eine radiologische Untersuchung im Zusammenspiel mit der Weste mit eingefassten Sensoren dar. Dieser Vorgang ermöglicht eine Analyse, Interpretation und Klassifizierung der Röntgenbilder im 3D-Format. Dabei wird in den kommenden Jahren immer mehr auf die Nutzung künstlicher Intelligenz zurückgegriffen werden, was – wie im vorliegenden Fall – zweifellos positiven Einfluss auf die Operationstechnik, die Operationsart und Weise sowie das Implantat haben wird. Diese sogenannte funktionelle Radiologie, also das bestehende Röntgenbild, die IMU-Daten sowie die Röntgenbilder in der Analyse, können in signifikantem Maße dazu beitragen, diese Implantate auf jeden Patienten individuell anzupassen. Unglücklicherweise ist dies zu gegebenem Zeitpunkt mit einem hohen Zeit- und Kostenaufwand verbunden, was jedoch in Zukunft sicherlich einfacher werden wird. Der Hund in diesem Fallbeispiel wurde im April 2024 einer ersten, erfolgreichen Hüftoperation zur Implantation einer Hüftprothese unterzogen. Die zweite Operation wird – je nach den Ergebnissen der Verlaufskontrolle – in ca. vierunddreißig Monaten erfolgen.

VIDEO

Belastungsabhängiges Hinken

Muskelhartspann: Verhärtung in einem oder in mehreren Muskeln und dem Unterhautgewebe, entstanden z. B. durch andauernde Beanspruchung.

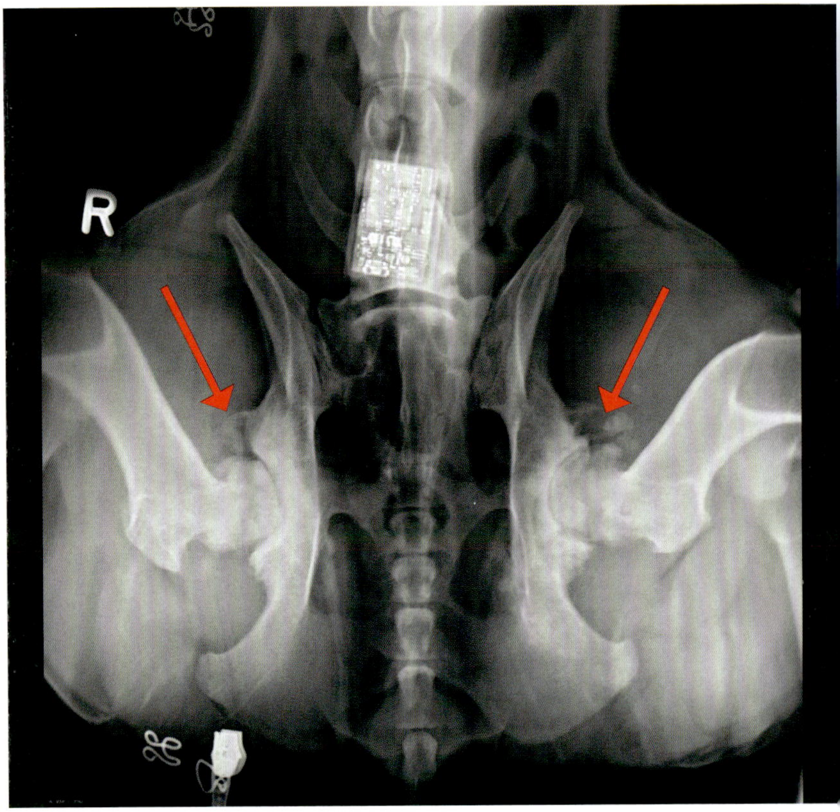

Deutscher Schäferhund mit hochgradiger Hüftgelenksarthrose, siehe rote Pfeile sowie Sensoren, stehende Hüft-Radiologie

Schulter-Synsarkose des Hundes:
Vordergliedmaße/Arm und Rumpf sind nicht wie beim Menschen fest knöchern miteinander verbunden (Schlüsselbein), sondern nur über Muskeln, Bändern und Faszien, was eine optimale Stoßdämpfung ermöglicht.

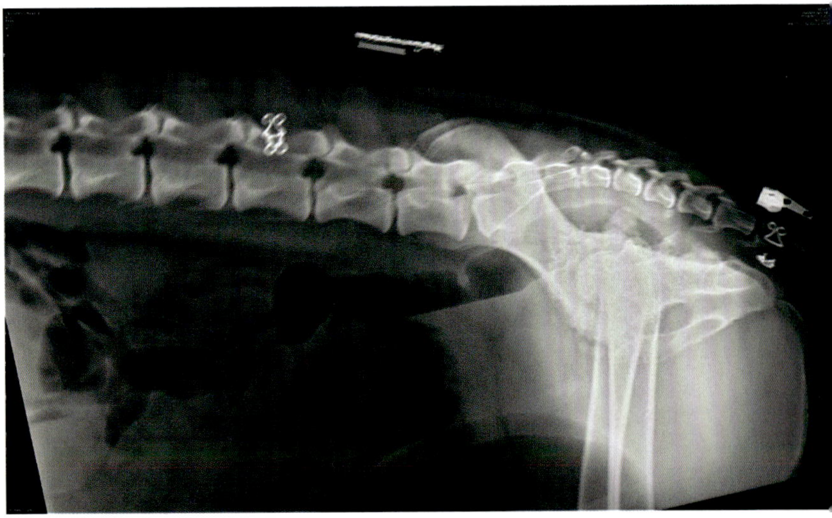

Seitliche Radiologie mit Sensoren, stehend

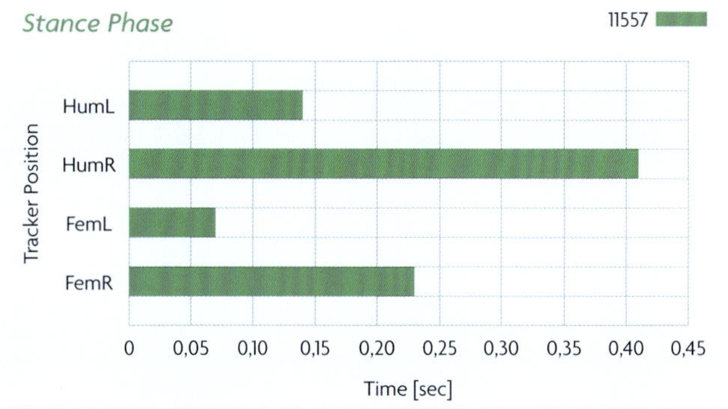

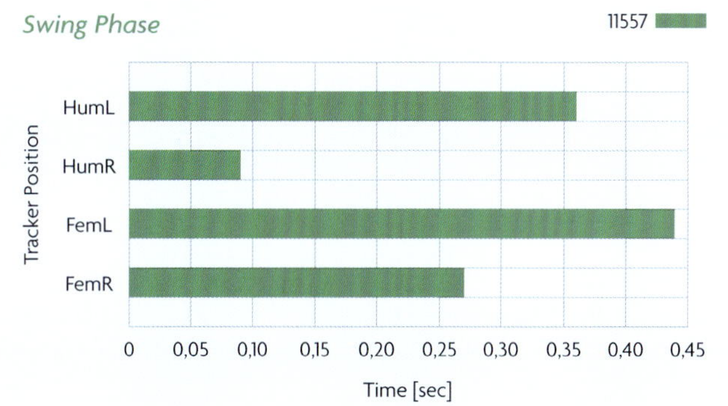

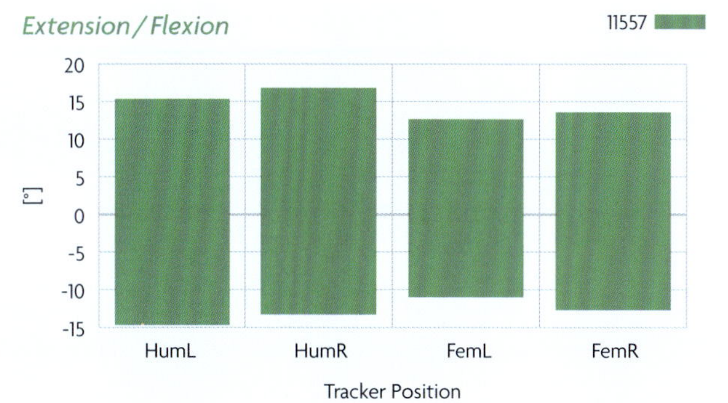

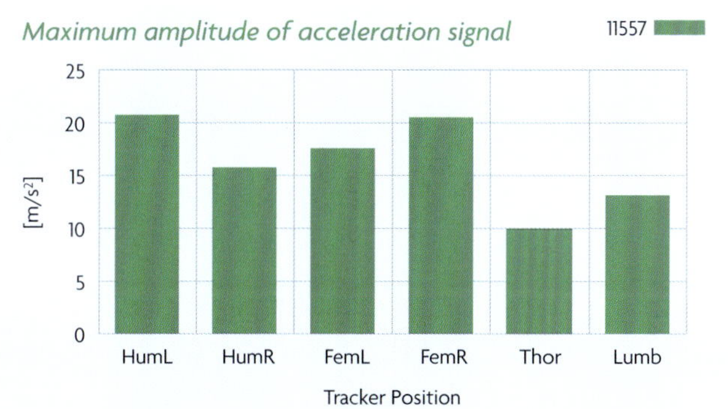

Kinematik:
DSH mit Hüftgelenksarthrose im Zugbetrieb

Die verlängerte Standphase hinten rechts zeigt zwar auf, dass das künstliche Hüftgelenk wohl die Funktionalität hat, dennoch zeigt der Hund eine Lahmheit. Nach der orthopädischen manuellen Behandlung ist diese Hinterhandaktivität zwar symmetrischer, aber dennoch zeigt der Hund eine Dekompensation. Auch die Behandlung der Neuro-Kinematik konnte diesen Prozess nicht regulieren.

Der Einsatz von LupoGait® beim Hundetrainer – ein Erfahrungsbericht

Die Bewegungsdiagnostik lässt sich auch sehr gut über den geschulten Hundetrainer einsetzen. Dies deshalb, da sehr oft der verunsicherte Hundehalter den Trainer auch in Belangen der Gesundheit anspricht, um etwa Fragen hinsichtlich der Ernährung, Durchfall und Erbrechen, Verhaltens- und Wesensauffälligkeiten oder zu Bewegung und Gangbild zu klären. Im süddeutschen Raum ist nun in enger Zusammenarbeit mit mir der Hundetrainer Dietmar Schäfer mit LupoGait® unterwegs. In einem von mir zusammengestellten Team von Tierarzt, Physiotherapeut und Hundetrainer ist er in der Lage, ein solches Netzwerk anzubieten. Für den Hundebesitzer ist damit die optimale Möglichkeit geboten, in diesem Verbund bestehende Unsicherheiten zu beseitigen und sich zusätzliche Kenntnisse aus den Themengebieten von Medizin, Trainingsaufbau und Verhalten anzueignen.

Wie an anderer Stelle bereits erwähnt, wird der Hundetrainer gerade beim Thema Welpen als erste Fachperson danach gefragt, ob das Gangbild des jungen Hundes der Norm entspricht. In den meisten Fällen wird die Sorge des Hundebesitzers mit einer Bekräftigung, dass „alles normal" sei, und dem Verweis darauf abgetan, dass „man ohnehin nichts tun" könne, „bevor der Hund ein Jahr alt" sei. Diese Aussage ist aus fachlicher Sicht falsch. Gerade beim Welpen ist es möglich, bereits mit sechzehn Wochen mit Sicherheit eine dysplastische Hüfte zu diagnostizieren und daraufhin therapeutische Maßnahmen zu ergreifen, die für den durchschnittlichen Hundehalter auch noch in einem finanziell akzeptablen Rahmen sind. Aus diesem Blickwinkel ist es wichtig, dass in Zukunft mehr Hundetrainer dieses Know-how zur Hand haben und mit Hilfe der Messungen die Besitzer anschließend an einen Tierarzt verweisen können. Hierbei ist es mein Ziel, diese Zusammenarbeit zwischen Hundetrainern, Tierärzten, Chirurgen und Physiotherapeuten auf- und auszubauen, zu stärken, gegenseitiges Vertrauen zu entwickeln und gemeinsam für das Wohl von Hund und Hundebesitzer zu arbeiten. Wenn Sie sich als Hundetrainer engagieren möchten, sind wir gerne bereit, Ihnen diesbezüglich unter die Arme zu greifen und Sie in diese Interessensgemeinschaft für den Hund einzubinden. Als wichtigen Vorreiter dieser Kooperation möchte ich Dietmar Schäfer meinen herzlichen Dank aussprechen.

Im folgenden Abschnitt hier ein erstes Statement dazu:

Erfahrungsbericht

Warum ich mich für das Gangbildanalysesystem LupoGait® entschieden habe? Seit Jahren habe ich meine Hundeschule Spotlanding in 79194 Gundelfingen und bin bundesweit als Referent und Trainer tätig. Unter anderem habe ich folgende Zertifizierungen:

- Zertifizierte Hundeschule Erlaubnis gemäß § 11 Abs. 1 1 Satz Nr. 8 f des Tierschutzgesetzes zum Ausbilden von Hunden
- Praxisbetrieb/Akademie Hundeerzieher/in und Verhaltensberater
- BHV Prüfer für den Sachkundenachweis (Führerschein)
- Hoopers-Trainer

Seit jeher besitzt die theoretische und praktische Ausbildung für Hund und Hundehalter einen großen Stellenwert für mich und ist genauso wichtig wie die optimale Auslastung des Hundes. Diese sind die Grundpfeiler auf dem Weg zum stressfreien und harmonischen Umgang mit dem Hund. Besonders wichtig in den vielen Seminaren, die ich in Amerika, Schottland und Deutschland besucht habe, war für mich, dass man nicht nur die theoretischen Inhalte lernt, sondern diese auch praktisch anzuwenden weiß.

Meine Hundeschule zeichnet sich durch ein komplexes Angebot für Hund und Halter aus. Alles, was der Hundehalter von heute für seinen Hund brauchen könnte, findet man bei uns. Bevor wir mit dem Training starten, überdenken wir als erstes, mit welchem Hund wir trainieren (Rasse, Alter, Gesundheit, Kreativität, etc.), wo wir im Training mit dem Hund stehen (Lernphase), welche Lernformen und Lerntechniken wir anwenden wollen, welches Kriterium wir uns als Ziel setzen und welche Belohnungsart und Qualität wir einsetzen. Hierbei legen wir auch großen Wert auf den gesundheitlichen Zustand des Hundes, weshalb wir uns immer den Bewegungsapparat des Hundes anschauen, um gesundheitliche Probleme ausschließen zu können. Aus diesem Grund biete ich meinem Team und interessierten Kundinnen Seminare und Workshops mit Videoanalysen an.

Ich beschäftige mich schon seit langer Zeit mit Schmerzen und Verhalten bei Hunden. Das Gangbild des Hundes wird meist vollkommen unterschätzt. Es zeigt, welche Gliedmaßen und Gelenke ein Hund entlastet. In unzähligen Betrachtungen und Videoanalysen, angefangen von der Kopfbewegung, über alle Gelenkebenen von vorne bis hinten, von der Wirbelsäulenbewegung über die Rutenhaltung hin zu einzelnen Gliedmaßen. Das Wichtigste war für mich immer, ein geschultes Auge zu bekommen und dieses Wissen auch an meine Kunden weiterzugeben. Der akute Schmerz ist für die meisten Hundehalter leicht zu erkennen, schwierig wird es jedoch mit dem chronischen Schmerz und den langsamen Veränderungen. Bereits kleine Anzeichen signalisieren mir, dass der Hund Schmerzen hat. Es war jedoch schwierig, den Halter davon zu überzeugen, insbesondere, weil viele Tierärzte keine Ursache für die Probleme mithilfe von Röntgenbildern feststellen konnten. In vielen Artikeln über Hunde, die gebissen bzw. Aggressionen gezeigt haben, kann nicht ausgeschlossen werden, dass Schmerzen die Ursache für solche Vorfälle sein können.

Auch einer meiner Hunde hatte ein Problem: Untersuchungen mit Röntgenbildern haben keinerlei Aufschluss darüber gegeben, weshalb mein Hund Sitzstellungen vermied und offensichtliche Schmerzen beim Laufen hatte. Nach langen Recherchen, um meinem Hund zu helfen, wurde mir Dr. med. Blättler Monnier in der Schweiz empfohlen. In einer Gangbildanalyse mit LupoGait® wurde der Fehler erkannt.

Meine Begeisterung über dieses Verfahren, einen Fehler ohne Röntgen identifizieren zu können, war für mich unvorstellbar. In vielen Gesprächen mit Herrn Dr. Blättler Monnier konnte ich diesen überzeugen, diese Gangbildanalyse zu erwerben. Mit LupoGait® ist es mir heute möglich, einer Vielzahl von Hunden in unserer Region frühzeitig zu helfen: mithilfe der grafischen Analyse kann ich Probleme des Bewegungsapparats messbar machen und sie an entsprechende Tierärzte oder Physiotherapeuten weiterempfehlen.

Bei meinen Schulungen in der Praxis orthoVET bei Dr. Patrick Blättler Monnier konnte ich bei verschiedenen orthopädischen Untersuchungen zuschauen, in welchen die Gangbildanalyse durchgeführt und die Erkrankung und Schmerzen behandelt wurden. Ein großes Dankeschön an ihn und sein Team in Frenkendorf (Schweiz), die mir die Möglichkeit gegeben haben, an vielfältigen Untersuchungen teilzunehmen und zu sehen, wie man mit dem Ganganalysesystem LupoGait® Probleme der Gesundheit von Hunden nachweisen kann. Für jeden Hundehalter sollte die Gesundheit des geliebten Vierbeiners eine sehr wichtige Rolle spielen. Deshalb war es mir wichtig, LupoGait® zu erwerben und der Hundewelt auf diesem Wege einen wichtigen Dienst zu erweisen.

Dietmar Schäfer
www.spotlanding.de

Dietmar Schäfer und Team

KAPITEL 8

Arthrose

Die Arthrose beim Hund – eine multifaktorielle Erkrankung

Die Arthrose ist eine Erkrankung, die zunehmend bei allen Hunderassen und insbesondere bei immer mehr jüngeren Patienten anzutreffen ist. Worauf lässt sich dieser Umstand zurückführen? Ist die Ursache dafür genetischer Natur oder ist etwa der Aspekt der Ernährung bei der Ausbildung dieser Krankheit von maßgeblicher Bedeutung? Oder aber können übermäßige Belastung und Überforderung des Hundes in der Bewegung eine zentrale Rolle spielen? Die Frage, ob nun diese oder andere Faktoren die Entwicklung einer Arthrose begünstigen können, lässt sich nicht so leicht oder gar eindeutig beantworten. Der Arthrose in der Hunde-Orthopädie wird in der veterinärmedizinischen Praxis ein hoher Stellenwert beigemessen und sie stellt damit ein Thema dar, mit dem sich jeder Tierarzt im Berufsalltag beschäftigt. Allerdings sind die konkreten Ursachen dieser Erkrankung bis dato noch nicht bis ins Detail bekannt. Eines ist jedoch klar: unabhängig davon, dass neue Medikamente und Therapieansätze auf den Markt gebracht wurden, sollte grundsätzlich der Prophylaxe und Prävention der Arthrose beim Hund in Zukunft viel mehr Aufmerksamkeit gezollt werden. Tatsache ist, dass betroffene Patienten unter einer verminderten Lebensqualität leiden, während die Besitzer im Hinblick auf die Therapiemodalitäten mit enormen Kosten rechnen müssen. Arthrose ist eine multifaktorielle Erkrankung, also eine Krankheit mit mehreren Ursachen. Diese Ursachen zu beleuchten ist das Ziel dieses Kapitels.

Definition der Arthrose

In ihrem Werk *„Grundriss der speziellen pathologischen Anatomie der Haustiere“* führen Erwin Dahme und Eugen Weiss die kausalgenetische Entstehung der *Arthropathia deformans* (Arthrose) auf „Stellungsanomalien, Fehl- und Überlastungen, Vitamin- und Mineralmangelernährung, altersbedingte Abnutzungen und genetisch verankerte Mesenchymschäden“ zurück. Diese Beschreibung findet eine detailliertere Ergänzung in der *„Duale[n] Reihe Orthopädie und Unfallchirurgie“* von Fritz Uwe Niethard und Joachim Pfeil, worin die Arthrose als „eine Degeneration des Knorpelgewebes mit sekundärer Knochenläsion und entzündlich bedingter Schrumpfung der Gelenkskapsel“ definiert wird. Dabei liegt laut den Autoren der Fokus innerhalb der deutschsprachigen Medizinsphäre auf dem degenerativen Anteil der Arthrose – also auf den „mechanischen knöchernen Zubildungen“ –, während im angloamerikanischen Sprachraum die Osteoarthritis, also die klinische Symptomatik, im Vordergrund steht.

Beide Definitionen zeigen eines klar auf: die Arthrose stellt eine strukturelle und funktionelle Erkrankung dar und lässt sich als ein entzündlicher, schmerzhafter Prozess begreifen.

Für eine ausführlichere Beschreibung dieser Erkrankung kann auf die von mir verwendete Form-Funktions-Veränderungs-Regel (FFV) zurückgegriffen werden.

Als zentral für die Definition nach Dahme/Weiss kann die veränderte Form im Skelettsystem gelten, die in der Folge eine veränderte Funktion hervorruft. Dabei stehen vor allem die veränderte Bewegung, die Genetik und somit dysplastische Ursachen wie die Hüftgelenksdysplasie sowie die Folgen von Fehl- und Überernährung im Vordergrund. Vereinfacht ausgedrückt bedeutet das, dass eine schlechte Hüfte (zu wenig Überdachung) in einer krankhaften Bewegung resultiert.

Bei Niethard und Pfeil wird der Fokus vor allem auf die Auswirkungen auf den Knorpel und den Knochen gelegt. Neben dem deskriptiven Aspekt wird ebenso auf den funktionellen Prozess von Schmerz und Entzündung eingegangen.

Grundsätzlich ist festzuhalten, dass eine veränderte Form in einem Gelenk oder eine Achsabweichung eine veränderte Funktionalität im Gelenk auslöst. Dies führt zu einer veränderten Beanspruchung des Gelenks und im Weiteren deshalb mittel- oder langfristig zur Ausbildung einer Arthrose (Zubildung von Knochen) durch Entzündung und Schmerzen im und um das Gelenk.

Werden nun beide Definitionen miteinander verknüpft, so lässt sich die Arthrose einerseits als Folge einer Formveränderung – im Speziellen als eine absolute oder relative FFA – betrachten.

Form-Funktions-Isometrie

Form-Funktions-Isometrie
Normalzustand = anatomische Form und Funktion der Gelenke und Wirbelsäule

Ortho-Statik
Anatomische Nullposition der Gelenke

Ortho-Dynamik
Anatomische Bewegung, der ROM der Gelenke entsprechend

Andererseits erfolgt funktionell ein veränderter Mechanismus im Gelenk: es kommt zur Entstehung von Reibung und Wärme, einer veränderten Winkelung der Gelenkbewegung und in der Folge zu einer veränderten Druck-Zug-Achse, was zu vermehrter Abreibung auf dem Gelenkknorpel führt und Sekundäreinrisse mit Rillen und Furchen verursacht. Dieser Umstand behindert und destruiert die physiologische Arbeit am und im Gelenk, sodass es in der Konsequenz zu einem übermäßigen Abrieb im Gelenkknorpel sowie zu Mikrorissen im Knorpel kommt und dadurch den Entzündungsbeginn einleitet. Dieser Prozess dauert so lange an, bis der Knorpel zum einem sehr dünn wird und sich bis auf den *subchondralen* Knochen (Knochen unter dem Knorpel und bedeutet Gelenk ohne Knorpel) zurückgebildet hat, zum anderen bis die Reparation mit Knochengewebe einsetzt und schließlich die Entstehung der typischen Arthrose provoziert.

Obschon die obigen Erläuterungen nur einen kurzen Einblick in die Ursachen und den Entstehungsprozess der Arthrose bieten, konnte der wesentliche Aspekt herausgestellt werden, dass die Form-Funktions-Pathologie-Beschreibung optimal zur Entstehung der Arthrose passt. Dieser zeigt in erster Linie auf, dass die Arthrose auf der einen Seite ein mechanisches Problem darstellt, auf der anderen jedoch auch als ein entzündlicher und schmerzhafter Prozess zu verstehen ist, der eine große Auswirkung auf die Funktionalität des Gelenks besitzt. Beide Faktoren, strukturell wie funktionell, beeinflussen sich gegenseitig. Hierbei ist allerdings auffällig, dass je geringer die Entzündung und Schmerzen in einem arthrotischen Gelenk ausfallen, desto minimaler der funktionelle Aspekt der Arthrose wird. Die veränderte Bewegung des arthrotischen Gelenkes verkommt in diesem Fall höchstens zu einem leicht veränderten Range of Motion (ROM).

Verschiedene Formen der Arthrose

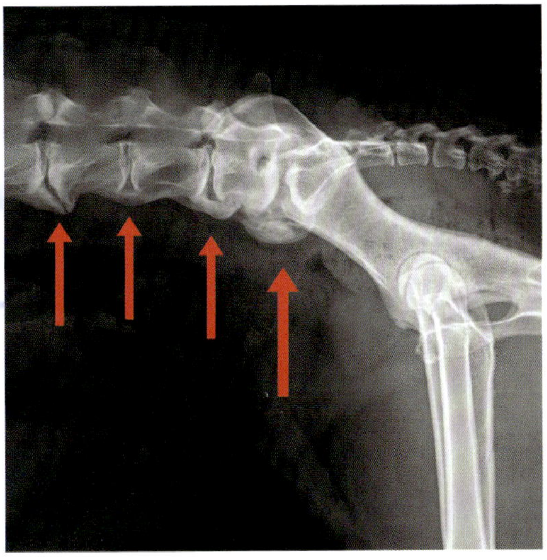

Arthrose der Wirbelsäule, entspricht Spondylose.

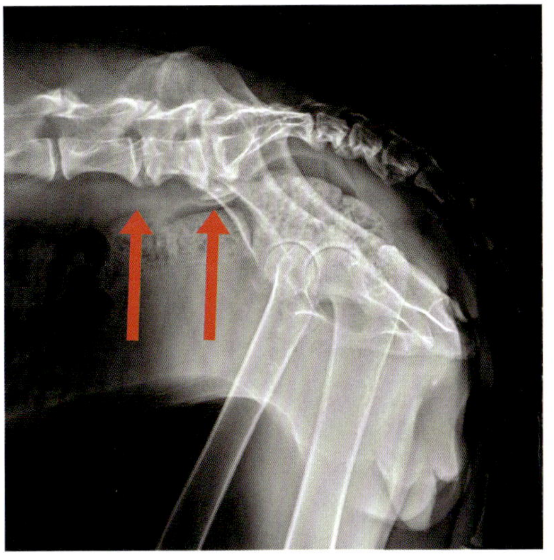

Eine typische Cauda-Equina-Veränderung.

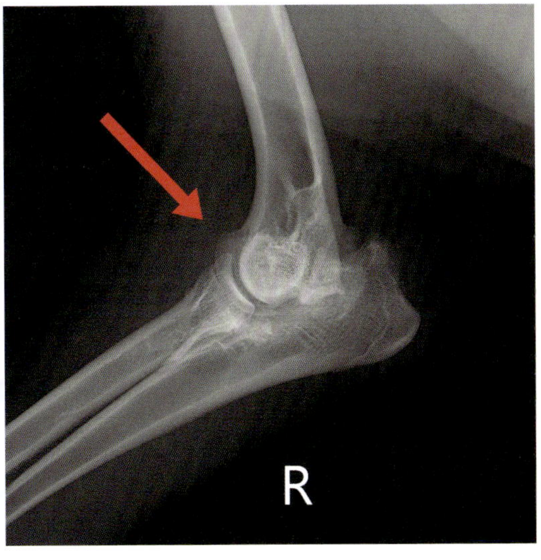

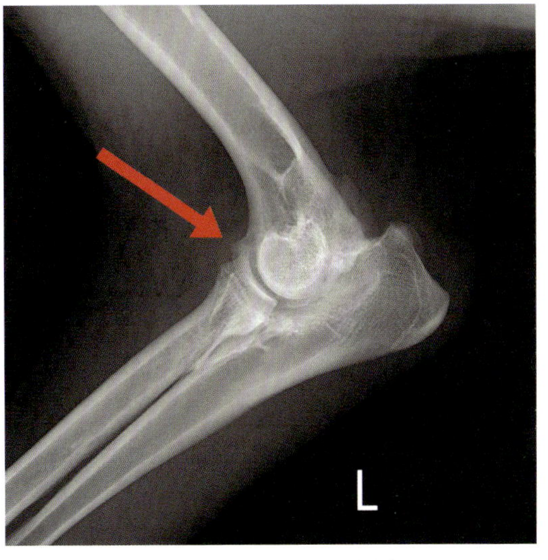

Seitliche Röntgenbilder Ellenbogen rechts und links mit Ellenbogenarthrose, knöcherne Zubildungen erkennbar (Pfeil).

Mesenchym: Bildet zusammen mit dem gallertartigen Bindegewebe das embryonale Bindegewebe. Aus dem Mesenchym entwickeln sich u.a. Bindegewebe, Knochen und Knorpel, aber auch Teile der Muskulatur und des Blut- und Lymphsystems.

Ursachen der Arthrose

Die Arthrose entsteht aus einem Missverhältnis zwischen Belastung und Belastungsfähigkeit eines Gelenkes oder eines Wirbelsäulenabschnitts. Auch die Immobilisierung begünstigt durch die Reduktion des Gelenkstoffwechsels die Herausbildung einer Arthrose.

Die primäre Arthrose stellt die Folge eines minderwertigen Knorpels, also eines *Mesenchym*-Schadens und minderwertigen Baumaterials des Körpers dar. Weshalb dieses minderwertige Material vorhanden ist, ist im Einzelnen noch unbekannt.

Die sekundäre Arthrose ist die Folge von Fehl- und Überlastungen (FFA), Übergewicht sowie Ernährungssituationen, metabolischen Störungen, Entzündungen, Infektionen und Einwirkungen von stumpfen Traumata oder altersbedingter Abnutzung.

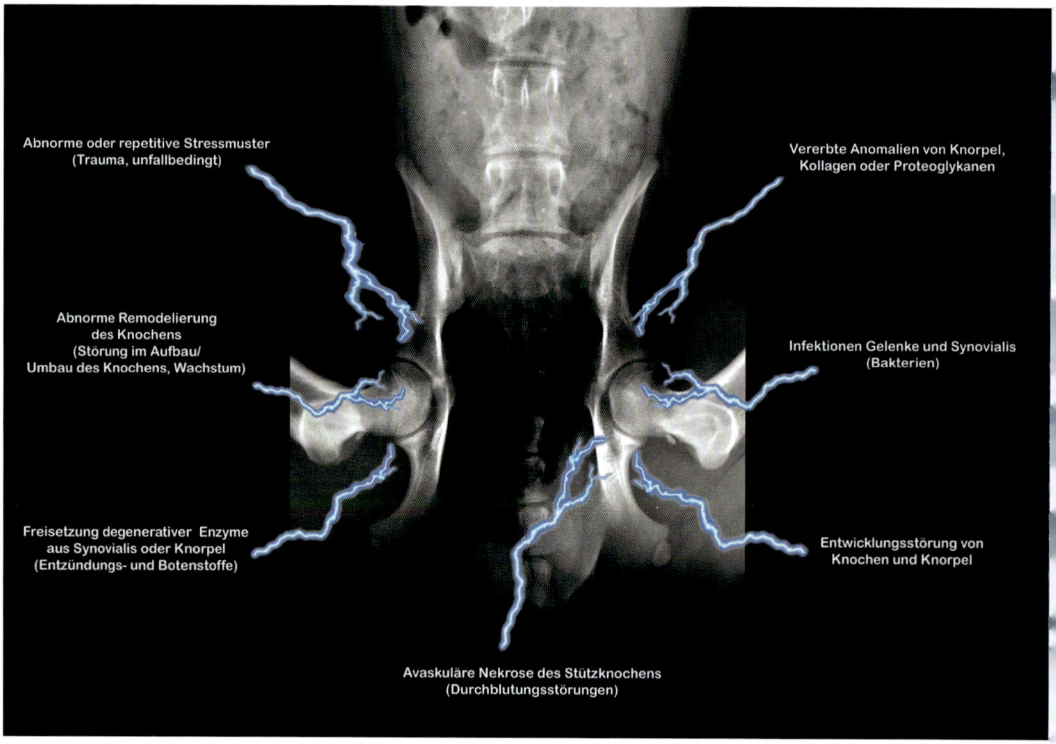

Ursachen zur Entstehung einer Arthrose

Da wie bereits dargelegt die definitive Ursache und Entstehung der Arthrose noch nicht geklärt ist, muss davon ausgegangen werden, dass die Arthrose eine multifaktorielle Pathologie ist. Dies ist nicht weiter erstaunlich, da auch andere orthopädische Erkrankungen eine multifaktorielle Komponente aufweisen. An vorderster Front wird angenommen, dass vor allem Traumata auf den Knorpel zu den ausschlaggebenden Faktoren zählen, die für die Entstehung der Arthrose verantwortlich sind. Des weiteren werden aber auch Entzündungen der Synovia sowie eine erhöhte Festigkeit des subchondralen Knochens oder eine abnorme Struktur und Festigkeit des Knochens und/oder der Gelenke als weitere potenzielle Auslöser angesehen. Alle diese Faktoren beziehen sich auf die Form-Funktions-Mechanismen. Eine nähere Betrachtung der oben beschriebenen Ursachen zeigt auf, dass sich die generierenden Faktoren für die Arthrose wie eine Infektion oder Entzündung im Gelenk verstehen lassen. Abnorme oder repetitive Stressmuster sind ebenfalls im Zusammenhang mit der FFA zu erklären, da sich die Funktionalität und somit die Druck-Zug-Achse im und um das Gelenk verändert, was wiederum einen erhöhten intraartikulären Druck erzeugt und damit ein Stressmuster darstellt. In diesem Zusammenhang kann eine avaskuläre (nicht mit Blutgefäß versorgte) Drucknekrose auf den Knochen erklärt werden. Die Nekrose ist nicht auf eine mangelnde Durchblutung zurückzuführen, sondern auf den krankhaften Gelenkprozess durch die FFA. So können eine Entzündung und Synovitis sowie die Freisetzung degenerativer Enzyme, die Gelenkknorpel und Knochen schädigen, ebenso als mögliche Ursachen für die Entstehung einer Arthrose betrachtet werden. Wie aus der Biologie der Orthopädie bekannt ist – und wie es bereits am Beispiel der Welpen illustriert wurde – können sich die Bewegung und somit die Gelenke und Knochen den veränderten biomechanischen Kraftvektoren anpassen. In diesem Kontext ist also auch die abnorme Remodellierung des subchondralen Knochens zu verstehen, die demnach eine unmittelbare Folge der FFA darstellt.

? Synovia = Gelenkflüssigkeit

? intraartikulär = innerhalb des Gelenks

Nun liegt die Schlussfolgerung nahe, dass die Arthrose sich als die Konsequenz einer Fehl- und Überlastung mit Einbezug der Form-Funktions-Asymmetrie (FFA) begreifen lässt. Somit kann also die mechanische Fehlbelastung im Gesamtkonzept aller darauffolgenden Prozesse wie Entzündung, Schmerzen und Biologie der Orthopädie mit Anpassungsmechanismus als das Resultat der Arthrose gelten. Aus diesem Grunde besitzt die gesunde Bewegung, vor allem in der Zeitspanne des Wachstums vom Welpen bis zum erwachsenen Hund, eine derartig hohe Priorität in meiner Arbeit. Denn nur dann können die oben genannten Faktoren zur Entstehung der Arthrose frühzeitig kontrolliert und minimiert werden.

Symptome der Arthrose

Die Symptome der Arthrose sind vielfältig. Es wird unterschieden zwischen:

- Mechanische Symptome (Anlaufprobleme, unrundes Gangbild)
- Entzündliche Symptome
- Schmerz
- Schwellung/ vermehrte Wärme
- Muskelverspannungen/ Muskelhartspann
- Bewegungseinschränkung (ROM vermindert)
- Deformationen
- Entlastungshaltung
- Fehl- und Überlastung im Hundekörper
- Veränderte Bewegung; Statik und Dynamik
- Veränderte ROF (Range of freedom, bzw. Freiheitsgrade der Bewegung)

Wird dieser Symptomkomplex einer eingehenden Betrachtung unterzogen, lässt sich feststellen, dass dieser zu einem Teil auf „Form-Veränderungen" beruht. In der Folge kommt es auch zur veränderten Funktion und somit zu Funktionsveränderungen. Insofern erweist sich die Arthrose als eine absolute Form-Funktions-Veränderung (absolute FFV).

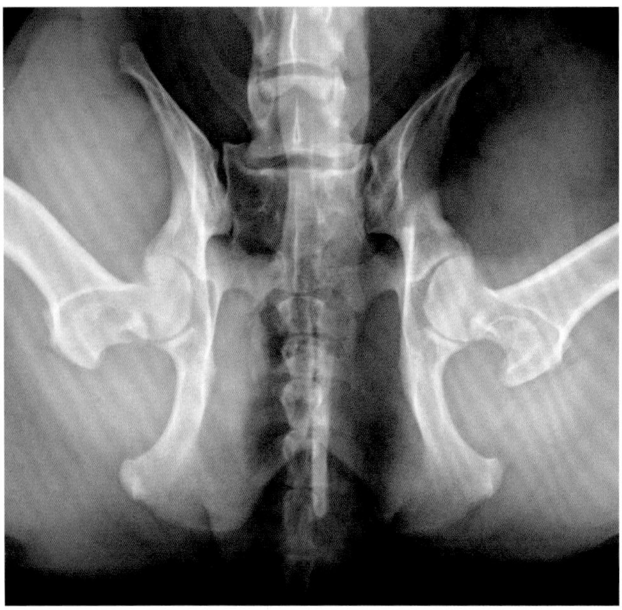

Hüfte links stehend gesund

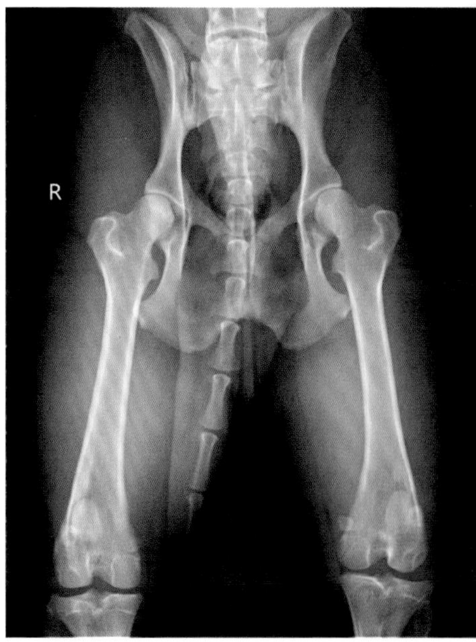

Hüfte rechts gestreckt gesund

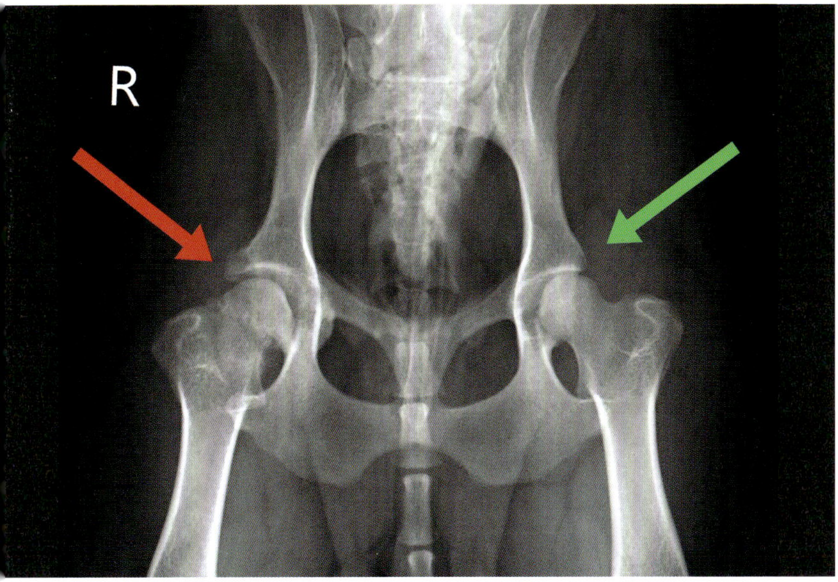

Hüftgelenksarthrose rechte Hüfte, liegende Position.

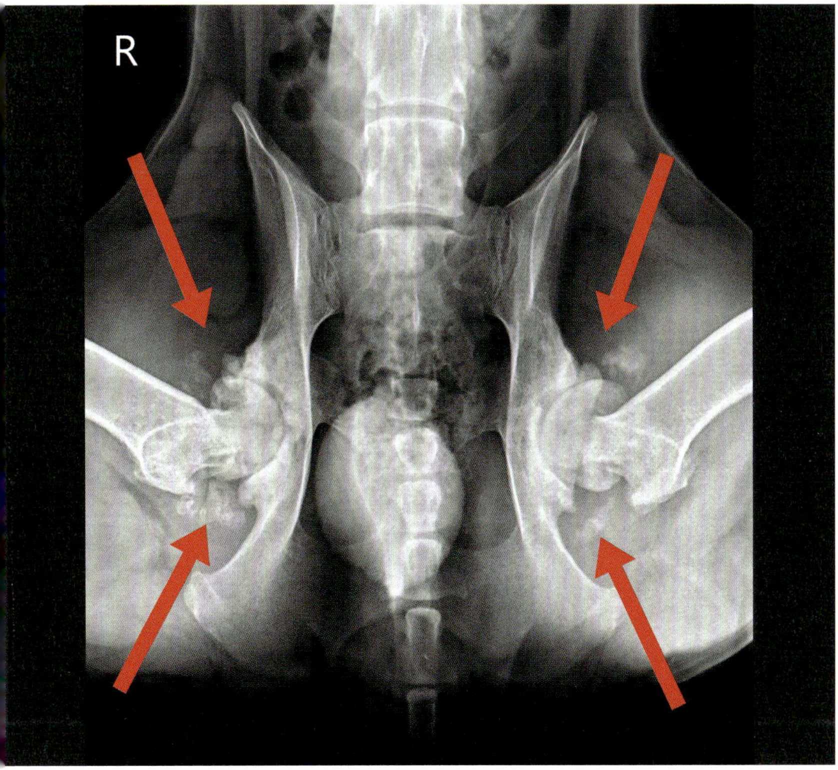

Hüftgelenksarthrose beidseits, hochgradig, stehende Position.

Die Stadien der Hüftgelenksarthrose

Bei der Arthrose können drei Stadien unterschieden werden:

Stadium I: Zu Beginn der Erkrankung sind vor allem belastungsabhängige Symptome feststellbar. Hierbei ist die Rede von einem Belastungsschmerz. Beim Menschen sind dies vor allem Schmerzen durch verhärtete Muskeln. Beim Hund sind darunter Lahmheiten als Folge von längerer Belastung zu verstehen, vor allem, wenn das Tier viel mit anderen Hunden getobt und gespielt oder den Besitzer auf weitläufigen Wanderungen oder Touren begleitet hat. Diese Symptome können aber auch im Alltag auftreten und sind insbesondere am Ende des Tages zu beobachten. Dies zeigt sich aber nicht nur durch eine Bewegungsanomalie wie etwa Hinken, sondern manifestiert sich nach außen auch in Form von Entlastungs- und Schonhaltungen. Dabei wird die betroffene Gliedmaße nicht mehr voll auf den Boden gestellt, die Standphase ist verkürzt und die Hangphase/ Schwebephase fällt deutlich länger aus. Hier lässt sich ein Vergleich mit dem Gangbild bei einem partiellen Kreuzbandriss des Hundes herstellen. Allerdings wird dies deshalb auch oft falsch interpretiert. Das Stadium betrifft nur das Gelenk sowie die Muskeln und Bänder des Gelenkes. Somit lässt sich in diesem Stadium bei der Untersuchung meistens eine verspannte Muskulatur – also ein Muskelhartspann – oder dann auch ein Zittern identifizieren. Es handelt sich einerseits um die Folge von Schmerz und Entzündung, andererseits um einen Schutzmechanismus vor weiterem Verschleiß, der allerdings auf längere Sicht nicht funktioniert. Es ist wichtig zu wissen, dass es in einer sehr frühen Phase der Arthrose von Stadium I noch sehr wenige Veränderungen im Röntgenbild zu erkennen sind. Hingegen zeigt die funktionelle Diagnostik der IMU-Sensorentechnik bereits starke Auswirkungen in Belastung und Bewegung. Diese können so deutlich sein, dass sich dieses Stadium I bereits durch die KI clustern lässt und damit die Möglichkeit schafft, diese zu gruppieren und als Arthrose zu erkennen.

Klinik des Hundes: Belastungsschmerz sowie Muskelverspannung

Stadium II: Im zweiten Stadium der Arthrose kommt es zu den typischen Einlaufschmerzen sowie zu Bewegungsschmerzen. Diese sind beim Menschen und beim Hund gleich. Beim Aufstehen, wenn das Gelenk sich wieder in Bewegung/Belastung befindet, entsteht der Schmerz und Muskelhartspann, der nach einer kurzen Einlaufzeit wieder verfliegt. Auch zu diesem Zeitpunkt können die Lahmheit/das Hinken/die Schmerzen des Hundes beobachtet werden, obschon dabei nicht sicher ist, ob diese wirklich ein Problem darstellen. Vor allem deshalb, da der Hund nach ein paar Schritten bereits wieder normal läuft. In diesem Stadium sind nun nicht nur das Gelenk und die Muskulatur betroffen, sondern bereits die Bänder und Sehnen sowie deren Ursprung und Ansatzstellen, was als *Periarthrose* bezeichnet wird. Eine länger andauernde Bewegung lässt die Lahmheit, bzw. das Hinken wieder auftreten und ruft damit Bewegungsschmerz hervor. Dies bedeutet, dass der Hund in der Bewegung je nach Schweregrad mittel- bis hochgradig hinkt. Dieser Umstand betrifft vor allem Ellbogen- und Hüftgelenksarthrosen.

Klinik des Hundes: Bewegungsschmerzen sowie Kontrakturen

Stadium III: Das dritte Stadium erweist sich als das schlimmste Stadium dieser Gelenkerkrankung, denn zu diesem Zeitpunkt besteht bereits ein Ruheschmerz. Dieser wird zum einen durch Entzündung im und um das Gelenk, eine venöse Hypertonie im Bereich der Gelenks- und Röhrenknochen sowie durch einen Knochenumbau ausgelöst. Auf diesem Wege wird die Durchblutung des Knochens und der Gelenkfläche angeregt. Der Knorpel im Gelenk bricht ein und wird abgebaut, während der Knochen unter der Knorpelschicht ebenfalls einen Um- und Abbau erfährt. Dies stellt vor allem das Resultat einer Zirkulationsstörung dar, die durch die Druckveränderungen entsteht. Das Ergebnis sind eine Gelenksteifheit sowie Mobilitätsverlust.

Klinik des Hundes: Ruhe- und Nachtschmerzen, Gelenkeinsteifung

Prophylaxe der Arthrose

Die eingehende Beschäftigung mit dem Gedankengut von Nikolas Andry de Boisregard (s. Kasten nächste Seite), der Arndt-Schulz-Regel (s. S. 38) und der Inklusion der Biologie und somit der Anpassungsfähigkeit der Orthopädie lässt zweifellos darauf schließen, dass die Prophylaxe und Prävention der Arthrose im Interesse von Hundebesitzern, Tierärzten und der Industrie sind.

Orthopädie: „Das Geraderichten des Wachsenden“

Der Gedanke der Vorbeugung im Wachstum war schon im 17. Jahrhundert ein großes Thema: Nikolas Andry de Boisregard, ein 1658 im französischen Lyon geborener Mediziner, machte sich als Parasitologe, Orthopäde und Kinderarzt einen Namen. In seinem Werk „L' orthopédie ou l' art de prévenir et de corriger dans les enfants les difformités du corps“ hatte er die Vermeidung von Spätfolgen kindlicher Haltungsschäden im Auge gehabt. Mit dieser Schrift verlieh Nikolas Andry de Boisregard der Orthopädie den Namen: Er stammt aus dem Griechischen, wobei *Orthos* für *gerade* steht und *pädion* für *das Kind*. Diese Zielvorstellung zieht sich seither wie ein roter Faden durch die letzten drei Jahrhunderte hindurch bis in die Neuzeit. Um dieses Geraderichten des Wachsenden zu versinnbildlichen, hat die Orthopädie als Berufssignum das an einem Pfahl zur Wachstumslenkung festgebundene junge Bäumchen gewählt. Dies ist auch einer der wesentlichen Gründe, weshalb ich die Einhaltung der Biomechanik des ganzen Skelettsystems innerhalb des Wachstums des Hundes für zentral halte.

Es gibt einige Punkte, auf die der Hundehalter Einfluss nehmen kann, um der Entstehung einer Arthrose vorzubeugen. Allerdings bedarf es dabei zum Teil auch einer gewissen Portion Glück, die trotz Prävention dafür sorgt, den Hund vor dem Auftreten dieser Erkrankung zu bewahren.

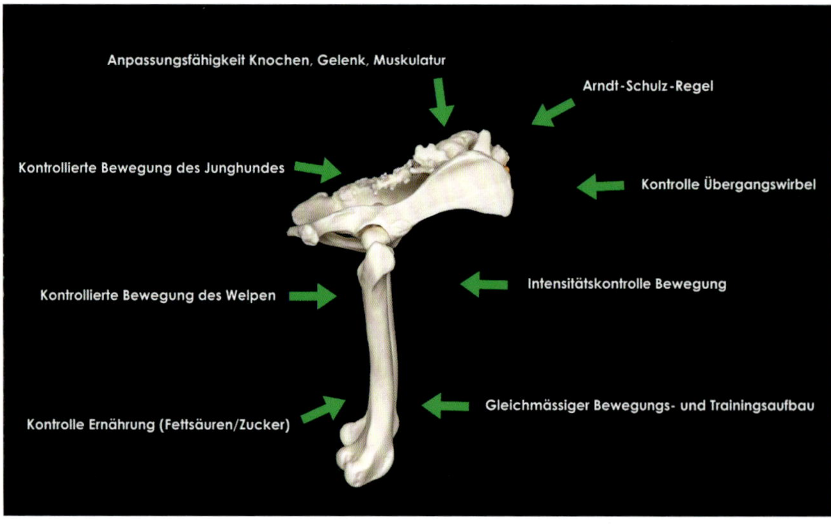

Faktoren und Einflüsse, die eine Arthrose begünstigen.

Fallbeispiel aus der Praxis: Ellbogendysplasie – Arthrose Stadium I

In unserem letzten Newsletter für das Jahr 2020 wurde ein damals neunmonatiger Rottweiler vorgestellt, der im Alter von sechs Monaten vorne links zu hinken begonnen hatte.

Zunächst wurde von der Besitzerin der Versuch unternommen, dem Leiden durch Schonung beizukommen. Als dieses Vorgehen zu keiner Verbesserung führte, wurde der Hund einer tierärztlichen Untersuchung unterzogen. Aus den Befunden konnte eine Schwellung vorne rechts im Bereich der Pfote lokalisiert werden. Die daraufhin eingeleitete Therapie bestand aus striktem Leinenzwang, dem Verbot zu toben und dem Verabreichen eines entzündungshemmenden Medikaments. Nach vierzehn Tagen konnte jedoch beim Hund keine positive Entwicklung seines Zustands festgestellt werden, was eine erneute Begutachtung durch den Physiotherapeuten erforderlich machte. Bei der zweiten Untersuchung wurde dann die Lahmheit auf der linken Seite mit Verdacht auf den Ellbogen verortet. Daraufhin wurde der Hund sediert und geröntgt. Die Röntgenbilder offenbarten keine Auffälligkeiten und wurden deshalb zur weiteren Beurteilung an einen Spezialisten gesandt, der anschließend die Wachstumsfuge des Ellbogens als die Problemursache bestimmte und als therapeutische Maßnahme weiterhin strikten Leinenzwang sowie eine Regulation der Ernährung vorschrieb. Ein Kontrollröntgen sollte nach vier Wochen eine neuerliche Beurteilung der Situation ermöglichen.

Unglücklicherweise war die Lahmheit im weiteren Verlauf noch immer auszumachen und ließ sich besonders in der Initialphase der Bewegung, also beim Aufstehen mit leichter Verminderung nach dem Einlaufen, beobachten. Der Hund war demnach niemals komplett lahmfrei. Allerdings konnten auch die durchgeführten Kontrollröntgen keinen Hinweis auf die ausgeprägte Lahmheit liefern.

Als der Patient schließlich in meiner Praxis vorgestellt wurde, bestand das Problem des Lahmens bereits drei Monate.

In der Bewegung zeigte der Hund eine gemischte, mittelgradige Lahmheit vorne links und im Stand eine Abduktion mit Außenrotation der linken Gliedmaße. Im Verlauf der orthopädischen Untersuchung fiel zunächst die starke Rückbildung der Muskulatur der linken Schultergliedmaße auf. Die beiden Muskeln Supra- und Infraspinatus waren sehr stark zurückgebildet bzw. ließen eine schlechte Entwicklung erkennen. Dieser Umstand ist kennzeichnend für eine Entlastung dieser Gliedmaße, vor allem in dem Fall, wenn der Ellbogen eine verminderte Gewichts-Tragachse darstellt. Die Untersuchung dieser Gliedmaße fiel unauffällig für die Pfoten und das Vorderfußwurzelgelenk aus, während der Ellbogen in der *Pro- und Supination* sowie Flexion deutlich eingeschränkt und schmerzhaft zu sein ergaben. Bei der Beurteilung der Röntgenbilder im Zusammenhang

? Abduktion: Bewegung der Gliedmaße weg von der Mittellinie des Körpers

? Adduktion: Bewegung der Gliedmaße hin zur Mittellinie des Körpers

? Pro- und Supination: Pronation und Supination sind Bewegungsarten bzw. -möglichkeiten, die man auch im Untersuchungsprozdere nutzt. Auf die menschliche Hand bezogen ist ein Beispiel für die Pronation das Nehmen eines Brotes, das für die Supination das Tragen eines Suppentellers.

mit der Bewegung sowie der orthopädischen Untersuchung wurde sofort klar: es handelte sich nicht um eine schmerzhafte Wachstumsfuge, sondern um einen fragmentierten *Processus coronoideus* (s. S. 12).

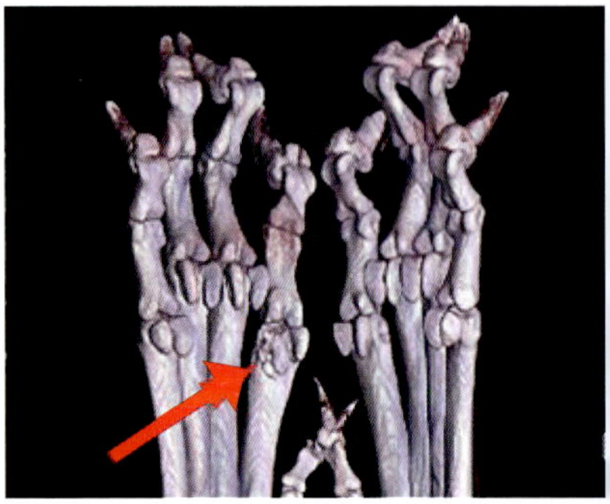

Sesambeinfraktur

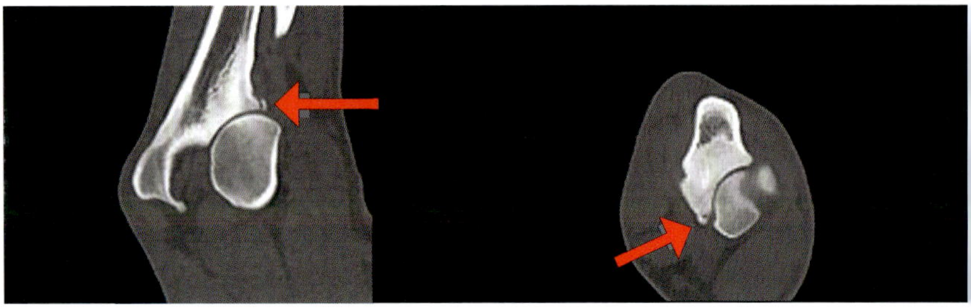

CT-Bilder des FCP (fragmentierter Processus coronoideus), Ellbogengelenk

Es erfolgte die Überweisung ins CT und im Anschluss wurde dieses Fragment operativ entfernt. Als Zusatzbefund konnte noch eine Sesambeinfraktur festgestellt werden, was einen beim Rottweiler recht häufig auftretenden Befund darstellt.

Sechs Wochen nach der Operation erschienen die Besitzer zur Infiltration des Ellbogens mit Polyacrylamid Hydrogel 2,5%. Dieses wird zur Behandlung der Arthrose im Ellbogengelenk verwendet, die sich bereits zu bilden begonnen hat, und hilft dabei, den Krankheitsprozess aufzuhalten. Es fiel auf, dass sich in der Gangbewegung des Hundes trotz der durchgeführten Operation noch immer eine Lahmheit bemerkbar machte. Diesen Zustand sieht man sehr oft, da die Biomechanik der Schultergliedmaße sowie des Ellbogengelenks nicht normal funktioniert. Diese Problematik wurde vor der Infiltration zusätzlich orthopädisch manuell behandelt. Im Anschluss wurde der Hund sediert, der Ellbogen steril für die Injektion vorbereitet und einer Behandlung mit PAAH (Polyglycan gegen Osteoarthrose) unterzogen. Der Patient ist von der Sedation aufgewacht und wurde nach Hause entlassen. Zwei Tage nach der Infiltration konnte sich der Hund wieder normal bewegen. Sechs Wochen nach der Infiltration wurde er orthopädisch untersucht und kinematisch kontrolliert. Die vorliegenden Bewegungsdaten zeigen, dass der Hund nur noch mit wenig Lahmheit beim Aufstehen zu kämpfen hat. Es folgten abermals eine orthopädische manuelle Behandlung des Ellbogens sowie eine mit *Mavaco-*

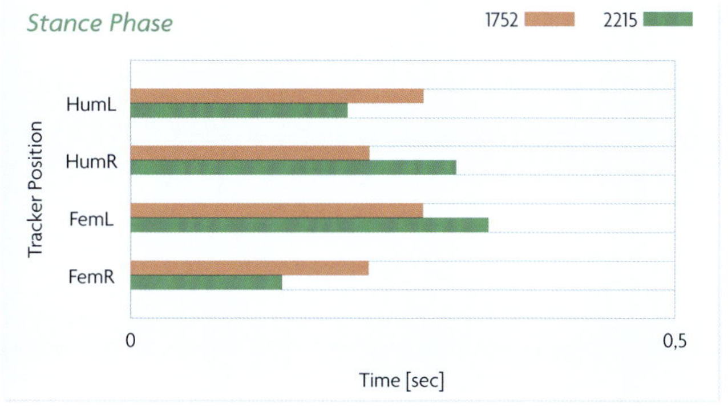

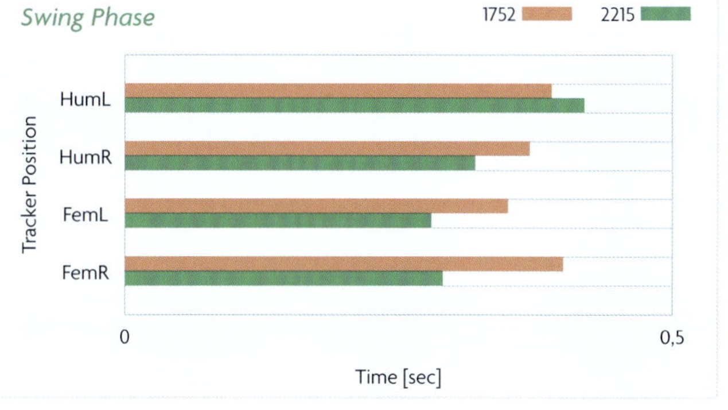

xibum. Vier Wochen nach der Kontrolle hat sich die Besitzerin telefonisch mit der positiven Nachricht gemeldet, dass ihr Hund wieder vollkommen lahmfrei war und sich wieder normal bewegen konnte. Auf den obenstehenden Grafiken sind die Daten der Bewegungsmessung vor der Infiltration in orange und für den Zeitpunkt sechs Wochen nach der Infiltration in grün dargestellt. Am eindrücklichsten ist die *Relative Peak Vertical Force* der linken Schultergliedmaße (HumL), an welcher der Vorher-Nachher-Effekt der Infiltration deutlich zu erkennen ist.

Arthrose: Der Gelenkknorpel knarrt – eine neue Diagnostik-Modalität

Knorpelschäden erzeugen im Knie Geräusche, die zwar für das menschliche Ohr nicht hörbar sind, sich aber per Schallemissionsanalyse nachweisen lassen. Dieser Umstand konnte durch die 2019 publizierte Pilotstudie „*Detection of osteoarthritis using acoustic emission analysis*" aufgezeigt werden, die ergab, dass sich Knieschäden beim Menschen mit Hilfe von Schalldiagnostik ähnlich gut belegen lassen, wie es etwa mit dem MRT möglich ist.

Badertscher respektive Vezzoni-Technik:
Eine Röntgentechnik zur Darstellung der Lockerheit der Hüfte, entwickelt von Badertscher (1970) und weiterentwickelt von Vezzoni.

Bei der Arthrose handelt es sich um die am häufigsten auftretende Gelenkerkrankung, von der in Deutschland rund achtzehn Prozent der erwachsenen Bevölkerung betroffen sind. Dabei kommt es zur Zerstörung der Knorpelschicht eines Gelenks, die im Extremfall bis zur Bewegungsunfähigkeit fortschreiten und den Einsatz eines künstlichen Gelenks erforderlich machen kann.

Eine Übertragung der beschriebenen Forschungsergebnisse auf die Kniepathologie des Hundes könnte mit hoher Wahrscheinlichkeit vor allem eine effiziente, schnelle und kostengünstige Diagnose der Pathologie des Kreuzbandrisses begünstigen. Der Kreuzbandriss – insbesondere der partielle Kreuzbandriss (KBR) – erweist sich als eine beim Hund oft feststellbare Erkrankung. Signifikant ist dabei, dass vornehmlich immer mehr junge Patienten einen Kreuzbandriss aufweisen. Was also vor zehn Jahren noch mehr als eine Ausnahme galt, ist heutzutage routinemäßig in der Praxis anzutreffen. Hunde können somit mittlerweile oft bereits im Alter von neun bis zwölf Lebensmonaten mit einem KBR diagnostiziert werden, bei dem früher oder später mit der Notwendigkeit eines chirurgischen Eingriffs zu rechnen ist. Neben der funktionellen orthopädischen Untersuchung mit dem Schubladen- sowie Tibiakompressionstest, einer Muskelrückbildung, Instabilität im Knie sowie einem Gelenkerguss, zeigen derartig betroffene Patienten in der Anfangsphase nur geringfügige Anzeichen von Arthrose, sodass allein der Gelenkerguss radiologisch auffällt. Besteht im Vergleich jedoch ein KBR über längere Zeit, so lassen sich nach drei Monaten erste radiologische Veränderungen verzeichnen. Ungeachtet dieser Tatsache besitzt die klinische Untersuchung eine nicht zu unterschätzende Bedeutung. Auf Basis meiner Erfahrung muss allerdings festgehalten werden, dass auch eine MRT-Studie des Knies nicht immer strukturelle Veränderungen eindeutig aufdecken kann. Somit würde die Schallemissionsdiagnostik eine sehr wertvolle diagnostische Option bedeuten und sich bei der HD-Diagnostik als erweiterte Frühdiagnostik beim Welpen und Junghund Effizienz beweisen. Auch bei dieser Pathologie können Veränderungen stattgefunden haben und Einrisse im Knorpel entstanden sein, die sich durch das radiologische Verfahren noch nicht als Arthrose identifizieren lassen. An dieser Stelle möchte ich auf ergänzende Informationen zu den Themen der Früh-Diagnostik der Hüftgelenksdysplasie mit der *Badertscher* respektive *Vezzoni-Technik* in Kombination mit der IMU-Technik verweisen – siehe Kap. 4.

Es ist verständlich, dass die Veterinärmedizin sich mit einer Vielzahl von Pathologien auseinandersetzt, die von einer schnellen und wirkungsvollen Diagnostik profitieren würden. Neben den beiden bereits genannten Pathologien lassen sich ergänzend noch die Ellbogendysplasie sowie die OCD *(Osteochondrosis dissecans)* erwähnen. Aktuell wurde aber dieser Ansatz in der Veterinärmedizin nicht weiterverfolgt.

Die in diesem Kontext durchgeführten Forschungen der Hochschule Fulda in Kooperation mit der Universitätsmedizin Charité Berlin, der Universität Ulm sowie der Technischen Hochschule Mittelhessen in Gießen verfolgen das Ziel, den Knorpelschaden mit einer schonenden Methode zu studieren – nämlich durch das Verfahren der Schalldiagnostik.

PRP = Plättchenreiches Plasma.
Eine Therapieoption nach dem Eigenblut-Prinzip mit hochkonzentrierten Thromobzyten (Blutplättchen).

ACS = Autologes Conditioniertes Serum.
Beruht als Therapieform bei geschädigten Gelenken ebenfalls auf dem Eigenblut-Prinzip, hat aber einen anderen Wirkmechanismus.

Schalldiagnostik und MRT kommen zum gleichen Ergebnis

Mag diese Feststellung auf den ersten Blick auch erstaunlich anmuten, ist es für Orthopäden kein Novum, dass das Knarren eines kaputten Gelenks an jenes einer Türe erinnert. Wie bereits angeführt, kamen Wissenschaftler zu der Erkenntnis, dass Knorpelschäden einen ganz eigenen Sound erzeugen, der für das menschliche Ohr nicht hörbar ist. Wenn ein Patient mit Knorpelschäden Kniebeugen macht, kommt es zu der Entstehung von Geräuschen im Knie, die einen spezifischen Klang besitzen und sich dadurch von anderen Geräuschen abheben. Sie lassen sich durch die spezielle Technik der Schallemissionsanalyse aufzeichnen und mit einer Schallkurve darstellen.

In dieser Pilotstudie konnte nun an neunundzwanzig Patienten mit einem Knieknorpelschaden, der im Vorfeld mit dem Röntgen und MRT bestätigt wurde, aufgezeigt werden, dass sich dieser Schaden auch in fünfundneunzig Prozent der untersuchten Fälle mit der Schalldiagnostik nachweisen ließ. Somit birgt dieses diagnostische Verfahren nach Ansicht der Forscher großes Potential und kann – laut Prof. Dr. Udo Wolf, dem Mitautor der Studie und Professor für Physiotherapie an der Hochschule Fulda – „möglicherweise auch schon früher als Röntgenaufnahmen oder MRT einen Gelenkverschleiß bemerken." Für die Verstärkung der Faktizität dieser Behauptung werden allerdings noch weitere klinische Studien benötigt.

Um zu evaluieren, ob die Anwendung der Schallemissionsanalyse auch für Hunde einen Nutzwert besitzen könnte, bedarf es zunächst ebenfalls einer Pilotstudie und in der Folge einer weiteren technischen sowie klinischen Validierung. Generell ist dieser Ansatz aber als äußerst interessant zu bewerten.

Knorpelschäden lassen sich auf Röntgenbildern und MRT-Studien erst in dem Stadium erfassen, wenn beim Hund bereits klinische Symptome vorhanden sind und bei einem Kreuzbandriss die sekundären radiologischen Veränderungen längst eingesetzt haben. Oft ist der Knorpel so dünn, dass der subchondrale Knochen in Erscheinung tritt. Beim Menschen müsste in diesem Fall eine Prothetik in Erwägung gezogen werden, beim Hund hingegen ist diese Maßnahme nur bedingt möglich und bei einigen Gelenken wie etwa dem Ellbogengelenk braucht es eine Teilprothetik.

PRP und ACS:
s. S. 135

Je früher also ein beginnender Knorpelschaden diagnostiziert wird, desto schneller ist es möglich, rechtzeitig therapeutisch einzugreifen. Dies kann einerseits mit Rückgriff auf Physiotherapie und Kraftaufbau erfolgen, andererseits mit Hilfe von regenerativer Medizin wie *PRP und ACS*, die wiederum einen erfolgversprechenden Therapieansatz darstellen. Hinzu kommt, dass die Schalldiagnostik schmerzfrei vonstattengehen kann und demnach vor allem beim Hund auf eine Sedation/Narkose für Röntgenvorgänge und MRT verzichtet werden könnte. Damit würde sich ein effizienter Ansatz ohne Strahlenbelastung bieten, der sich im Vergleich zu den herkömmlichen diagnostischen Methoden als schonender und preisgünstiger erweist.

Das Verfahren der Schallemission ist grundsätzlich nicht neu und kommt bereits seit einiger Zeit zur Materialprüfung in der Autoindustrie zur Anwendung. Dabei werden die Materialien unter anderem durch mechanische Belastung, die in der Folge zur Emission von Schall führt, verformt.

Für die Aufzeichnung der Geräusche von Knorpelschäden haben die Wissenschaftler ein spezielles Mikrofon sowie Sensoren entwickelt, die diese spezifischen Schallmuster automatisch ausfiltern. Um herauszufinden, wie ein kranker Knorpel im Vergleich zu einem gesunden klingt, wurden diverse Tests vorgenommen. Die Forscher erzeugten hierzu verschiedene definierte Schäden, rieben Knorpel ab oder bohrten Löcher in das Bindegewebe, um die Unterschiede im Klang der verschiedenen Gelenkschäden herauszustellen.

Wie oben bereits erörtert, wäre es sinnvoll, in der Veterinärmedizin die Durchführung einer Vergleichsstudie zu initiieren. Womöglich bietet sich damit sogar die Chance, die Frühdiagnostik von verschiedenen Junghundeerkrankungen zu optimieren. Allerdings verlangt es zunächst nach einem interdisziplinären Kontakt für den fruchtbaren Wissensaustausch zwischen den Fachwelten, von dem alle beteiligten Seiten zweifellos profitieren können.

Um dieses Thema anschaulicher darzustellen, soll nachfolgend ein Beispiel aus der Praxis vorgestellt werden.

Praxisfall einer Form-Funktions-Veränderung, Osteochondrose Tarsus (OCD im Sprunggelenk)

Ein weiblicher Entlebucher Sennenhund-Welpe ließ seit der achten Lebenswoche periodisch hinten links eine Entlastungshaltung erkennen. Als diese häufiger zu beobachten war und an Ausgeprägtheit zunahm, wurde die Patientin beim Privattierarzt vorgestellt. Dieser konnte jedoch keine pathologischen Befunde erheben und das Problem wurde mit der Vermutung abgetan, dass dieses sich von allein wieder regeln würde.

Allerdings fiel bei der beschriebenen Bewegungsanomalie besonders ins Auge, dass der kleine Welpe die Entlastungshaltung vor allem nach schnellen Drehungen zeigte und das Bein hinten links hochzog. Diese Haltung behielt er für kurze Zeit bei, ehe sie sich wieder normalisierte. Da eine Besserung dieses Prozesses entgegen der vorherigen Annahme ausblieb, wurde der Welpe an mich weiterverwiesen.

In der Videosequenz demonstriert die Patientin eine Entlastungshaltung der linken Beckengliedmaße, wobei die Standphase der Bewegung als verkürzt erscheint. Die Hündin fußt auf der Zehenspitze ab und der Aufrollmechanismus der linken Beckengliedmaße wirkt unrund. Sie läuft mit dem Becken in einer Linksaußenstellung, wobei die rechte Beckengliedmaße mittig zwischen beide Vorderläufe gestellt ist und der Ellbogen in beiden Vordergliedmaßen in einer „John Wayne“-Stellung geführt wird. Beim Hinsetzen erfährt das Becken eine Verkippung nach links, die Beckengliedmaße wird dabei nach außen gestellt und rotiert.

VIDEO

Entlebucher Sennenhund, 19 Wochen alt

Die klinische Untersuchung

Die Untersuchung legte sogleich die vor allem linksseitige Fehlstellung und Asymmetrie im Becken offen. Die Bewegungseinschränkung im Darmbeinschaufelgelenk war deutlich auszumachen. Obwohl das Knie völlig stabil zu sein schien und keinen Hinweis auf einen partiellen Kreuzbandriss lieferte, war dennoch eine Asymmetrie feststellbar. Der Tarsus (Sprunggelenk) hingegen zeigte eine deutliche Schwellung mit einem Gelenkerguss sowie vermehrte Wärme. Die Palpation des Knies ließ keine Auffälligkeit erkennen, während die Bewegung der Hüfte sich gegenüber der Norm als zu locker abhob. Die Beckenmuskelmasse war linksseitig bereits zu wenig ausgebildet und im Vergleich zu rechts mit gut 1 ½ cm weniger Muskulatur bestückt. Die Palpation und ROM-Testung im Tarsus links war empfindlich und nach der Untersuchung konnte festgestellt werden, dass die Entlastungshaltung durch stärkere Ausgeprägtheit auffiel.

? **Palpation:** Abtasten, Befühlen in der klinischen Diagnostik

Die kinematische Messung und Röntgenbilder

Die kinematische Messung präsentiert eine deutlich verkürzte Standphase: Sie beträgt links 0,08 und rechts 0,18. Auf den Röntgenbildern lässt sich linksseitig eine leicht lockere Hüfte ausmachen, die Überdachung befindet sich hingegen innerhalb der Norm. Die sichtbare Lockerheit wird durch die Tangentialaufnahme zusätzlich verdeutlicht. Das Knie ist radiologisch unauffällig und der Tarsus (Sprunggelenk) links weist einen deutlichen Gelenkerguss auf und gibt Hinweise für eine beginnende OCD im Tarsus.

? Tarsus = Sprunggelenk

Weiterführende Diagnostik

Um diesen Prozess weiter zu erhärten und allenfalls bei der OCD im Tarsus ein freies Knorpelstück zu entnehmen, wurde eine Arthroskopie empfohlen (s. Foto rechts oben). Das Resultat entsprach jedoch nicht den gewünschten Vorstellungen und fiel weitaus schlimmer aus als ursprünglich erwartet. Auf dem unteren Foto und im Röntgenbild unten ist erkennbar, dass im Tarsus auf weiten Strecken gar kein Knorpel vorhanden war und eine freie „Gelenksmaus" daher nicht aufgefunden werden konnte. Dies bedeutet, dass hier im Gelenk zum Teil gar kein Knorpel vorhanden war und bereits eine Reibung von Knochen auf Knochen vonstattenging.

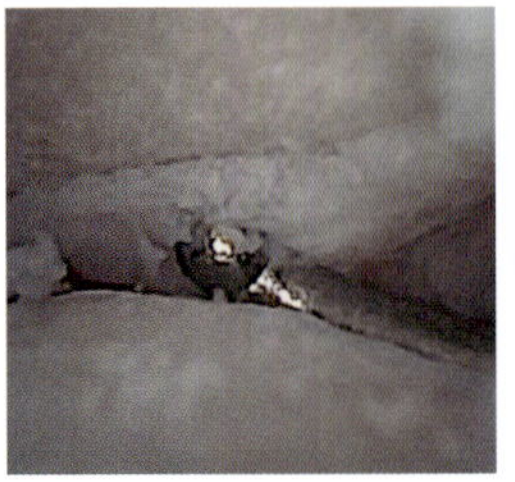

Endoskop-Kamera

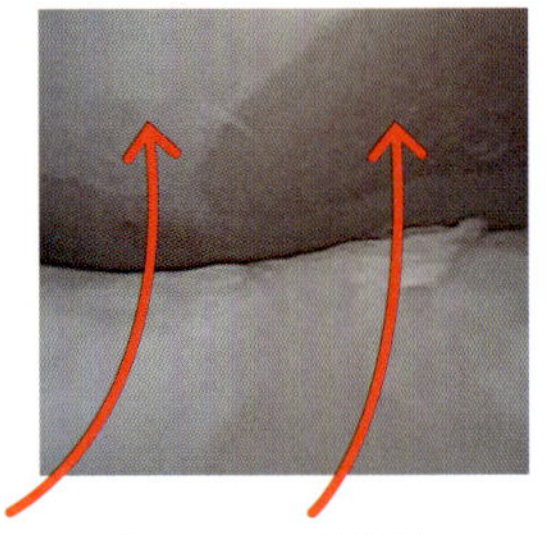

Intakter Knorpel Knorpel fehlt

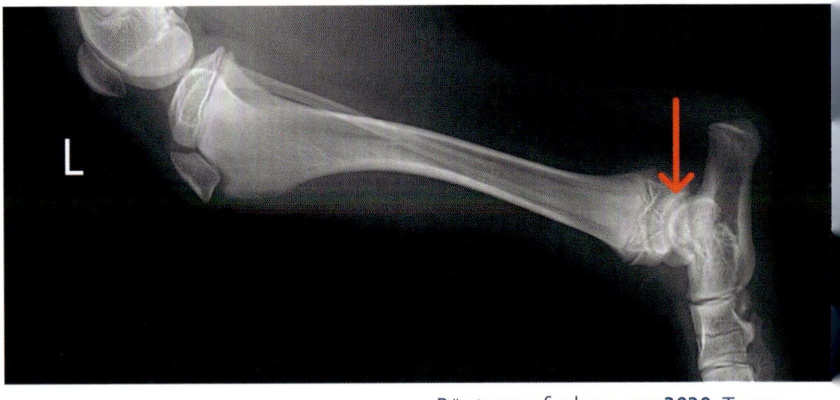

Röntgenaufnahme von **2020:** Tarsus links, OCD

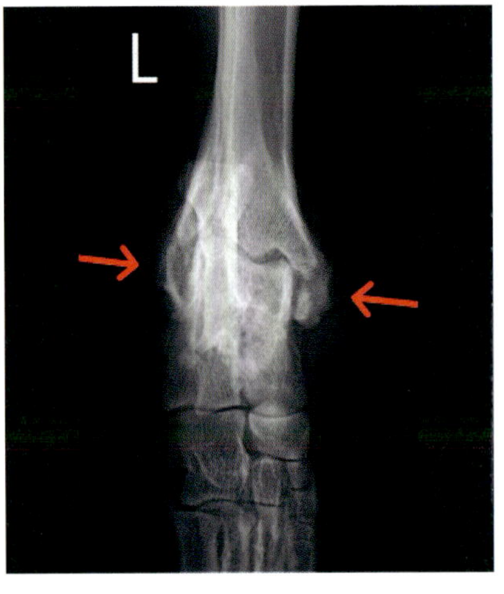

Röntgenaufnahme von **2024**

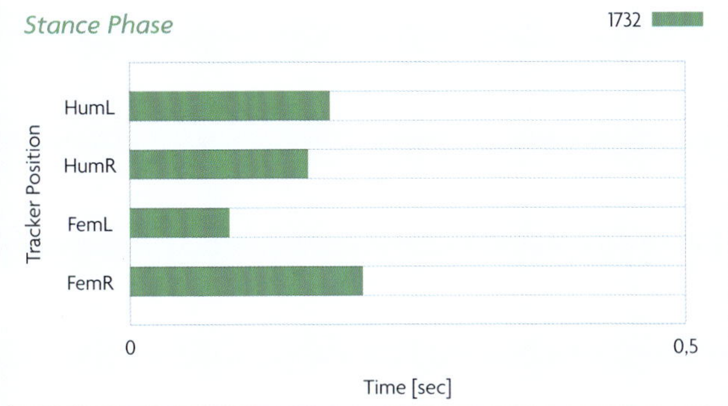

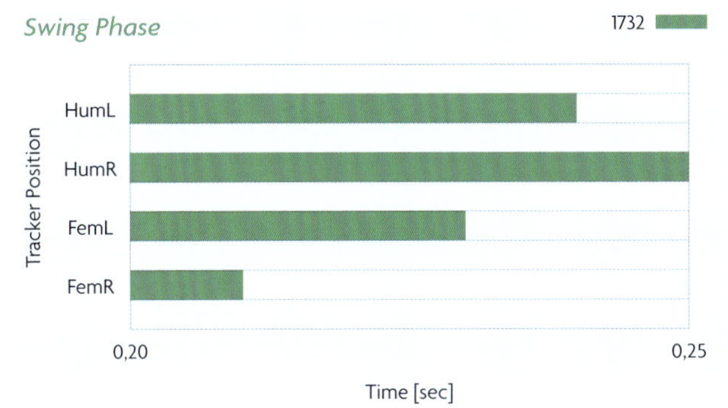

Arthrose: Ungesunde Ernährung kann den Gelenkknorpel schädigen

Adipöse Menschen erkranken nicht nur aufgrund einer durch ihr Körpergewicht verursachten höheren Gelenkbelastung häufiger an Gelenkarthrose. Eine in *„Scientific Reports"* Brisbane veröffentlichte Studie zeigt, dass eine Ernährung mit einem hohen Anteil an Zucker und gesättigten Fettsäuren den Gelenkknorpel und den darunterliegenden Knochen direkt schädigen kann.

Nun stellt sich die Frage, ob diese Zusammenhänge auch auf den Hund zutreffen können bzw. welche Auswirkungen Fettgehalt und Zucker auf die Gelenke, Physiologie und Gesundheit des caninen Skelettsystems haben können. Tatsache ist, dass sehr viele Hunde getreu der Überzeugung, dem eigenen treuen Begleiter „das Beste" vorsetzen zu wollen, von ihren Haltern vorwiegend mit industriellem Futter ernährt werden.

Ratten, die mit einer Diät aus Zucker und Fetten verwöhnt wurden, erkrankten nach wenigen Wochen an einer abdominalen Adipositas (Übergewicht und Bauchfett) mit erhöhtem Blutzucker, Bluthochdruck und Fettleber, was auch als metabolisches Syndrom bezeichnet wird. Was in dieser vorliegenden Studie für den Menschen gilt – und im Tierversuch auch bestätigt wurde – kann nun natürlich auch auf den Hund übertragen werden. Es ist eine Tatsache, dass falsch verstandene Tierliebe zu oft über den Inhalt des Hundenapfs ausgedrückt oder über Leckereien und „Goodies" vermittelt wird. In meiner orthopädischen Hundepraxis werde ich häufig mit diesem Aspekt konfrontiert. Wenn Hundebesitzer diesbezüglich sensibilisiert werden sollen, wird schnell klar, dass es sich bei der Ernährung um ein heikles Thema handelt, das gerne bagatellisiert oder großzügig übergangen wird.

Was diese Art der fett- und zuckerhaltigen Ernährung anbelangt, so hat die oben genannte Studie ermitteln können, dass die getesteten Ratten, die einer derartigen Diät ausgesetzt wurden, bereits nach wenigen Wochen klinische Symptome im Allgemeinbefinden erkennen ließen. Die prall gefüllten Fettzellen setzen das Hormon Leptin frei, welches unter anderem die Aufgabe besitzt, dem Gehirn zu vermitteln, dass die Speicher voll sind. Leptin wird mit anderen Adipokinen für eine vermehrte Entzündungsreaktion im Körper verantwortlich gemacht. Diese steht im Verdacht, die Arteriosklerose zu fördern und damit einen Herzinfarkt, Schlaganfall oder andere Herz-Kreislauf-Erkrankungen zu verursachen. Der Herzinfarkt kann beim Hund zwar als kein gängiges Vorkommnis gelten, aber dennoch gehören der Leistungsabfall mit Lungen- und Kreislaufbeschwerden sowie Herzklappenveränderungen für Hunde-Kardiologen zu häufig im Berufsalltag angetroffenen Beschwerden. Diese Veränderungen treten zumeist beim Hund mittleren Alters auf und werden zu diesem Zeitpunkt bereits medikamentös behandelt.

Arteriosklerose: Verkalkung der Gefäßwände

Für mich als Orthopäde steht besonders die Entwicklung von Gelenkproblemen, die durch diese Entzündungsreaktionen ausgelöst werden, im Vordergrund. Es sind vor allem zunächst große Gelenke betroffen, namentlich Hüfte und Knie; sekundär werden dann die kleinen Wirbelgelenke ebenfalls von diesen Entzündungsreaktionen in Beschlag genommen. Zu Beginn handelt es sich vorwiegend um Entzündungsreaktionen mit kurzfristigen Symptomen, wie etwa Belastungs- oder Ruheschmerzen, die leider nicht selten von den Hundebesitzern übersehen werden, da sie meistens nur subklinisch sind und ohne Therapie wieder von allein verschwinden oder nur unterschwellig ablaufen. Oftmals besteht Unsicherheit hinsichtlich der Frage, ob die Bewegungsanomalie des Hundes nun als Hinken, unrundes Laufen oder das Produkt der eigenen Imagination bewertet werden soll. Wenn sich der Besitzer dann noch mit anderen Hundehaltern austauscht, wird diese Beobachtung oft als „Flohhusten" abgetan – ein Umstand, den ich während meiner Sprechstunden immer wieder berichtet bekomme. Das Spezielle an diesen Fällen ist jedoch, dass die Entzündungsreaktionen zumeist nur schlecht auf die Therapie mit einem Cox-II-Hemmer wie *Rimdayl, Metacam* oder *Onsior* ansprechen. Dies lässt sich damit begründen, dass es sich dabei um eine rheumatoide Entzündungsreaktion handelt.

Die Experimente, die das Team um Yin Xiao von der Universität Southern Queensland in Brisbane an Ratten durchgeführt hat, deuten darauf hin, dass auch die Zusammensetzung der Nahrung einen Einfluss hat. Die Forscher fütterten die Ratten mit Mais oder unterzogen sie verschiedenen Diäten mit einem hohen Zuckeranteil, kombiniert mit gesättigten oder auch Transfetten. Diese der derzeitigen Ernährung in den westlichen Ländern nachempfundenen Ernährungsweisen führten nach sechzehn Wochen zu erkennbaren Schäden an den Gelenken. Diese in durchgeführten Experimenten verwendeten Diäten oder Ernährungspläne lassen sich mit den konventionellen Ernährungsgewohnheiten beim Hund vergleichen. So sind beispielsweise Mais oder Maiskleber regelmäßig in Hundefutter enthalten, während auch Fette einen wichtigen Bestandteil der Hundeernährung darstellen. Zucker sowie Fette dienen unter anderem auch als Geschmacksverstärker, der dabei helfen soll, eine bessere Akzeptanz zu erreichen.

Das Ausmaß der Arthrose war abhängig davon, wie langkettig die Fettsäuren waren. Am günstigsten erwies sich dabei die Diät mit Laurinsäure, da diese eine kurzkettige Fettsäure darstellt und vor allem in Kokosöl enthalten ist. Ausgeprägter fielen hingegen die Schäden bei einer Diät mit Myristinsäure, Palmitinsäure sowie Stearinsäure aus, wobei letztere als wesentliche Ingredienz in tierischen Fetten (Talg) zu finden sind. Aus diesen Informationen lässt sich schlussfolgern, dass die Ernährung des Hundes von Ausgewogenheit geprägt und aus Fleisch, Kohlenhydraten und Fetten bestehen sollte. Für dieses Ziel eignen sich diejenigen Lebensmittel, bzw. die Ernährungsweise, die von unserer Hundepraxis orthoVET empfohlen wird. In unserem speziellen, mit unserer Rezeptur hergestellten Futter werden diese oben erwähnten Forschungsresultate berücksichtigt und in die Ernährungsrezeptur für den Hund integriert. Dabei werden zum einen nur Lebensmittel verwendet, also Fleisch und Kartoffeln sowie Hirseflocken, die für den menschlichen Verbrauch gedacht sind. Außerdem werden diese durch eine Kräutermischung ergänzt, die speziell für ein harmonisches Immunsystem und Wachstum unterstützend wirken. Alleine durch die ausgewogene Abstimmung der Ingredienzien sowie der Qualität ist gesichert, dass die Ernährung des wachsenden Hundes optimal erfolgen kann.

Was bedeutet dies nun für die tägliche Praxis? Die Ernährung wird nicht nur beim Hund im Hinblick auf orthopädische Probleme als ein wesentlicher Faktor betrachtet. Neben den konventionellen Hundefutterarten besitzt auch für BARFen das folgende Motto Gültigkeit: *„Man ist, was man isst.“* Inhaltsstoffe des Futters wie etwa Zucker oder langkettige Fette – vor allem durch Talg – sowie die Gesamtzusammensetzung im Hundefutter

! Zucker oder langkettige Fette im Futter können Knorpel- und damit Gelenkschäden begünstigen.

können eine Entzündungsreaktion im Knorpel sowie dem subchondralen Knochen auslösen und damit die Zerstörung des Knorpels und eine Arthrose begünstigen. Fette sind auch beim BARFen, insbesondere bei Innereien wie beispielsweise Rinderpansen, in einem großen Anteil vorzufinden. Andererseits gilt es zu bedenken, dass ein gewisser Fettgehalt bei Hunden mit Ausdauerleistung, bei Schlittenhunden oder auch bei Sicherheitshunden obligatorisch ist. Hier sollte auf die Auswahl der Fettquelle geachtet werden.

Somit lässt sich festhalten, dass eine optimale Ernährung als die beste Prophylaxe gegen Arthrose gelten kann. Fehl- und Überlastungen im Skelettsystem finden dabei keine Berücksichtigung. Dieser Umstand wird an späterer Stelle noch einmal aufgegriffen und in einem breiteren Kontext näher erläutert.

Des Weiteren ist darauf zu verweisen, dass eine optimale Ernährung des Hundes bei einer bereits vorhandenen Arthrose den Konsum von Schmerzmitteln deutlich reduziert, da der tägliche Verzehr von gesunder und nährstoffreicher Kost dazu führt, dass die Entzündung im Gelenk bzw. in den Gelenken nur geringfügig vorhanden ist oder gar nicht erst entsteht. Dies wiederum resultiert in einer Reduktion von Schmerzen und bedeutet für das betroffene Tier eine höhere Lebensqualität. Schmerzmittel, namentlich Cox-II-Hemmer – mittlerweile auch unter der Bezeichnung Prostaglandin-Synthese-Hemmer bekannt – können Magen und Darm angreifen, Blutungen und Durchfall auslösen und bei Einnahme eines Magenschoners Resorptionsstörungen von Kalzium bedingen. Damit werden die Weichen für einen Teufelskreis aus Medikamenten gelegt: beginnend mit Präparaten zur Behandlung von Entzündung und Schmerzen, mündend in die Notwendigkeit des Konsums von Arzneimitteln, die die Nebenwirkungen der Entzündungshemmer bekämpfen sollen. Mit Hilfe einer Anpassung oder Umstellung der Ernährung kann einer solchen Leidensspirale zu einem großen Teil vorgebeugt werden. Diese stellt die Grundlage für eine optimale Therapie zur Reduktion von Entzündung und Schmerzen bei Gelenkproblemen dar.

Wie nun ausführlich aufgezeigt wurde, erweist sich die Ernährung als ein wichtiger Aspekt der Orthopädie, auf den gemeinhin zu wenig Augenmerk gelegt wird. Dieser Umstand führt zum nächsten Abschnitt, in dem ergänzend erläutert wird, was es ferner im Zusammenhang mit der Ernährung zu berücksichtigen gilt. Ich bekomme in der Praxis nicht selten die Aussage „Mein Hund hat Arthrose, da lässt sich ohnehin nichts mehr machen" zu hören, die – in Anbetracht der obigen und nachfolgenden Ausführungen – der Leser von nun an mit Sicherheit hinterfragen wird. Neben der Berücksichtigung der Biomechanik des Skelettsystems erweist sich also die Ernährung des Hundes als ein Faktor, der Einfluss auf arthrotische Leiden nehmen kann. An dieser Stelle möchte ich jedoch ausdrücklich betonen, dass damit nur die Grundernährung gemeint ist und auf keinen Fall die viel verwendeten Zusatzprodukte der Gelenkprotektiva. Zu diesen Produkten existieren praktisch keine wissenschaftlich Doppelblindstudien, die ihre vermeintliche Wirkung eindeutig belegen.

Burger-Döner-Pizza-Zeitalter

Nahezu überall auf der Welt nehmen die MS-Erkrankungen zu – am meisten jedoch in Ländern, in denen die Menschen einen „westlichen" Lebensstil pflegen. Weil herkömmliche Erklärungsversuche nicht mehr genügen oder gar gänzlich fehlen, rückt die Ernährung als ein ursächlicher Faktor in den Fokus.

Definition Multiple Sklerose (MS):

Die **Multiple Sklerose** (**MS**) oder **Encephalomyelitis disseminata** (**ED**) stellt eine chronisch-entzündliche neurologische Autoimmunerkrankung dar, bei der die *Markscheiden*, die elektrisch isolierende äußere Schicht der Nervenfasern im **Zentralnervensystem (ZNS)**, angegriffen werden. Diese *Entmarkungserkrankung* zeichnet sich durch sehr unterschiedliche Verlaufsformen aus. Ihre konkreten Ursachen bedürfen trotz bereits investierter großer Forschungsanstrengungen noch immer einer Klärung.

Bei der MS kommt es im zentralen Nervensystem, Gehirn und Rückenmark in der weißen Substanz – im Hüllprotein – zur Entstehung multipler entzündlicher Herde, die diese weiße Substanz zerstören. Interessanterweise handelt es sich dabei wiederum um eine polygenetische, multifaktorielle Erkrankung. Bei Menschen in den USA kann die Beobachtung gemacht werden, dass der afroamerikanische sowie hispanische Bevölkerungsanteil im Vergleich zum weißen deutlich eine tiefere Inzidenz aufweist. Seit 1960 steigt die Prävalenz für Multiple Sklerose (MS) weltweit an. In Europa kommen 80 Betroffene auf 100.000 Einwohner, die östliche Mittelmeerregion mit 14,9 Personen, in Südostasien und Afrika kommen 2,8 respektive 0,3 MS-Erkrankungen auf 100.000 Einwohner. Die WHO hat einen Zusammenhang bezüglich dieser signifikanten Differenz aufgestellt: je höher das Einkommen, desto größer das Risiko für eine MS-Prävalenz. Damit verbunden sind somit auch die Lebens- und Essgewohnheiten.

Westlicher Ernährungsstil ist im Verdacht

Bei den Menschen steht die typische westliche Ernährung im Vordergrund, die sich zumeist durch einen hohen Anteil von Fleisch- und Milchprodukten auszeichnet und charakteristischerweise den Fokus auf kohlenhydratreiche, ballaststoffarme Nahrungsmittel legt. Im Zuge einer solchen Ernährungsweise ändert sich der Bakteriengehalt im Darm, was als auslösender Faktor für Erkrankungen betrachtet wird. In diesem Zusammenhang birgt der vermehrte Verzehr von Fertigprodukten mit Emulgatoren ein besonderes Risiko. Gerade Emulgatoren haben einen erhöhten Einfluss auf die Darmbakterien-Flora, die geschädigt wird und somit zu einem Entzündungsprozess im Darm führen kann. Diese Entzündungsreaktion resultiert wiederum in der Aktivierung des Immunsystems.

Diese Situation lässt sich auch im Kontext von Hundenahrung beobachten. Die konventionellen Hundefutterarten, deren Haltbarkeit sich auf ein Jahr oder länger beläuft, greifen auf solche Emulgatoren und andere Haltbarmacher zurück. Auch die Zusammensetzung gleicht nicht selten größtenteils der oben beschriebenen Ernährung. Somit kann ein Zusammenhang zwischen der Ernährung und pathologischen Prozessen wie der Arthrose oder anderen entzündlichen und autoimmunen Erkrankungen im Organismus hergestellt werden.

Zusammenfassend lässt sich also feststellen, dass es sowohl für Hundebesitzer als auch Tierärzte ungemein wichtig ist, diesen Umstand im Hinterkopf zu behalten – insbesondere dann, wenn eine Therapie nicht die gewünschte Wirkung zu bringen scheint. Somit könnte die Ernährung ein wichtiger Bestandteil des Puzzles sein.

Die Fragwürdigkeit der Wirkung von Knorpelprotektiva

Die Beschäftigung mit dem Thema Arthrose führt zwangsläufig zur Auseinandersetzung mit den knorpelschützenden Substanzen: den sogenannten Knorpelprotektiva oder Chondroprotektiva. Gegenwärtig existieren nur wenige Studien, die den Nachweis einer eindeutigen Wirkung in Doppelblindstudien erbringen. Aktuelle Veröffentlichungen von Studienergebnissen und anderen wissenschaftlichen Publikationen liefern je nach Fokus auf ein Organ gegenläufige Aussagen. Die Durchführung einer strengen methodischen Recherche deckt jedoch die Eindeutigkeit der Datenlage auf. Obschon die Knorpelprotektiva augenscheinlich eine Entzündung in Einzelfällen positiv beeinflussen können, fällt die Wirkung dieser Produkte ungeachtet der Versprechungen der Pharma- und Futtermittelindustrie bei Arthrose nur gering aus. Hinzu kommt, dass Nahrungsmittelhersteller für Hunde seit einiger Zeit diese Zusatzstoffe in ihr Tierfutter integrieren. Da es sich um einen Futterzusatz handelt, ist die therapeutische Dosierung in diesem Zusammenhang von hoher Bedeutung. Diese fällt aber als Futtermittelzusatz in zu tiefen Mengen aus. Dies lässt sich nicht nur auf Kostengründe zurückzuführen, sondern auch auf den Umstand, dass Futterzusätze einer gesetzlichen Regulierung unterliegen.

In diesem Kontext wurden in der Humanmedizin neue Leitlinien der Therapie von Arthrose erarbeitet. Die internationale Arthrose-Gesellschaft (OARSI) hält folgendes fest: Die beste Therapie bei Arthrose ist Sport oder – anders ausgedrückt – eine kontrollierte Bewegung, die sich auf dem Motto „Wer rastet, der rostet" gründet.

Der Ablauf der Therapie einer Arthrose soll patientenorientierter erfolgen. Es wird eine Basistherapie für alle Patienten und die Erstellung von Therapiepaketen für den jeweiligen Patiententyp unter Berücksichtigung der verschiedenen Arthrosen empfohlen.

Die unterschiedlichen Arthrose-Typen

Es wird grundsätzlich zwischen vier Arthrose-Typen unterschieden. Als Beispiel soll dabei die Kniearthrose dienen:

- Kniegelenksarthrosen
- Kniegelenksarthrosen mit sekundären Erkrankungen (Herz, Niere, Lunge, Infektionen, etc.)
- Kniearthrosen mit zusätzlichen Arthrosen in Hüften, Rücken, Pfoten, Ellbogen, etc. (also multiple Arthrosen im Körper)
- Multiple Arthrosen sowie sekundäre Erkrankungen

Hierbei muss darauf hingewiesen werden, dass die Arthrose-Typen nicht mit den Stadien der Arthrose zu verwechseln sind, die zuvor bereits Erwähnung fanden.

Diese Einteilung lässt auch eine Übertragung auf den Hund zu. Die Kniegelenksarthrosen können oft im Zusammenhang mit einem partiellen Kreuzbandriss beobachtet werden, während aber auch andere Kniepathologien mit sekundären Arthrosen auftreten. Diese beeinflussen die Fortbewegung, das Springverhalten und generell die Aktivität des Hundes. Oft erweisen sich die Kniepathologien für das Tier schmerzhafter als Hüftgelenksarthrosen.

Aus klinischer Sicht übernimmt beim Hund die Hüftgelenksarthrose die Stellung der Kniegelenksarthrose, da bei einem Vierbeiner, der unter einer Kniegelenksarthrose leidet, meistens ein partieller Kreuzbandriss vorliegt und deshalb die Therapie nicht selten in einen chirurgischen Eingriff mündet. Hunde zeigen außer einer auffälligen Bewegung oftmals keine Symptome der Hüftgelenksarthrose. Die Besitzer tun diese Anomalie oft mit der Überzeugung, bzw. Behauptung ab, ihr Hund wäre „aber schon immer so gelaufen" und schenken der vermeintlich nichtigen Beschwerde keine weitere Beachtung. Plötzlich kommen jedoch die Symptome der Hüftgelenksarthrose zum Tragen, wie etwa Mühe beim Aufstehen, ein deutlich erkennbarer Leistungsabfall oder auch vermehrtes Zehenschleifen. Eben diese Situation konnte bei unserem Praxisfall festgestellt werden. Der Besitzer, der selbst in der Wissenschaft tätig ist, war der Meinung, bei dem Leiden seines Hundes könnte es sich um ein neurologisches Problem handeln. Eine eingehende orthopädische Untersuchung deckte jedoch auf, dass bei dem Hund eine hochgradige Hüftgelenksarthrose vorlag. Während die anschließend durchgeführte medikamentöse Schmerztherapie keine Verbesserung brachte, offenbarten die Laboruntersuchung sowie der Abdomen-Ultraschall die Wahrheit: der Hund hatte zusätzlich einen großen Milztumor, der bereits Metastasen gebildet hatte. In diesem Fall kam also jegliche Therapie zu spät. Mit diesem Fallbeispiel soll aber noch einmal verdeutlicht werden, dass bei der Diagnosestellung die Arthrose schon lange vorher vorhanden gewesen war. Der Tierarzt sollte sich in diesem Kontext fragen, weshalb die Arthrose klinisch manifest wird. Dieses Problem ist nicht allein auf die Arthrose an sich zurückzuführen.

Mit diesem Praxisbeispiel ist die zweite Gruppe der Arthrose-Typen sinnbildlich aufgezeigt.

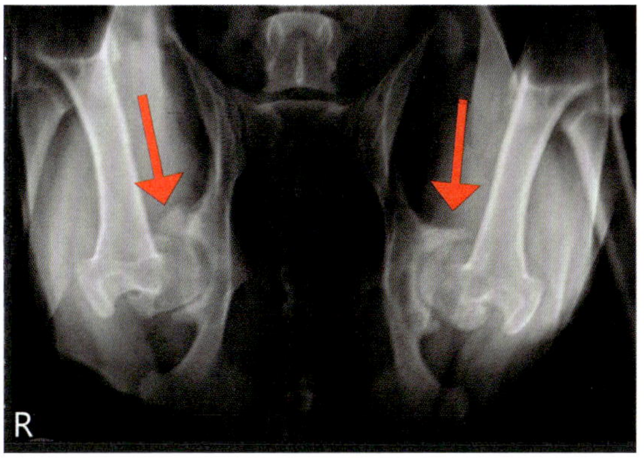

Hüftgelenksarthrose stehend

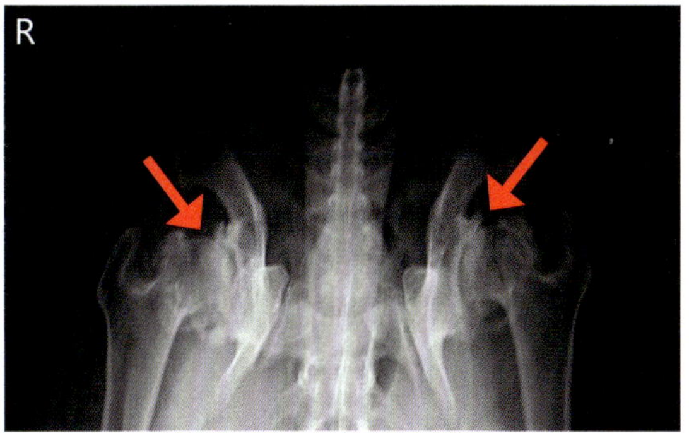

Hüftgelenksarthrose DAR

Die roten Pfeile zeigen ein verändertes und zu lockeres Dach und somit die Arthrose.

DAR = Dorsal Acetabular Roof, dt. Hüftgelenksdach.

OARSI = Osteoarthritis Research Society International

Bewegung ist die beste Therapieform

Aus den Leitlinien der *OARSI* ist zu entnehmen, dass sich Bewegung (Spazierengehen) und Tai-Chi als Therapieform positiv auf die Arthrose auswirken. Beim Hund verhält sich dies auf eine vergleichbare Weise. Es ist eindeutig erwiesen, dass eine gute Bewegung – unter Einhaltung der Arndt-Schulz-Regel – die beste Therapie der Arthrose darstellt. Als Richtzeit beim Hund und je nach Gelenk und Schweregrad der Arthrose können wir fünfundvierzig bis sechzig Minuten Gehen bzw. Laufen in Schritt und Trab oder eben generell sehr aktive Bewegung empfehlen. Je nach Situation kann es sinnvoll sein, sich mehrmals täglich auf dreißig Minuten einzustellen. Der Körper passt sich im Zusammenhang mit der Biologie der Orthopädie der Arthrose an. Dennoch ist es wichtig, die Gelenke und Muskulatur zu erhalten – in dem Maße, in dem es sinnvoll und angemessen ist.

Als weitere wichtige Therapiemaßnahme kann das Gewichtsmanagement genannt werden. Hierbei erweist sich je nach Schweregrad der Adipositas (Übergewicht) eine Gewichtsreduktion von fünf bis zehn Prozent als sinnvoll.

Paracetamol, Cyclooxygenase, und Prostaglandinsynthese-Hemmer

Bei akuten Entzündungen und Schmerzen in den Gelenken und Muskeln können diese Substanzen besonders wertvolle Dienste leisten. Allerdings haben Studien im Hinblick auf die Arthrose gezeigt, dass diese Medikamente mittel- bis langfristig wenig Wirkung zeigen. Dies trifft gleichermaßen auf Menschen und Hunde mit Arthrosen in mehreren Gelenken und sekundären Erkrankungen zu. Sind vor allem die Nieren betroffen, so können diese Medikamente ein zusätzliches Risiko bedeuten.

Umstrittener Nutzen der Knorpelprotektiva

In vielen veterinärmedizinischen Praxen kommen diese Medikamente zum Einsatz. Es kann nicht geleugnet werden, dass in manchen Fällen die Hoffnung der Hundebesitzer auf eine Linderung der Arthrosesymptome nicht unerfüllt bleibt, sodass sie nach einer Therapie mit besagten Medikamenten eine Verbesserung des Zustands ihres Tieres feststellen können. Allerdings erweist sich die Datenlage zu den Knorpelprotektiva als ausgesprochen heterogen und es muss angemerkt werden, dass bislang nur wenige Doppelblindstudien existieren. Bei Arthrosen ist die Wirkung von Glucosamin gering, lässt sich vereinzelt jedoch bei einer Arthritis beobachten. Klar ist auch, dass nach oraler Applikation von Standarddosen nur tiefe Wirkstoffspiegel in Plasma und Synovia nachgewiesen werden konnten. Diese reichen vermutlich nicht aus, um eine Nutzung von Glucosamin als Substrat für die Biosynthese der Knorpelmatrix zu validieren. Entgegen den Veröffentlichungen, die auf Basis einer nicht auf wissenschaftlichen Grundlagen beruhenden Datenlage das Gegenteil behaupten, ist davon auszugehen, dass keine Knorpelsubstanz aufgebaut und regeneriert werden kann.

Glucosamin hilft nicht

An einer doppelblinden, Placebo kontrollierten Studie von Kwoh et al (2014) in „*Arthritis & Rheaumatology*", nahmen 201 Probanden mit milden bis mittleren Schmerzen an einem oder beiden Knien teil. Sie erhielten über 24 Wochen täglich 1500mg Glucosamin. Die Knorpelschäden in den Knien wurden jeweils mit einem MRT erfasst. Nach sechs Monaten konnten so gut wie keine Unterschiede im MRT zwischen beiden Gruppen festgestellt werden. In der unbehandelten Kontrollgruppe wurde im Vergleich zu den behandelten Patienten sogar häufiger eine leichte Besserung erzielt. Die Behandlung mit Glucosaminen führte auch nicht zu einem Rückgang der renalen Ausscheidung des Biomarkers CTX-II, der Knorpelabbau anzeigt. Die Auswertung dieser Daten führte die Forscher also zu dem Schluss, dass Glucosamin-Präparate für die Therapie der schmerzhaften Kniegelenksarthrose keinen Nutzen besitzen. Dies gilt nicht nur für das Knie, sondern generell für die Arthrose.

In der heutigen Zeit werden diese Medikamente vielen Hunden zum Teil prophylaktisch zur Vorbeugung der Arthrose verabreicht; andererseits verwenden viele Hundenahrungsmittelproduzenten diese als Futterzusätze zur Arthrose-Prävention. Anhand der Studie von Kwoh et al. (2014) sollte diese Praxis grundsätzlich überdacht werden. Unglücklicherweise existieren einige Publikationen, die die Befunde dieser doppelblinden, Placebo-kontrollierten Studie in Abrede stellen werden. Viele von orthopädischen Leiden betroffene Patienten, die bei mir in der Praxis vorgestellt werden, hatten über längere Zeit bereits Knorpelprotektiva erhalten, die jedoch keine Verbesserung der Symptome erzielen konnten. Somit lässt sich festhalten, dass weitestgehend die Meinung vorherrscht, den Knorpelprotektiva würde eine positive Wirkung innewohnen, wobei gerade Industrie und Werbung gleichermaßen ihre Versprechungen auf diesem Irrglauben begründen. Es wäre illusorisch davon auszugehen, dass diese Behauptung sich aus den Köpfen der Hundehalter in der nächsten Zeit verbannen lässt.

Prävention und Prophylaxe durch die Ernährung und Bewegung

Werden nun zum einen der Zusammenhang der Ernährung mit der Arthrose, zum anderen aber auch die Empfehlungen der OARSI als Therapie der Arthrose inklusive ihrer Gruppierungen berücksichtigt, so zeigt sich das Thema der Prävention und Prophylaxe wieder als allgegenwärtig.

Zusammenfassend möchte ich nochmals auf einige Punkte eingehen und Ihnen als Hundehalter einige brauchbare Tipps mit auf den Weg geben:

- Kontrolle des Gewichts
- Kontrolle der Ernährung, EIK (Energie Intensitäts-Koeffizient als Indikator der Fütterungsintensität)
- Fettzellen werden wie beim Menschen in der Welpenzeit gebildet; es ist darauf zu achten, Übergewicht bei Welpen zu vermeiden!
- Relativierung der Werbung und Empfehlungen für die Ernährung der Welpen
- Verabreichung von Welpenfutter bis zur sechzehnten Woche, Juniorfutter bis zum sechsten Monat; ob groß oder klein, ab dem siebten Monat zu Erwachsenenfutter wechseln
- Wirkung von Knorpelprotektiva sind Futtermittelzusatz nicht nachgewiesen (generell keine Wirkung Knorpelprotektiva bei Reibung von Knochen auf Knochen!)
- Es gibt wenig Doppelblindstudien, die eine vermeintliche Wirksamkeit der Knorpelprotektiva mit einer Kontrollgruppe bestätigen. Viele Artikel der Industrie, die eine solche Wirksamkeit bescheinigen, beruhen

auf fraglichen Untersuchungen. Die Industrie ist auf Verkauf ausgerichtet, die Zeitachse der Dosierung der therapeutischen Dosis fehlt; Knorpelprotektiva gehören nicht ins Futter, sind als Zusatz unwirksam und damit nur überteuertes PR!

- Je nach Stadium helfen optimale Bewegung, Sport und Training sowie Schwimmtherapie
- Form-Funktions-Isometrie
- Arndt-Schulz-Regel
- Biologie der Orthopädie
- Je nach Situation kann eine Kontrolle mit Hilfe von Bewegungsdiagnostik Aufschluss geben
- Eine Bewegungstherapie sollte ebenfalls kinematisch kontrolliert erfolgen
- Eine gesunde Ernährung ist A und O
- Bei BARF kann Bakterien-Load ein Problem darstellen

Dieses Kapitel widmete sich einer intensiven Auseinandersetzung mit der Arthrose. Die ausführliche Behandlung dieses Themas ist insofern von großer Bedeutung, da die Arthrose beim Hund mittleren und fortgeschrittenen Alters neben Tumoren eine der Hauptpathologien darstellt. Zudem deshalb, weil die Prävention und die Einflüsse auf die Therapie der Arthrose diesbezüglich vernachlässigt werden. Auch die neue Behandlungsmethode der Immuntherapie ändert nichts an diesem Umstand. Die Wirkdauer ist abhängig davon, wie gut die Orthopädie dabei berücksichtigt wird, konkret also zum einen die beiden Themen der Form-Funktions-Veränderungen und zum anderen die Biologie der Orthopädie und die Arndt-Schulz-Regel. Erst unter Miteinbezug besagter Aspekte kann die Immuntherapie der Arthrose optimal greifen. Allerdings handelt es sich dabei auch um eine relativ kostspielige Dauertherapie. Bei dieser dürfen zwei wesentliche und unverrückbare Faktoren nicht vergessen werden – nämlich die Lebensqualität und Würde des Hundes. Darunter verstehe ich zuvorderst, dass dem Hund bei der Arthrose-Therapie auf keinen Fall die Möglichkeit genommen werden darf, sein „Hundsein" mit all seinen Aktivitäten und Verhaltensmustern weiter ausleben und genießen zu dürfen. Wenn diese Bedingung eingehalten wird, ist die Therapie auf Basis der Erfahrung in meinen Augen adäquat und vielversprechend. An diesem Punkt lassen sich auch Parallelen zur Humanmedizin erkennen. Hier gibt es allerdings viele Therapieoptionen, die diesen Aspekt vermissen lasen. Somit ist es wichtig, die Qualität und Quantität der therapeutischen Maßnahmen zu studieren und nochmals zu überprüfen.

Therapie der Arthrose

Grundsätzlich können die Lahmheit sowie die Schmerzen und Entzündung, die durch die Arthrose verursacht werden, behandelt werden. Dieses Umstands sind sich allerdings viele Hundehalter noch nicht bewusst.

Im Hinblick auf die Therapie der Arthrose sind zwei wichtige Voraussetzungen zu berücksichtigen:

- die Wiederherstellung der Funktionalität des arthrotischen Gelenks
- die regenerative Medizin des Gelenks mit PRP und/oder ACS; als weitere Methode anstelle der regenerativen Injektionstherapie ist es möglich, das Polyacrylamid Hydrogel 2,5% in ein arthrotisches Gelenk zu injizieren

? Pro- und Supination: Pronation und Supination sind Bewegungsarten bzw. -möglichkeiten, die man auch im Untersuchungsprozdere nutzt. Auf die menschliche Hand bezogen ist ein Beispiel für die Pronation das Nehmen eines Brotes, das für die Supination das Tragen eines Suppentellers.

Wird ein arthrotisches Gelenk – wie etwa das Ellbogengelenk – einer Untersuchung unterzogen, so fällt auf, dass vor allem die *Pro- und Supination* durch die Arthrose eine deutliche Einschränkung erfahren. Ebenfalls verändert sind die Streckung und Biegung des Gelenkes. Durch die orthopädische, kinematisch kontrollierte manuelle Behandlung kann das Gelenk so weit aktiviert und mobilisiert werden, dass sich die Beweglichkeit *(Range of Motion)* und somit die *Range of Freedom* (Bewegungsfreiheit von Gelenk und Gliedmaße oder Rücken) und folglich die gesamte Funktionalität, verbessert. In diesem Zusammenhang lässt sich der Vergleich mit dem Scharnier einer verrosteten Türe aufstellen, deren ursprünglich knarr- und hindernisfreie Bewegung sich mit Hilfe des Spritzens eines Kriechöls wiederherstellen lässt. Ähnlich verhält es sich mit dem kranken Gelenk – die Veränderungen und knöchernen Zubildungen bleiben allerdings bestehen, während auch der defekte Gelenkknorpel diesen Status beibehält. In diesem Fall wird der Einsatz von PRP notwendig.

Gabapentin und Pregabalin bei Arthrosen beim Hund – eine riskante Therapie mit Folgen

In der Schweiz wird Gabapentin sowie Pregabalin vor allem bei Hunden mit Arthrosen und Angststörungen eingesetzt. Unter Verweis auf das Kapitel 5 und die Neuro-Kinematik lässt sich feststellen, dass diese Therapie nicht nur falsch ist, sondern auch einige Risiken und Nebenwirkungen bietet. Aus meiner Sicht zeigt der Tierarzt, der sich für diese Therapieoption entscheidet, dass er die Pathologie „Arthrose" nicht im Ansatz verstanden hat und deshalb eine Behandlungsart wählt, die gegenwärtig *en vogue* ist und auch von einigen Meinungsführern der Schmerztherapie empfohlen wird. Ich halte diese Strömung der Therapie für sehr bedenklich, da die dabei verschriebenen Medikamente Nebenwirkungen provozieren können. Wie bereits erwähnt, wird also das Schmerzgedächtnis falsch interpretiert, das Bewegungsgedächtnis ignoriert und die Arthrose als funktionelle Pathologie nicht begriffen. So wurde ich etwa unlängst von einer Hundehalterin, deren Windhund-Mix aufgrund von Zittern in der Hinterhand Pregabalin verordnet wurde, kontaktiert. Dieses Medikament kann bei Arthrose nicht zur Behandlung herangezogen werden, da seine Wirkung auf neuropathische Schmerzen und Epilepsie abzielt und dessen Einsatz somit den Erfolg der Therapie bereits im Ansatz vereitelt. Als die beste Therapie gegen Arthrose erweist sich Bewegung, Bewegung und *nochmals Bewegung*.

Der diesbezügliche Artikel, der das Thema in seiner Vollständigkeit behandelt, kann auf www.hunde-bewegungszenttrum.ch nachgelesen werden.

Zusammenfassend ist festzuhalten:

Bei einem Hund mit Arthrose verläuft die Therapie in drei großen Schritten:

1) Re-Funktionalisierung des orthopädischen Systems (Skelett) in seiner Gesamtheit und somit Therapie von Statik und Dynamik

2) Therapie des oder der Gelenke mit der Regenerativen Medizin mit PRP oder ACS

3) Re-Aktivierung der Bewegung unter Einhaltung der Gesundheit, Anwendung des ortho-kybernetischen psycho-sozialen Schmerz- und Krankheitsmodells

! Die beste Therapie gegen Arthrose ist Bewegung, Bewegung und nochmals Bewegung.

Werden diese Zielsetzungen und Regeln berücksichtigt, kann der Hund mit einer Arthrose relativ gut seinen Alltag meistern, ein „hundegerechtes“ Leben führen und in erster Linie seinen Bewegungsdrang ausleben. Genau das stellt die oberste Maxime und Priorität für eine erfolgreiche Therapie dar.

Das Thema Arthtrose wird auf www.canine-locomotioncenter.com weiter durchleuchtet. Es wird zu diesem Thema auch ein Webinar aufgeschaltet, das zur Ursache, Prävention und Therapie weitere Informationen bietet.

KAPITEL 9

Grundlagen des Bewegungs- und Trainingsaufbaus beim Sport-, Arbeits- und Familienhund

Einleitung

Die in diesem Kapitel geführte Diskussion über die Grundlagen des Bewegungs- und Trainingsaufbaus hat gleichermaßen für den Familien- aber auch für den Sport- und Arbeitshund Gültigkeit. Dabei handelt es sich um Wissensgrundlagen, die der Hundebesitzer sich zu diesem Thema aneignen sollte, denn diese stellen nicht nur das Einmaleins der Bewegung und jeglichen Trainingsaufbaus dar, sondern beleuchten zudem Aspekte, die womöglich nicht immer offensichtlich erscheinen.

Der Hund ist nicht nur bester Freund und Begleiter des Menschen, sondern zeichnet sich auch durch seine Lern- und Anpassungsfähigkeit auf den Gebieten von Arbeit und Sport aus. So brilliert er nicht nur im Dienst der Polizei, Feuerwehr und im Katastropheneinsatz, sondern beweist sich in seiner Rolle als Blindenführhund und generell als Assistenzhund. Seine Nase kann auch für Krankheiten, Parasiten und Ungeziefer eingesetzt werden oder zu Militär- und Polizeizwecken für die Suche von Sprengstoff oder Betäubungsmitteln. Als Sporthund kann dies für den Sicherheitsdienst in allen Facetten gelten, als Schlittenhund, für Dogdancing, Agility oder andere Ausdauer- oder Schnell- und Kraftsportarten. Die Vielseitigkeit, Intelligenz und insbesondere die Lernfähigkeit sowie die breite Einsetzbarkeit des Hundes ist offensichtlich. Es gibt praktisch kein anderes Tier, das den Menschen in seiner Arbeits-, Freizeit- und Sportwelt so intensiv begleiten kann. Es macht deshalb Sinn, sich mit dem Hund detaillierter auseinanderzusetzen, wenn es um den Bewegungs- und Trainingsaufbau für Spiel, Sport und Spaß, aber auch um Arbeit geht. Hier muss der Hund als Ganzes betrachtet werden: Skelett, Haut, Herz- und Kreislauf, Energie, Stoffwechsel und Hormone. Aber auch der Hund als Individuum mit Persönlichkeit, Psyche, Umgang, Haltung und Konditionierung ist wichtig zu berücksichtigen. Diese essenziellen Faktoren, die zur langen Erhaltung und Entfaltung des Hundes sowie der Erfüllung seiner Zielsetzung beitragen, sind für einen effizienten und gesunden Aufbau unabdinglich.

Der Trainings-, Bewegungs- und Leistungsaufbau ist zeit- und kostenintensiv. Deshalb sollten der Pflege und Wartung des Hundes Respekt und Beachtung gezollt werden. Dafür bedarf es jedoch genügend Kenntnisse, die Hundehalter und Führer besitzen sollten oder sich zumindest aneignen müssen.

Genetik und Veranlagung des Hundes

Die Rasse, das Fundament und das Skelett sollten bei Themen wie Training, Sport, Arbeit und Freizeit immer genügend Berücksichtigung erfahren. So eignet sich ein Border Collie beispielsweise optimal für eine Arbeit mit Schafen und kann dabei seine Hütefunktion, die genetisch veranlagt ist, nutzen. Im „Mondioring"-Sport ist ein Border Collie hingegen eher fehl am Platz. Auch sollte der Bauplan des Skelettsystems des Hundes ergänzend betrachtet werden. Als Beispiel sei der Deutsche Schäferhund angeführt. Westdeutsch gezogene DSH mit abfallenden Rücken erkranken öfter an der gefürchteten *Cauda-Equina*, also der „Pferdeschweif"-Problematik als ostdeutsch gezogene Schäferhunde mit geradem Rücken.

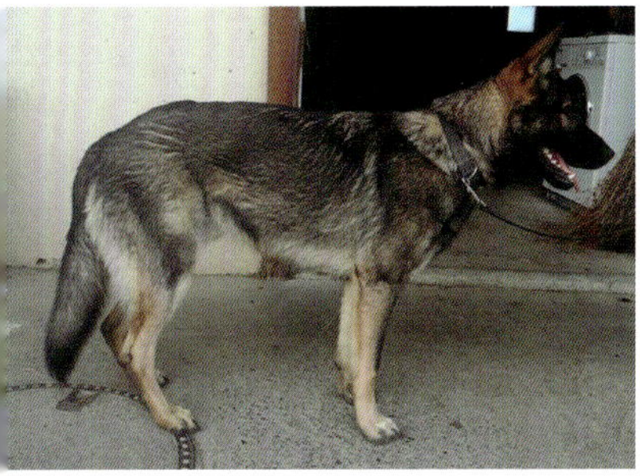

Ostdeutsch gezogener Schäferhund mit geradem Rücken

Westdeutsch gezogener Schäferhund mit abfallendem Rücken

Etwas ambivalent verhält sich dies bei den Assistenzhunden, wie beispielsweise dem Blindenführhund.

Wo früher vor allem der Labrador in diesem Metier zu Hause war, existieren heute Organisationen, die sich darauf spezialisiert haben, auch andere Rassen als den Labrador als Blindenführhund auszubilden. Dies hat sicher auch damit zu tun, dass die Arbeit des Führens und Begleitens allen Hunden zu eigen ist. Je spezifischer jedoch eine Arbeit ist, desto spezifischere Rassen kommen zum Einsatz. Die Idee, einen Jagdhund Treib- oder Hütearbeit für das Schaf praktizieren zu lassen, würde demnach erfolglos bleiben.

Je nach Sportart, Intensität, Rasse und Alter gibt es die typischen Erkrankungen.

Werden die oben erwähnten Beispiele berücksichtigt, erstaunt es kaum, dass beim Schnellsport oder bei der Arbeit mit Schafen nicht selten Bänder und Sehnen erkranken. Als Beispiel sei in diesem Kontext die *Insertionsdesmopathie* des *M. gastrocnemius* (Wadenmuskel) beim Border genannt. Dabei handelt es sich um die Entzündung, Schmerzen sowie Degeneration an der Ansatzstelle des Muskels, die durch schnelle und enge Wendungen, gerade bei der Arbeit mit Schafen, auftreten kann und zumeist eine Folge von Fehl- und Überlastung darstellt. Beim Schutzdienst und Mondioring werden hingegen Skelett und Rücken häufig in Mitleidenschaft gezogen. Diese Erkrankungen kommen oft im mittleren Alter des Hundes vor und zeichnen sich durch eine deutlich längere Regenerations- und Rehabilitationszeit mit kostenintensiver Therapie aus. Oft ist dabei die Rückführung in den Sport alles andere als sicher.

Knochen des Hundes

Der Knochen bildet das Gerüst, das Framework für den Hund und ebenfalls die Hülle für den Körper, für die Organe, aber auch für die Schaltzentrale – das Gehirn des Hundes. Der Bau des Gerüsts ist dementsprechend, bei minimalem Gewicht von maximaler Elastizität. Die Knochen bilden einerseits Umlenkorgane für Sehnen und Bänder, andererseits wirken sie als Hebel für die Entfaltung der Muskelkraft und somit der Fortbewegung. Zudem sind sie wichtig für die Immunologie (Knochenmark) sowie für den Stoffwechsel.

Elastizität des Knochens

Mechanische Eigenschaften des Knochens:

- Organisch, nicht mineralisiert 40%
- Anorganisch, mineralisiert 60%

Somit werden Festigkeit und Elastizität des Knochens beeinflusst.

Die Elastizität des Knochens wird zum einen durch die organische, nicht mineralisierte Matrix und zum anderen durch die anorganische mineralisierte Komponente gebildet, wobei letztere für die Festigkeit und Stabilität des Knochens von Bedeutung ist. Diese ist vor allem dann vorhanden, wenn der Hund das primäre Wachstum abgeschlossen hat. Das heißt, je nach Größe des Hundes, ist es der zehnte, elfte, und bei sehr großen Hunden wie einer Dogge oder einem Leonberger, ca. der dreizehnte Monat. In diesem Sinne kann festgehalten werden, dass primär die organische und nicht mineralisierte Matrix insbesondere beim sehr jungen Hund vorkommt.

Knochenelastizität und Knochenplastizität

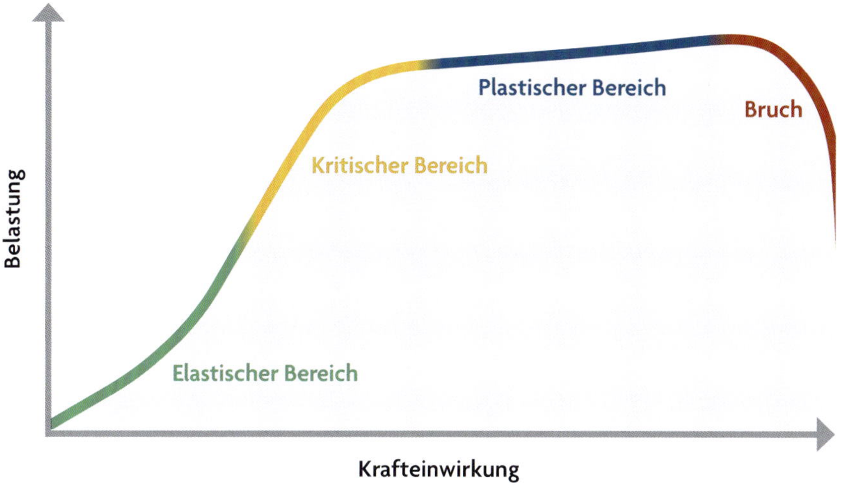

Stellt man sich nun die organische, nicht mineralisierte Matrix des Knochens vor, so sei auf das Röntgenbild des vier bis fünf Wochen alten Welpen verwiesen (siehe S. 160).

Geröntgt wurden in dem Fall das Hüftgelenk und der Oberschenkel, wobei sich die Aufnahme der Knochenstrukturen etwas verschwommen darstellt. Dieser Umstand ist nicht etwa das Resultat einer mangelhaften Aufnahmetechnik, sondern lässt sich damit begründen, dass ein Teil des Knochenstützgewebes knorpelig war. Auf dem Röntgenbild sind die Knorpel in Form von vielen schwarzen Arealen zu erkennen. Diese recht wilde Darstellungsweise ist es wohl auch, die das Gesamtbild so konfus wirken lässt. Allerdings kann dies wiederum als Hinweis darauf gewertet werden, dass der Sachverhalt sich als organisch und nicht mineralisiert erweist.

Demnach ist es wichtig zu wissen, dass sich dieser Prozess bzw. diese organische, nicht mineralisierte Knochensubstanz insbesondere beim Welpen oder Junghund im Verlauf seines Wachstums zwischen der Geburt und dem zehnten, elften oder dreizehnten Lebensmonat mineralisiert und röntgendicht visualisieren lässt. Dies hat zur Konsequenz, dass sowohl der gesamte Prozess der Mineralisation des Knochens als auch seine Elastizität und Festigkeit durch seinen Gebrauch gefördert werden. Hierbei soll an die Arndt-Schulz-Regel (s. S. 38) erinnert und darauf hingewiesen werden, dass die Bewegung zwar fördert und ein vermehrter Trainingseinsatz dem Aufbau zugutekommt, eine Überlastung aber genau das Gegenteil bewirken kann. Dies gilt es besonders beim Aufbau und Training zu berücksichtigen, dessen Fokus auf den Knochen und Ge-

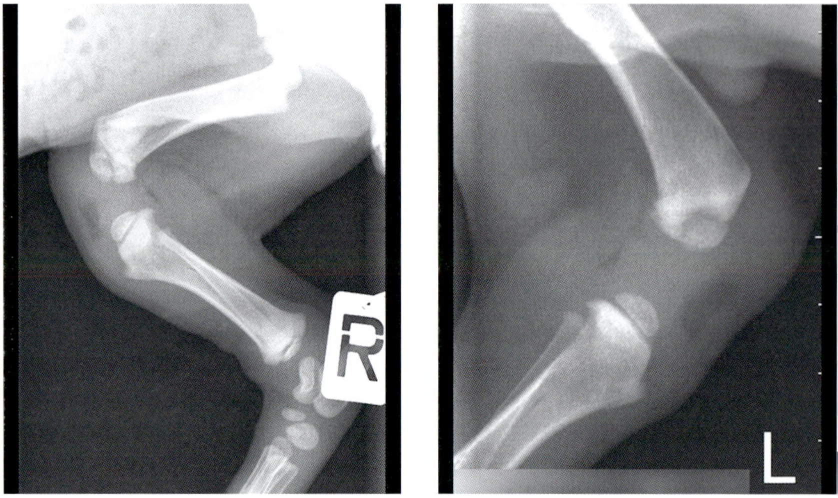

Welpe, 5 Wochen alt, Knie rechts und links in seitlichem Strahlengang, offenes und knorpeliges Gelenk

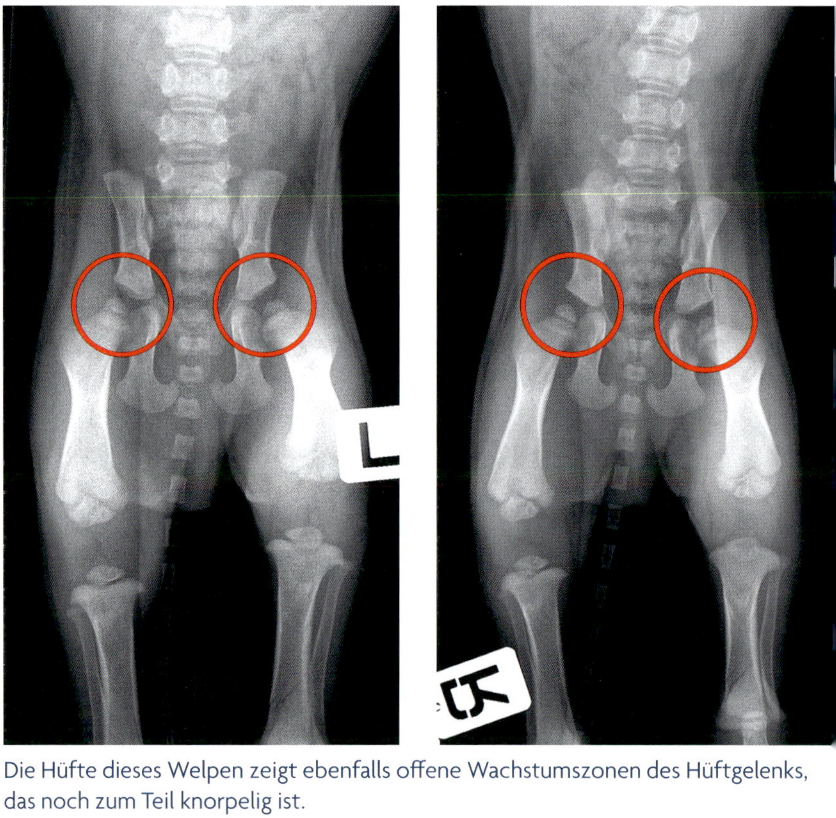

Die Hüfte dieses Welpen zeigt ebenfalls offene Wachstumszonen des Hüftgelenks, das noch zum Teil knorpelig ist.

lenkstrukturen sowie dem Bandapparat liegt. In diesem Kontext ist ferner beim Aufbau des Hundes darauf zu achten, dass der Knochen oder das ganze Skelettsystem beim jungen Hund noch viele organische Bestandteile besitzt, die nicht mineralisiert sind. Dies bedeutet, dass die Elastizität zu hoch, die Bruchtechnik zu groß oder die Festigkeit zu gering ist.

Es ist eine Tatsache, dass junge Hunde vor allem sehr früh ins *Agility*-Training integriert werden. Genau diese Komponente wird dabei oftmals missachtet, weshalb es auch nicht selten vorkommt, dass Hunde im Alter von neun bis zehn Monaten bereits sehr viel Training hinter sich haben und einen Parcours laufen können. In solchen Fällen verwundert es also wenig, dass diese Hunde schon diverse skelettale Veränderungen im Knochen oder in den Gelenken aufweisen.

Die folgende Grafik stellt im Detail den Prozess der Knochenentwicklung dar. Eine zentrale Rolle nehmen dabei zum einen die sogenannten *Osteoblasten* ein, bei denen es sich um knochenbildende Zellen handelt; auf der anderen Seite finden sich die *Osteoklasten*, unter welchen die Zellen zu verstehen sind, die für den Knochenabbau verantwortlich sind. Für den vorliegenden Kontext liegt es nahe, sich vorwiegend auf die Osteoblasten zu konzentrieren, da diese ca. ab dem sechsten Lebensmonat für den Aufbau und die Stabilisierung der Knochen beim Junghund zuständig sind und dafür sorgen, dass diese sich der zukünftigen Arbeits- und Sportleistung anpassen können. Die *Osteozyten* sind im Grunde reife Knochenzellen. Unten ist deutlich zu erkennen, dass ein Gleichgewicht zwischen Belastung und Überforderung herrschen sollte. Die Notwendigkeit dieses Zustands wurde bereits hinsichtlich der Ruhe aufgezeigt, wobei dieses Gleichgewicht wiederum mit Hilfe der Arndt-Schulz-Regel aufgebaut werden sollte. Osteoklasten in einem nicht physiologischen Bereich können auftreten, wenn der betroffene Hund übermäßig im Aufbau belastet wird. Vor allem im Wachstum gilt dies bei Sportarten wie etwa Schlittenzug oder Schutzdienst. Ferner sind diese Osteoklasten im pathologischen bei tumorösen Veränderungen an vorderster Front vorhanden.

Osteoblasten – Osteozyten – Osteoklasten

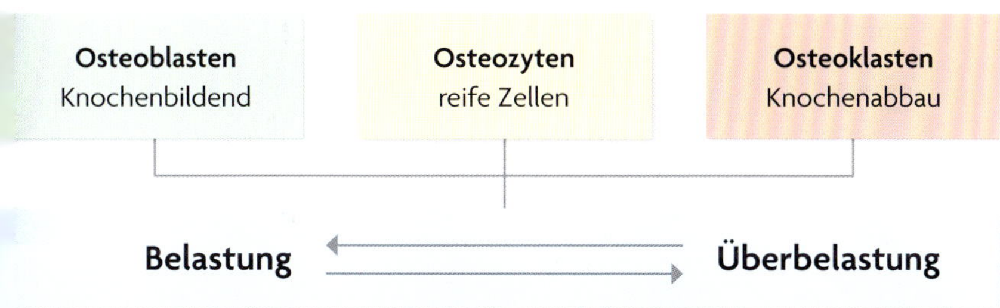

Das Ziel des Knochentrainings ist die Verminderung von Belastungsschäden von Knochen und Knorpel beim Arbeits-, Sport- und Familienhund. Hierbei erweist sich das Knochenstruktur-Training als vielversprechend, mit dessen Hilfe die strukturelle und funktionelle Anpassung des Knochens an eine höhere, hohe oder die höchstmögliche Belastung im Alltag beim normalen Laufen als auch beim Sport gefördert wird. Als Beispiel kann hierbei der Schutzdienst bzw. das *Mondioring* genannt werden, dessen Disziplinen mit ihren Druck- und Zugkräften dem Hund ein hohes Maß an physischer Anstrengung abverlangen. Insbesondere das steile Besteigen einer Wand mit anschließendem Abspringen auf der gegenüberliegenden Seite erfordert viel Kraftaufwand und verlangt dem Skelettsystem des Hundes einiges ab. Dieses Training und diese Anpassungsfähigkeit lassen sich in das Thema der Biologie der Orthopädie einordnen. Diese Anpassungsfähigkeit des Gelenkknochens zieht sich über Monate und Jahre hin und ist stark altersabhängig. Das heißt, beim Welpen und Junghund erfolgt die Anpassung sehr schnell und sehr gut; im sekundären Wachstum – also in der Zeit ab dem zwölften Lebensmonat bis etwa zweieinhalb Jahre – passt sich der Hund ebenfalls noch an, während bei älteren Tieren die Anpassung weniger stark vonstattengeht. An dieser Stelle sei auch an die Stabilität des Knochens und seinen Aufbau erinnert. Dies ist vor allem beim Oberschenkel sehr wichtig, bzw. dem dreieckförmigen Aufbau des Knochens, der die Festigkeit des Knochens und die Widerstandsfähigkeit gegenüber Zug- und Druckkräften im Hüftgelenk bedingt. Das Hüftgelenk selbst ist indes eines der wichtigsten, wenn nicht das wichtigste für die Ausführung der Bewegung verantwortlichen Gelenke. Der Umstand, dass es mit fortschreitendem Hundealter an Sprödigkeit zunimmt, ist auch für den Menschen ein bekanntes Problem: wie etwa die Gefahr eines Oberschenkelhalsbruches als Folge von unglücklichen Stürzen oder die Erkrankung an Osteoporose aufgrund der altersbedingten hormonellen Umstellung des weiblichen Körpers. Es ist also grundsätzlich notwendig, diesen Aufbau bei der Bewegung des Hundes – insbesondere hinsichtlich der Art und Weise der Belastung des wachsenden Hundes – zu beachten. Dabei bedarf es in erster Linie kürzerer, gleichmäßiger und harmonischer Bewegungen, die einen optimalen Aufbau der Knochen und der Elastizität ihres Gewebes bedingen. Zu schnelle Bewegungen und abrupte, enge Wendungen hingegen führen zu Druck- und Zugkräften auf dem Knochen, die wiederum die Elastizität immer wieder überfordern. In diesem Sinne lässt sich noch einmal die Grafik mit dem plastischen Bereich des Knochens heranziehen. Temporeich genommene enge Kurven oder wildes Toben lassen den Hund in einen grenzwertigen Belastungsbereich schlittern, der pathologische Einflüsse generiert, die sich wiederum negativ auf das Wachstum oder auch grundsätzlich auf die Elastizität des Knochens auswirken. Ebendiese Situation sollte im Trainingsaufbau des Hundes mit einkalkuliert werden. Das heißt, bei der

Bewegung, dem Training und dem Abverlangen von Leistung muss die Komponente des Knochenwachstums unbedingt berücksichtigt und diesem Prozess angepasst werden. Dies lässt sich besonders deutlich in der Grafik erkennen, in der genau dieses Training dokumentiert ist.

Trainingsaufbau

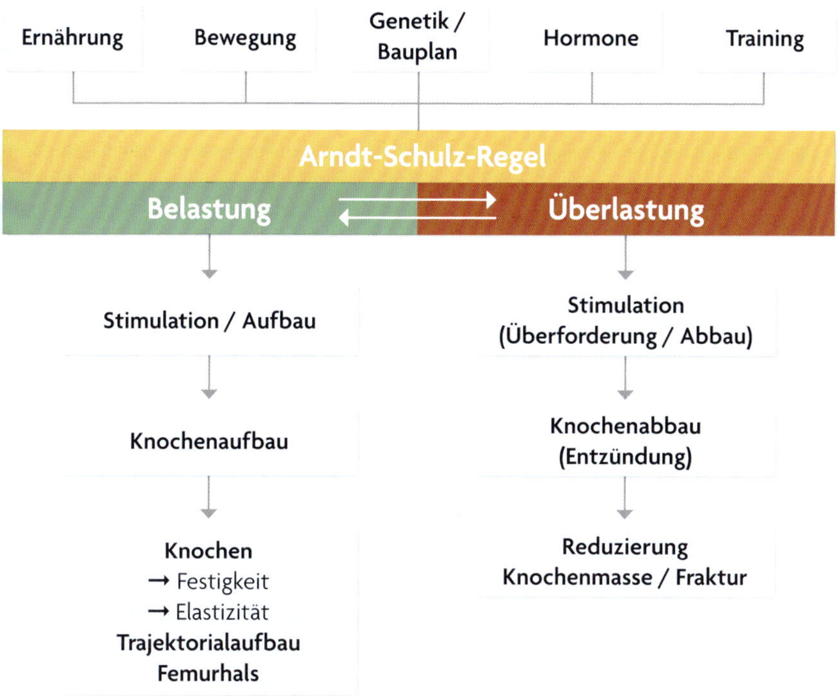

Beim Betrachten der Elastizität des Knochens, des Trainingsaufbaus und der Biologie der Orthopädie mit der Anpassungsmöglichkeit des Knochens auf die Belastung muss die Pathologie der *Panostitis* erwähnt werden. Bei der Panostitis handelt es sich um nichts anderes als eine Knochenhautentzündung. Radiologisch fällt sie durch ein Wolkenmuster auf, während der Hund ihr Vorhandensein als einen schmerzenden Knochen erlebt. Dies lässt sich mit dem jungen Menschen – vor allem männlichen Jugendlichen – vergleichen, die diese Symptomatologie meistens während des Wachstums der Röhrenknochen zeigen und gerade nachts in der Ruhephase unter den auftretenden Schmerzen leiden. Der Hund erfährt diese Schmerzhaftigkeit infolge einer vermehrten Belastung wie etwa schnellen und engen Wendungen, viel Sprint und Stop-and-Gos. Die Erkrankung nimmt ihren Anfang meistens im jugendlichen Alter von sechs/

sieben Monaten und kann unglücklicherweise oft und über einen langen Zeitraum hinweg wiederkehren.

Dieses durch die Panostitis ausgelöste Leiden wird als intermittierende Lahmheit und Entlastungshaltung bezeichnet und tritt bis zum Abschluss des sekundären Wachstums auf, kann also gut und gerne bis zum Alter von 2 ½ Jahren auftreten. Zusätzlich können nebst den Knochenschmerzen auch Weichteilschmerzen von Muskeln und Bänder auftreten, die diesen Prozess der Panostitis untermauern können. Dies ist einerseits darauf zurückzuführen, dass die Druck-Zug-Achse nicht adäquat ist, andererseits aber, dass dadurch – wenn diese Panostitis einmal vorhanden und angelegt ist – die Anpassungsfähigkeit des Knochens überlastet wird. Durch eine Überlastung und Überforderung des Knochens im Wachstum dauert eine Ausheilung sehr lange, weshalb also die beste Prophylaxe einer Panostitis darin liegt, das Knochenwachstum nicht zu überfordern, eine konstante Belastung einzuhalten und vor allem auf eine nicht zu energiereiche Ernährung zu achten. Bei der konstanten Belastung sollte der einzelne Spaziergang nicht über 45 Minuten dauern, dafür aber 2 – 3 Mal pro Tag. Nach 3 – 4 Wochen sollten die akuten Schmerz- und Entzündungsprozess sich deutlich verbessern, was zur Folge hat, dass die Belastung dann wieder auf 60 Minuten ausgebaut werden kann.

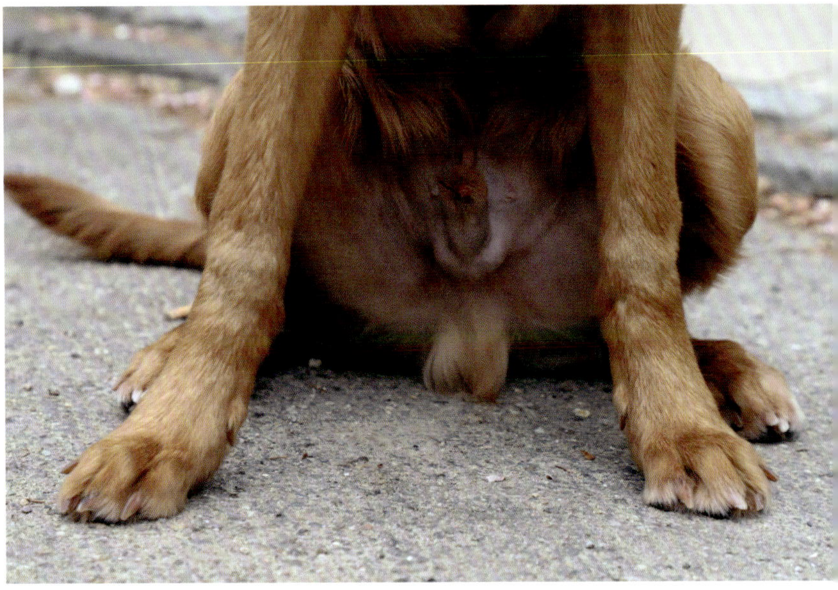

Dieser Hund benagt seine Vorderfußwurzelgelenke auf Grund von Entzündung und Schmerzen. Man beachte die haarlosen Stellen.

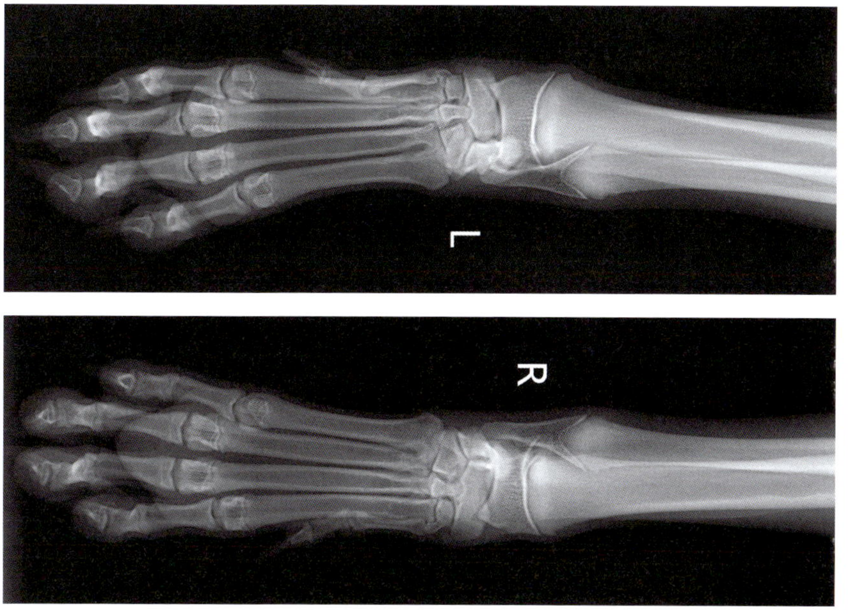

Röntgenbilder des Hundes von der Vorseite: Deutliche Entzündungen in den Wachstumsfugen verursachen Wachstumsschmerzen.

Die Gelenke des Hundes

Gelenke sind der Bereich, in dem sich zwei Knochen aufeinandertreffen und durch Knorpel, eine Gelenkkapsel und Synoviaflüssigkeit miteinander verbunden sind. Je nach Funktion des Gelenks ist dieses so ausgebildet, dass Bewegung, Bewegungsrichtung sowie Begrenzung und Stabilität verliehen werden. Gleichzeitig bestimmen Größe sowie Lage und Winkelung des Gelenks die Korrektheit und Mechanik des Ganges bzw. der Bewegung.

Beim Tier existieren verschiedene Gelenktypen. Diese sind praktisch bei allen Spezies identisch. Hier seien vor allem drei klinisch relevante Gelenke erwähnt:

1) Kugelgelenk – Hüftgelenk

2) Scharniergelenk – Ellbogengelenk (straffes Gelenk)

3) Spiralgelenk – Kniekehlgelenk (inkongruent, deshalb gibt es Menisken)

Gelenkknorpel sind elastisch und puffern Druckbelastungen im Gelenk ab. Der Knorpel besteht zu siebzig Prozent aus Wasser, während ein Prozent Zellen sind. Der Knorpel stellt die Ausgangssubstanz des Knochens dar und ist somit organisch und nicht mineralisiert. *Nota bene*: Radiologie Becken des vier Wochen alten Welpen.

Mit zunehmendem Alter und Wachstum wird dieser Knorpel mineralisiert und führt zur Verknöcherung. An den Enden des Knochens bleibt jedoch eine dünne Knorpelschicht erhalten, die wenige Millimeter dick und vor allem gefäßlos ist. Somit entsteht der Gelenkknorpel, wobei zusätzlich die Bildung der Gelenkkapsel und Synovialflüssigkeit erfolgt. Neben der Bewegung der Knochen und somit Übertragung von Bewegung besitzt der Knorpel ebenfalls eine Pufferfunktion gegen eine auftretende Druckbelastung auf den Knochen. Diese Funktion ist wichtig für den Bewegungs- und Trainingsaufbau des Hundes. Wird die Druck-Zug-Achse überlastet und vermehrt gestresst, so kann dies durch die erhöhte biomechanische Belastung zur Zerstörung und Erkrankung des Knorpels führen. Als wichtigstes Beispiel ist die OCD *(Osteochondrosis dissecans)* beim Hund zu nennen. Die OCD kann praktisch alle Gelenke betreffen, vor allem jedoch Schulter, Knie und Ellbogen. Ferner kann sie jedoch auch in der Wirbelsäule beim Kreuzbein vorkommen.

Aus der oben erwähnten Tatsache lässt sich folgern, dass der Knorpel, letztendlich wie der Knochen oder sämtliche Skelettstrukturen des Hundes, der Bewegung angepasst werden kann. Somit stehen hier wiederum die Arndt-Schulz-Regel sowie die Biologie der Orthopädie und folglich die Anpassungsfähigkeit im Vordergrund. Durch einen gezielten, kontrollierten Aufbau der Bewegung und des Trainings können der Knorpel und die Knorpelschicht (Dicke) gesteigert werden. Das Ausbleiben von Bewegung, Ruhe oder im Kontrast dazu übermäßige, überfordernde Trainings sowie unkontrollierte Bewegung wie etwa Toben, Sprünge, schnelle, enge Wendungen und Bodychecks können die Gelenke überstrapazieren. Die Druck-Zug-Achse und die Belastbarkeit der Gelenke werden ausgehebelt und es können, wie beim Knochen, Risse und Mikrotraumen entstehen, was wiederum die Entstehung der Grundlage einer OCD fördert. Wird andererseits durch die Ernährung eine zu hohe Energiezufuhr begünstigt, wird das Wachstum angekurbelt, sodass in der Folge der Reifungsprozess des Knorpels sowie die Anpassungsfähigkeit an die vermehrte Druck-Zug-Achse durch das Körpergewicht des Hundes den Rahmen der Anpassungsfähigkeit und Belastbarkeit sprengt. Ein beschädigter Knorpel hat nur eine limitierte Regenerations- und Heilungsmöglichkeit. Für abbauende Reaktionen, die durch dauerhafte oder wiederholte Überlastungen hervorgerufen werden können, sind Quetschungen, Mikrorisse, Durchblutungsstörungen, Knorpeldickeverluste, Nekrosen und Atrophien des Knorpels typisch. Es ist auch möglich, dass Knorpelfragmente, sogenannte Chips, aus der Gelenkfläche abgelöst werden. Diese existieren dann als „Gelenkmäuse" und manifestieren sich physisch in Form eines Hinkens.

Aus diesem Grund ist es notwendig, die kontrollierte Bewegung und das überwachte Spiel des Welpen und Junghundes zu berücksichtigen. Unglücklicherweise wird diese Ermahnung von sehr vielen Hundebesitzern mit der Begründung ignoriert, ihrem Hund das freie Spielen erlauben zu wollen. Grundsätzlich kann der Einwand nachvollzogen werden, allerdings darf die Tatsache nicht außer Acht gelassen werden, dass der Wachstumsprozess den Gesetzmäßigkeiten der Physik sowie den Grundsätzen der Biologie der Orthopädie folgt. Letztendlich ist es also die Aufgabe von Tierärzten, den Hund vor Schmerzen und die Besitzer vor kostspieligen Eingriffen zu bewahren. Dennoch kommt es oft vor, dass Betroffene diese Warnung mit Unverständnis quittieren oder dem Überbringer das Attribut der Spaßbremse oder des Schwarzmalers zusprechen.

Die Synovialflüssigkeit (Synovia oder Gelenkschmiere genannt) ist eine fadenziehende, visköse und klare Körperflüssigkeit im Gelenk. Die Synovia wird aus der Innenschicht der Gelenkkapsel in Abhängigkeit der Belastung gebildet und erzeugt einen Gleitfilm auf dem Gelenkknorpel. Dabei spielen Hyaluronsäure sowie die belastungsabhängige Zusammensetzung der Synovialflüssigkeit eine wichtige Rolle. Die Aufgaben der Synovia lassen sich wie folgt zusammenfassen:

- Ernährung des Gelenkknorpels
- Schmierung der Gleitflächen
- Stoßdämpfung im Gelenk

Eine übermäßige Belastung führt zur Gelenkgalle, die durch eine massive Aussackung der Gelenkkapsel auffällt. Der Flüssigkeitsaustausch und damit die Ernährung des Knorpels werden durch wechselnde Be- und Entlastung der Bewegung aufrechterhalten. Der Druck im Gelenk wird durch aktive Pumpmechanismen bewahrt und sichert zudem den Ausgleich zwischen dem Bereich von höheren und tieferen Belastungen. Auf diesem Wege wird auch garantiert, dass der Knorpel ernährt, aber auch die Pufferung der Belastung gesichert und somit der Schutz des Knorpels gewährleistet wird. Für diesen Mechanismus ist es wichtig, die richtige Aufwärmphase einzuhalten und somit die korrekte Vorbereitung auf die Bewegung zu beachten. Auch für den Menschen, der sich sportlich betätigt, stellt dies ein absolutes Muss dar: so bedarf es einleitend einer Aufwärmphase, korrespondierenden Dehnübungen und dem „Cool Down" im Anschluss an das erfolgte Training. Eine zu lange Ruhephase oder Überlastung führen zu einer Ernährungsstörung des Knorpels und resultieren damit in seiner Schädigung. Bei Sport- und/oder Verletzungen in der Bewegung, entzündlichen Prozessen oder auch Verschleißvorgängen und Degenerationen am Gelenk reagiert der Körper mit einer vermehr-

FFI:
Form-Funktions-Isometrie entspricht einem Normalzustand, Symmetrie

FFA:
Form-Funktions-Asymmetrie, Asymmetrie als Beispiel Hund mit Übergangswirbel, kann zu eienr Fehlstellung zwischen Becken und Wirbelsäule führen und daurch zu Entzündung und Schmerzen sowie zu einem veränderten Gangbild

ten Produktion von Gelenkschmiere, andererseits wird der Prozess der Druckabpufferung gestört. Durch die vermehrte Produktion an Synovia kann sich auch die Zusammensetzung ändern und je nach Schweregrad der Verletzung am Gelenk kann zusätzlich Blut der Synovia beigemischt werden. Das Blut kann zudem einen aggressiven Prozess am Gelenk und Knorpel in Gang setzen. An dieser Stelle ist daran zu erinnern, dass die Schmierflüssigkeit Synovia auch bei der Sehne und beim Schleimbeutel der Sehne vorkommt.

Der Knorpel reagiert beim Trainings- und Bewegungsablauf auf die vermehrte Belastung mit einer verstärkten Produktion von Synovia. Allerdings entwickelt der Knorpel bei übermäßiger Bewegung Mikro- oder Makro-Läsionen im Knorpel. Um eine harmonische Entwicklung der Gelenke zu ermöglichen, sollte diese Sensibilität des Knorpels beachtet und die kontrollierte Bewegung bereits beim Welpen begonnen werden, um keine zu rasche Degeneration durch Mikro- und Makro-Verletzungen am und um die Gelenke zu provozieren und damit die Einleitung der Arthrose zu ermöglichen.

Die Synovia

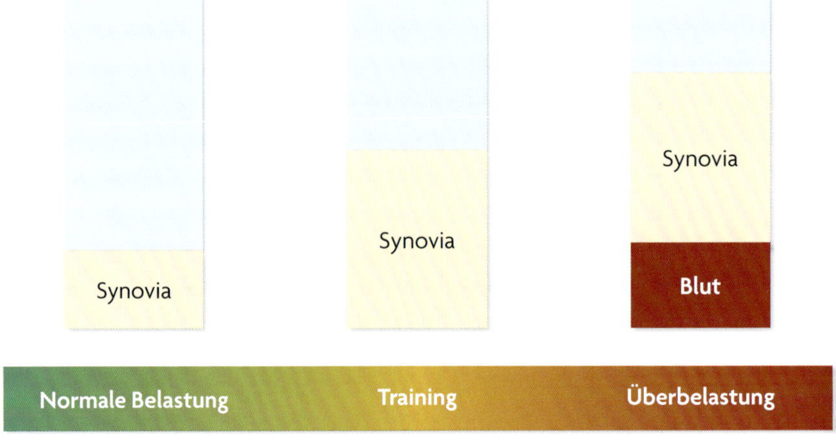

Ein weiterer Einflussfaktor auf die Gesundheit des Knorpels ist die *FFI–FFA-Komponente*. Je nach Einwirkung von isometrischer oder asymmetrischer Statik und Dynamik kann sich der Knorpel entweder gesund entwickeln oder sehr früh durch die veränderten Druck-Zug-Kräfte in Mitleidenschaft gezogen werden. Die Pufferung des Gelenkknorpels, die Ernährung wie auch der gesamte Druckausgleich im Knorpel werden gestört, wodurch es zur Entstehung eines Defekts im Gelenk kommen kann.

In diesem Kontext ist zu erwähnen, dass sämtliche sensiblen Prozesse im Hinblick auf den Knorpel ebenfalls bei der Sehne und auch bei der Muskulatur ihre Gültigkeit für den Aufbau und das Training haben. Die Regenerations- und Reparaturfähigkeit sowie die Konsequenzen nach Verletzungen ändern sich. Selbstverständlich fällt die Regenerationszeit bei den verschiedenen Geweben wie Knorpel, Sehne und Muskulatur sehr unterschiedlich aus.

Dabei erweisen sich vor allem zwei Aspekte als wichtig.

So ist es sinnvoll, neben dem breiten Spektrum an Erkenntnissen und Informationen, die bezüglich des Gelenks und der Synovialflüssigkeit mit Pufferung aufgeführt wurden, das Thema der Hüftgelenksdysplasie nochmals komprimiert zu erörtern.

Wie bereits dargestellt, kann ein Gelenk im Aufbautraining unterstützt werden. Dabei kann ein gezieltes Training der Ausbildung des gesamten Pufferungsmechanismus dienen. Im Zusammenhang mit der Hüftgelenksdysplasie ist es notwendig, mittels einer kontrollierten Bewegung des Welpen genau diese Gelenkkomponente aufzubauen. Neben der genetischen Komponente, die den Bauplan vorgibt, ist ferner das Thema der Form-Funktions-Veränderung von Bedeutung. Wie sich etwa der Oberschenkelkopf in das Hüftgelenk, also in die Pfanne, hineindrückt, hat Einfluss auf die Ausbildung des Gelenks sowie der Überdachung und des Gelenkkopfes. Des weiteren ist zu beachten, dass Ruhe weder ein Gelenk noch einen Gelenkknorpel ausbildet. Somit entbehrt die These, dass das Einsperren des Hundes in einen engen Käfig eine vorbeugende Maßnahme gegen „falsche" oder zu viel Bewegung und damit gegen die Entstehung einer Hüftdysplasie darstellt, jeglicher logischen Konsequenz zum Aufbau eines Gelenks.

Zur Abrundung dieses Kapitels sollen nachfolgend eine Handvoll Fallbeispiele aus der Praxis aufgezeigt werden. In diesem Kontext haben wir eine wissenschaftliche Studie mit Fokus auf der Hüftgelenksdysplasie durchgeführt. In Anbetracht der Tatsache, dass dabei die ROM (Range of Motion) einen wichtigen Aspekt darstellt, ist es uns gelungen, in einer anderen wissenschaftlichen Arbeit den Algorithmus für die ROM neu zu definieren. Dabei haben wir mit der Vorgehensweise, die ROM in einer Ebene zu berechnen, gebrochen, sodass der neue Algorithmus nun eine realitätsnahe Bewegung im 3-D-Raum abbildet. Wir hoffen, dass diese Entwicklung zu einer deutlichen Verbesserung der Diagnosefähigkeit beiträgt.

Dissekat: Andere Bezeichnung für Gelenkmaus, frei bewegliche Struktur aus Knorpel oder Knochen innerhalb eines Gelenks

Läsion in der rechten Schulter bei einer Boxerhündin

Eine nähere Beschäftigung mit der Thematik der OCD führt zu der Feststellung, dass der genetische Anteil dabei nur eine geringfügige Rolle spielt.

So fällt am Beispiel der kleinen Boxerhündin auf, wie sehr sie sich durch Aktivität, Lebenslust und vor allem Unbeständigkeit auszeichnet, die sich entsprechend in ihrem Bewegungsmuster manifestiert. Der Umstand, dass bei dieser frohwüchsigen Boxerrasse in Kombination mit dem starken Bewegungstrieb des Tieres die Kraftwerkvektoren und somit auch die Problematik der Form-Funktions-Veränderungen nicht nach Lehrbuch verlaufen, ist dabei eindeutig die Folge dieser überschwänglichen Lebensfreude, deren Resultat sich physisch in der rechten Schulter bemerkbar macht. Dabei handelt es sich um eine OCD, also einen Einriss, jedoch ohne den Hinweis auf ein *Dissekat*. Das heißt, dass kein Knorpelfragment ausgerissen ist und eine ganz klare Läsion des Knorpels, ein Einreißen, infolge der Bewegungssituation und Form-Funktions-Veränderung stattgefunden hat. In diesem Kontext lässt sich die Arndt-Schulz-Regel erwähnen, die im Fall der Boxerhündin und ihrer Hyperaktivität überbordet wurde und zwangsläufig zu einer Fehlbelastung und schließlich Überlastung führte und im Einreißen des Knorpels resultierte. Allerdings ist deutlich zu erkennen, dass sechs Wochen nach einer Behandlung und unter Einhaltung dieser biologischen Maßnahmen die Läsion eine Tendenz zum Abheilen zeigt. Zudem konnte festgestellt werden, dass die Hündin im genannten Zeitraum lahmfrei laufen konnte und damit gute Chancen auf ein Ausheilen ohne einen chirurgischen Eingriff demonstrierte.

OCD in der linken Schulter sowie Panostitis bei einem Golden Doodle

Der Hund in diesem Beispielfall ist mittlerweile knapp zwei Jahre alt. Er wurde bei mir im Alter von gut neunzehn Monaten vorgestellt, nachdem er bereits als Junghund immer wieder unter Lahmheit litt und nach mehrmaligen Tierarztbesuchen mit einer Zehenfraktur diagnostiziert wurde. Diese lag jedoch gar nicht vor, stattdessen handelte es sich um eine Überlagerung. Als die Beschwerden des Hundes nicht abnahmen, wurde der Hund in meine Praxis gebracht, wo das Vorhandensein einer Osteochondrosis dissecans festgestellt wurde. Ein anschließendes CT hat diese Annahme bestätigt und offengelegt, dass es sich um eine OCD mit massiven Veränderungen handelte, wie im nachfolgenden Ausschnitt der CT-Aufnahme zu erkennen ist. Zusätzlich wurde eine Panostitis – also eine Knochenhautentzündung – identifiziert. Beim Golden Doodle handelt es sich um die genetische Kombination aus Golden Retriever und Pudel, was also dazu führt, dass es sich bei unserem Patienten naturgemäß um einen sehr bewegungsfreudigen und hyperaktiven Hund handelt. Gerade diese Bewegungsfreudigkeit, das Herumhüpfen, Rennen und Einknicken sowie die daraus resultierenden Unfälle, die Stürze und Bodychecks haben dazu geführt, dass der Hund auf der linken Seite eine OCD und Panostitis entwickelt hat. Die OCD wurde operativ behandelt und die Verheilung ist optimal verlaufen, sodass sich auch einige Monate später bei einem Kontrollröntgen die Schulter als normal präsentiert hat. Allerdings hat der Hund dennoch immer wieder mit einer Lahmheit beim Laufen sowie Schmerzattacken zu kämpfen gehabt. Ursächlich für diese Probleme war die Panostitis (Knochenhautentzündung) gewesen. In diesem Fall haben wir den Patienten mit einer Substanz behandelt, die hauptsächlich bei Osteoarthritis Verwendung findet. Zusätzlich haben wir sein Bewegungsschema angepasst und damit erreicht, dass der Hund seither wieder normal läuft. Anhand dieses Beispiels soll aufgezeigt werden, dass in diesem Fall, wie auch bei der Hüftgelenksdysplasie, ein Zusammenhang mit der Bewegung, Ernährung, der Wachstums- und Ernährungsintensität etc. hergestellt werden kann. Gerade bei Hunden mit überbrodelnder Aktivität und von kleiner bis mittlerer Größe treten diese Junghundeerkrankungen oft in Kombination auf – wie also in diesem Beispiel eine OCD in der linken Schulter gepaart mit einer Panostitis.

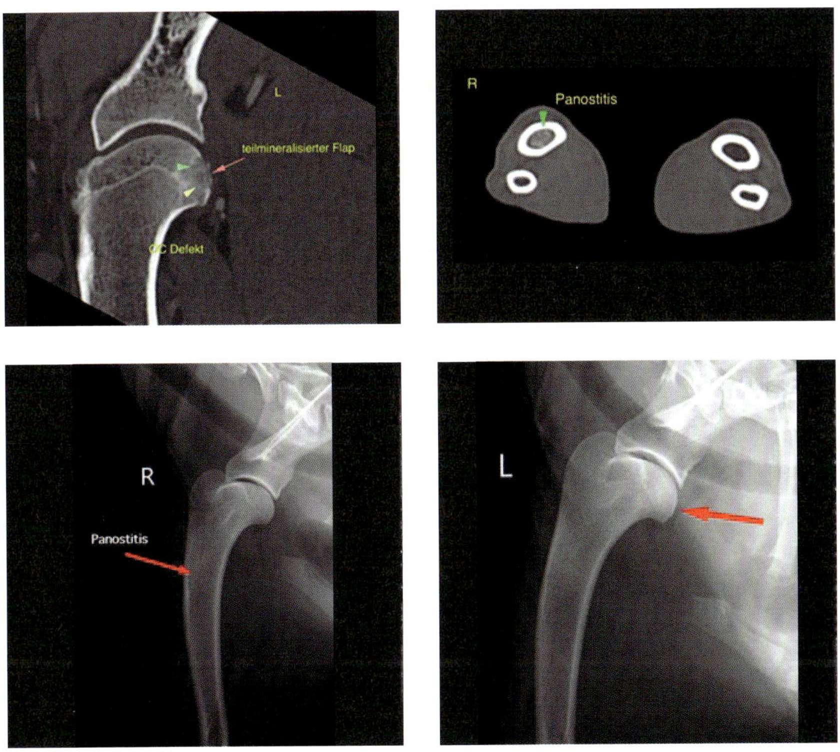

Links oben:
CT-Bilder der Schulter mit OCD sowie Mineralisation des Gelenks

Rechts oben:
Das CT-Bild zeigt knöcherne Veränderungen im Zusammenhang mit der Panostitis, siehe auch Röntgenbilder unten.

Links unten:
Schulter rechts, Panostitis (Knochenhautentzündung)

Rechts unten:
Schulter links OCD, siehe oben CT Bild

Deutscher Schäferhund mit rezidivierender Lahmheit

VIDEO

OCD und Panostitis bei einem Deutschen Schäferhund

Der Hund in diesem Beispielfall ist mittlerweile zwei Jahre alt. Er wurde bei mir im Alter von knapp sechs Monaten vorgestellt.

Bei diesem Patienten handelt es sich um einen Deutschen Schäferhund, der im Alter von zweiundzwanzig Wochen aufgrund einer vorne rechts vorhandenen rezidivierenden Lahmheit bei mir vorgestellt wurde. Das Leiden, das zuvor irrtümlicherweise als sogenannte Wachstumsstörung diagnostiziert worden war, hat keine Besserung gezeigt. Im Verlauf einer von uns durchgeführten Untersuchung wurde klar, dass eine Rückbildung in der Muskulatur der Schulter (rechts), des Supraspinatus und Infraspinatus bestand. Zusätzlich waren die Streckung und die Biegung sowie die Innen- und Außenrotation funktionell verendet.

Das Buggelenk war angefüllt, etwas schmerzempfindlich bei der Palpation und die Stellung der Schulter zeigte eine klare Verlagerung nach vorne *(axiale Translation)*.

Die Ursache für dieses Leiden konnte darauf zurückgeführt werden, dass der Hund im Alter von elf Wochen von einer zwei Meter hohen Mauer gesprungen oder gefallen war. Im Anschluss darauf ging er einige Tage lahm und obschon die Lahmheit und das Hinken allmählich abnahmen, kam letzteres Leiden je nach Belastung immer wieder zurück. Der von uns erstellte radiologische Befund legte das Vorhandensein einer *Avulsionsfraktur* offen, einer sogenannten *tuber supraglenoidale*-Abrissstelle. Nach der Diagnostik und der durchgeführten Behandlung konnten diese anatomischen Veränderungen abheilen, sodass drei Monate später die radiologische Kontrollaufnahme nur noch die Vernarbung erkennen ließ. Dieser Umstand demonstriert, dass eine Wiederherstellung dieser Form-Funktion bzw. die gleichmäßige Anpassung der Bewegung des Hundes in der Statik und Dynamik dazu führt, dass das Problem solcher jugendlichen Erkrankungen relativ gut ausheilen kann. Somit können die Anpassungsfähigkeit und die Biologie der Orthopädie bei jungen Hunden mit ähnlichen Beschwerden vielversprechende und nutzbringende Anwendung finden.

? Avulsionsfraktur: Abrissfraktur, bei der ein Knochenfragment durch den starken Zug einer am Knochen verankerten Sehne aus dem Knochen herausgerissen wird.

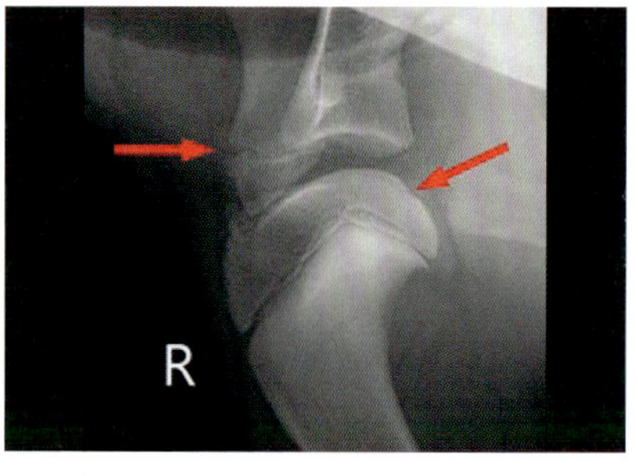

Schulter rechts mit Frakturlinie (oberer Pfeil) und OCD-Läsion (unterer Pfeil).

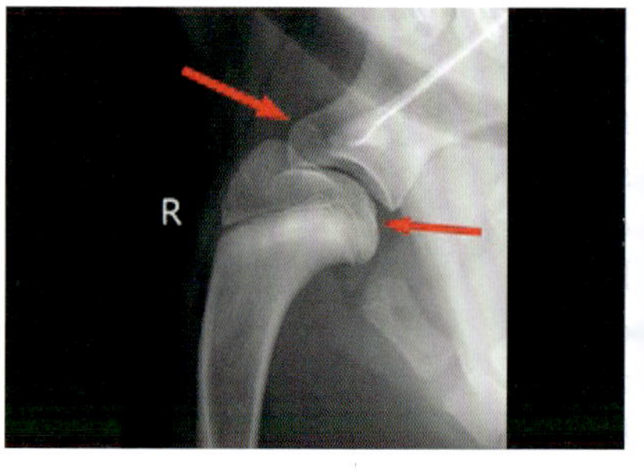

Acht Wochen später ist die Frakturlinie praktisch verheilt.

Patho-Physiologie / Entstehung der OCD

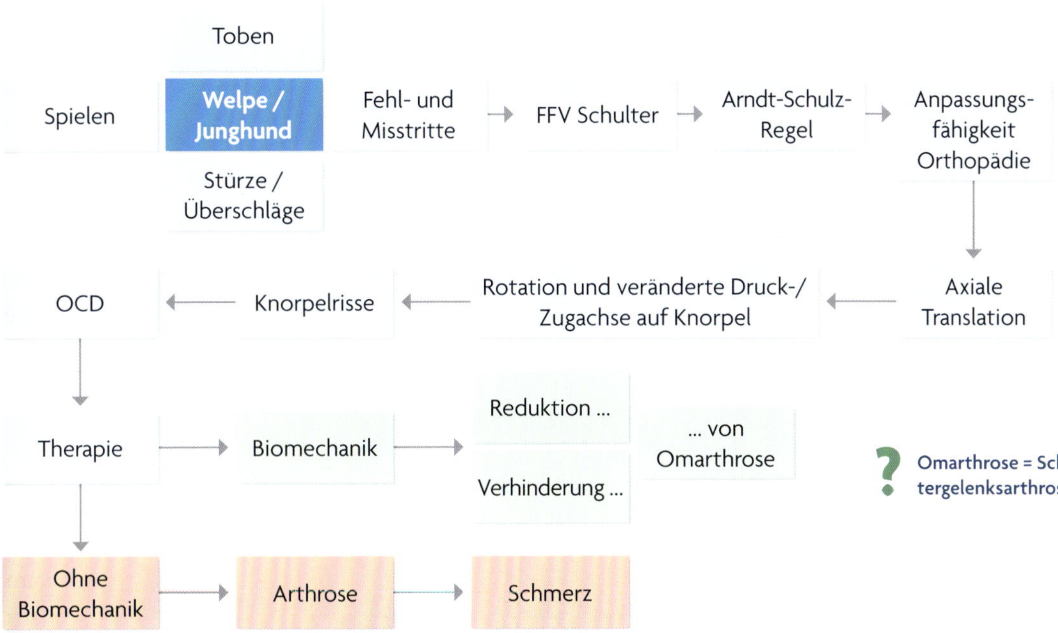

? **Omarthrose = Schultergelenksarthrose**

Nun wurde bereits einige Male die OCD thematisiert. In der oben abgebildeten Grafik ist die Patho-Physiologie und somit die Ursache der Entstehung der OCD dargestellt.

Die OCD besitzt zwar einen genetischen Hintergrund, allerdings ist dieser meines Erachtens nach nur drittrangig. Von größerer Bedeutung für die Entstehung der OCD erweisen sich die veränderte Biomechanik der Gliedmaße, die Druck-Zug-Achse auf oder am Gelenk sowie die Intensität der Ernährung und damit auch die Wachstumsgeschwindigkeit. Letzterer Punkt ist nicht mit der Größe des Hundes gleichzusetzen, da diese genetisch bestimmt ist. Das Erreichen der Endgröße ist daher abhängig von der Intensität der Ernährung wie auch von der Fähigkeit der Stabilisierung der Gelenke, Knorpel und Sehnen/Bänder. Mit diesen Informationen bezüglich des Wachstums, der Bewegung und Ernährung sollte für den Hundehalter nun offensichtlich sein, dass in dieser Phase das Wachstum, die Bewegung und die Sozialisierung eine essenzielle Rolle spielen. Gleichsam ist aber darauf zu achten, dass zu jedem Zeitpunkt die Grenzen der Natur und der Physik eingehalten werden. Es existieren zweifellos viele Momente im Leben des Hundes, die sich nicht kontrollieren lassen; über diejenigen Augenblicke und Situationen jedoch, die zu steuern wir als Hundebesitzer die Möglichkeit haben, sollte zur Erhaltung der Gesundheit des Tieres Kontrolle ausgeübt werden.

Sehnen und Bänder beim Hund

Sehnen verbinden Muskulatur und Knochen (Achilles- oder Bizepssehne beim Hund), während Bänder Verbindungen von Knochen mit Knochen (Zehengelenke) darstellen. Bei den Sehnen wird zwischen denjenigen unterschieden, die sich als wichtig für die Übertragung von Energie, also in der Bewegung, erweisen und Sehnen (Achillessehne), die vor allem eine Haltefunktion und Positionierung übernehmen (Patellarsehne). Beim Hund machen die Erkrankungen der Sehnen eher einen kleinen Prozentsatz aus, maximal zwanzig Prozent. Die Erkrankung kann solitär auftreten oder in Kombination mit anderen Strukturen. Beim Pferd hingegen liegen die Erkrankungen der Sehnen und Bänder ca. bei vierzig Prozent und sind damit vergleichsweise dominant. Hier fällt insbesondere der Fesselträger mit seinen unterstützenden Strukturen in den Fokus der Pathologien.

Sehnen besitzen drei wichtige Funktionen:

- Lastaufnahme
- Speicherung von Energie
- Kraftübertragung/ Stoßdämpfer

So sind die Sehnen der Vorder- und Hintergliedmaßen nach dem Sprung dazu in der Lage, zunächst die Last des Aufsprungs abzufedern und anschließend die gespeicherte Energie in Bewegungsenergie umzusetzen. Die maximale Belastung lässt sich mit dem doppelten Gewicht angeben, ist aber abhängig von der Winkelung des Kraftvektors. Die Dehnungsfähigkeit der Sehne ist begrenzt. Werden die Elastizität und Dehnungsfähigkeit der Sehne überstrapaziert, so entstehen Mikro- oder Makroläsionen oder Zerrungen. Ist die Überdehnung zu groß, können Abrisse oder nahezu irreparable Zerrungen die Folge sein, die nur schwer wieder abheilen.

Folgende Risiken können zu Sehnenschäden führen:

- Vorschädigungen
- Form-Funktions-Asymmetrie
- chronische Lahmheiten in der Vor- oder Hinterhand (Bizeps- oder Achillessehne)
- Änderungen von Geschwindigkeit und Richtung der Bewegung
- schnelle Wendungen
- schwerer Boden (Lehmboden)
- Stellungsfehler im Fundament des Hundes
- lockere Bänder/ Sehnen in den distalen Pfoten oder im Tarsus
- stumpfe Traumata (beispielsweise die Steilwand beim Mondioring)

Bei dieser Auflistung handelt es sich nur um ein paar spezifische Beispiele, die es zu beachten gilt. Auch in Bezug auf die erwähnten Punkte sollte zum Zwecke ihrer Prävention auf eine gute Aufwärmphase und am Ende der Belastung auf eine optimale Dehnung und ein adäquates Cool Down des Hundes geachtet werden. Sehnenverletzte Hunde bleiben zeitlebens anfällig für Sehnenerkrankungen. Auch offensichtlich ausgeheilte Sehnenschäden zeigen hinsichtlich ihrer Dehnbarkeit und Elastizität eine verminderte Belastungsfähigkeit.

Als Beispiel aus der Praxis wird im Folgenden ein Hund mit einer Achillessehnenverletzung vorgestellt, der mit PRP (Eigenblut – Thrombozyten) erfolgreich behandelt wurde. Demgegenüber wird in einer zweiten Fall-Dokumentation die gleiche Verletzung chirurgisch behandelt.

Fallbeispiel einer Achillessehnenverletzung mit PRP-Therapie

Der vorgestellte Patient ist neun Jahre alter Pitbull-Mix, der seit einiger Zeit eine Entlastungshaltung und Schwellung im Hinterlauf zeigt. Bei der Untersuchung war die Achillessehne verdickt, schmerzhaft und auch das Sprunggelenk fiel durch entzündliche Reaktionen auf.

Der Hund lässt in der Bewegung eine hinten links sichtbare Stützbeinlahmheit mit deutlicher Entlastungshaltung sowie eine Abweichung der Zehenachse erkennen und fußt nur noch leichtgradig auf der medialen Seite ab. Zudem ist eine Schwellung und Umfangsvermehrung des Tarsus links, deutlich über dem *Caput tarsi*, feststellbar; auch an der Achillessehne ist eine Schwellung und Verdickung – inklusive Druckschmerz – zu verzeichnen.

Die ROM im Knie, in der linken Hüfte und im Rücken waren – genau wie der neurologische Status an allen vier Gliedmaßen – ohne Befund. Nach der Untersuchung war schnell klar, dass eine Verletzung der Achillessehne vorlag. Als Therapie wurde eine PRP-Therapie empfohlen. Dabei werden die Thrombozyten, eine Zellpopulation der weißen Blutkörperchen, aus dem eigenen Blut zentrifugiert und das Serum mit der hohen Thrombozyten-Konzentration wieder in die Sehne injiziert. Dadurch wird die Abheilung des Sehnenschadens behandelt. Der Sehnenschaden kann durch dieses Therapieverfahren optimal ausheilen und sich regenerieren. Diese Therapieoption gehört zu den biologischen Therapieverfahren, da sie nur mit körpereignen Substanzen arbeitet.

Stützbeinlahmheit:
Dies ist eine Lahmheit, die Schmerzen während der Stützbein- oder Standphase, also der Belastung des Beins, induziert.

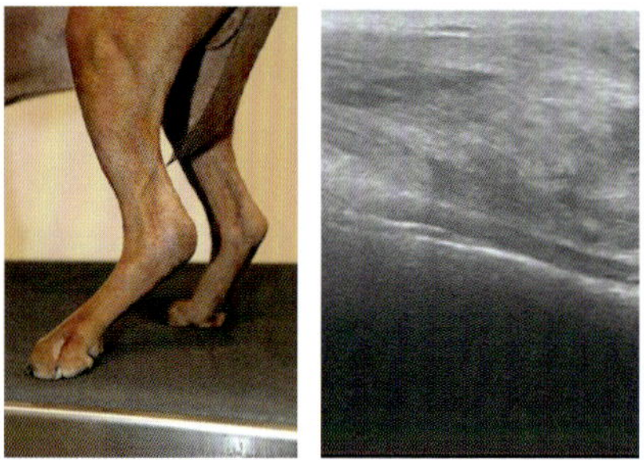

Vorher: Akute Sehnenverletzung mit dem dazu gehörenden Ultraschallbild.

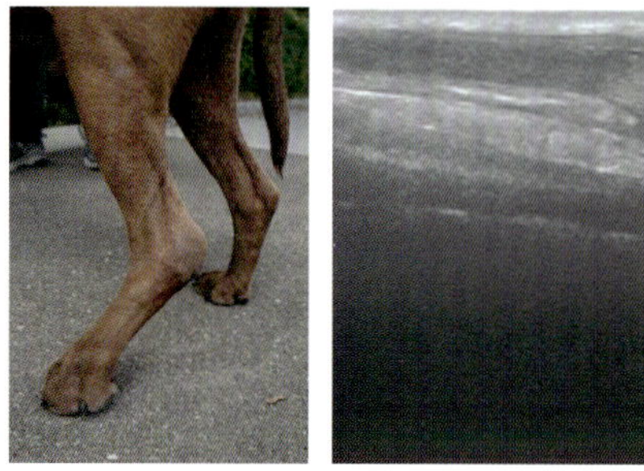

Nachher: Nach PRP, die Schwellung ist weg und das Ultraschallbild zeigt eine homoogene Struktur.

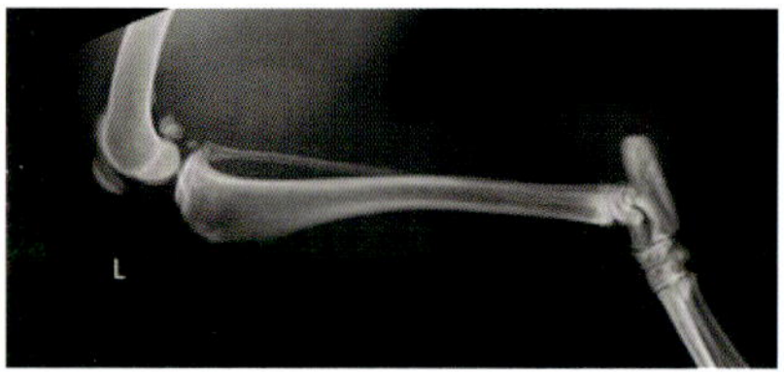

Röntgenbild (RX): Sprunggelenk mit Sehnenverletzung, erkennbar an der Schwellung über dem Sprunggelenk

VIDEO

Pitbull mit Verletzung der Achillessehne

? **Tarsus = Sprunggelenk**

Fallbeispiel aus der Praxis mit Achillessehnenverletzung

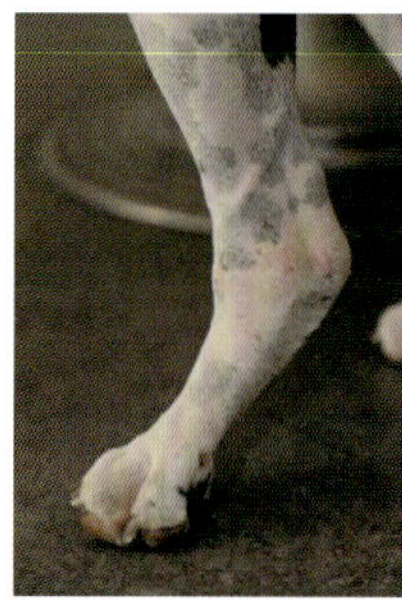

Vergleichbare Sehnenverletzung wie oben

Beim folgenden Patienten handelt es sich ebenfalls um einen – diesmal acht Jahre alten – Pitbull, der aufgrund eines hinten links auftretenden Hinkens in meine Praxis gebracht wurde. Nach der orthopädischen Untersuchung war offensichtlich, dass es sich bei dem Leiden um eine Achillessehnenverletzung mit Instabilität im Tarsus handelte. Nach der Radiologie fand eine Besprechung über die verschiedenen Therapieoptionen mit der Besitzerin statt. Die anschließend von der Halterin ausgewählte operative Behandlung ist im ersten Schritt zwar gut verlaufen, in der Folge traten allerdings Komplikationen sowie eine Knocheninfektion auf, die sehr langwierig und intensiv behandelt werden musste. Beide Patienten waren praktisch gleichzeitig bei mir in der Praxis. Beim ersten Fall verheilte die Verletzung komplikationslos, bei der chirurgischen Intervention sind auch heute noch die Folgen der Komplikationen der Operation zu sehen. Dennoch geht es dem Hund gut und er kann sich einer hohen Lebensqualität erfreuen.

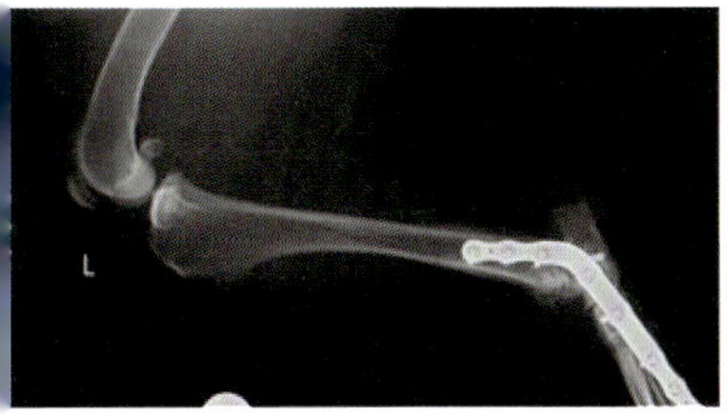

RX nach der Operation

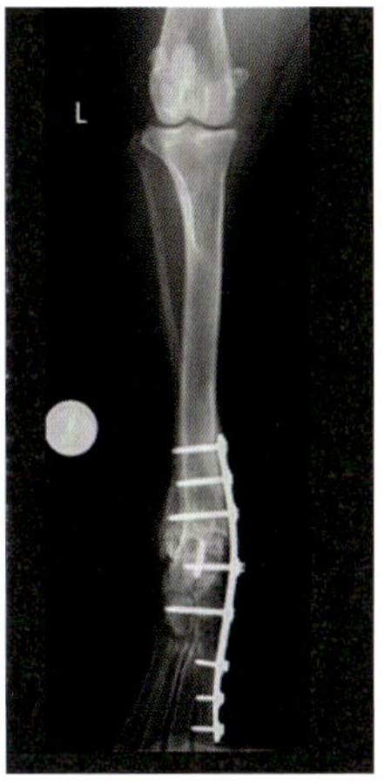

RX nach der Operation

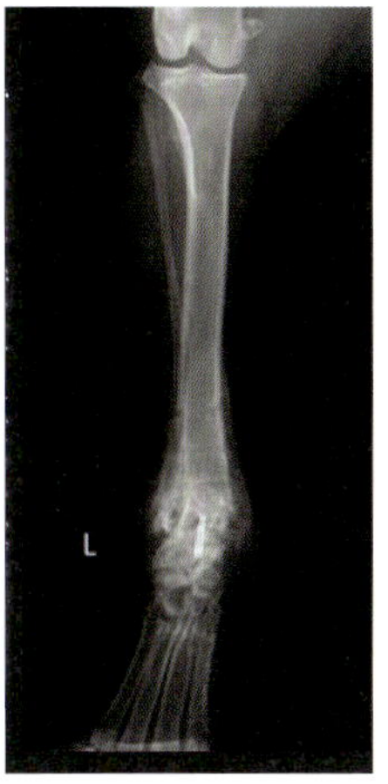

RX 6 Monate nach Operation, Platte entfernt da Infektion

Die Skelettmuskulatur des Hundes

Muskeln sind kontraktile Körperteile, besitzen eine Haltefunktion und sind verantwortlich für die Bewegung. Neben Skelett und Nervensystem stellen sie die dritte essenzielle Struktur für das orthopädische System dar. Der Sehnen- und Bandapparat ist zwar ebenso wichtig, ist hinsichtlich seines Bedeutungsgrades für mich jedoch grundsätzlich an vierter Stelle zu platzieren. Dies unter anderem deshalb, da die Verletzungen des Sehnen- und Bandapparates deutlich spezifisch ausfallen und im Gegensatz zum Pferd eher einen untergeordneten Stellenwert besitzen.

Im Hinblick auf die Muskulatur lassen sich drei Typen unterscheiden:

- Herzmuskulatur – ähnlich der Skelettmuskulatur, nicht willkürlich kontrollierbar
- glatte Muskulatur – für Blutgefäße und Organe, nicht willkürlich kontrollierbar
- Skelettmuskulatur – quergestreift, willkürlich kontrollierbar

Eine weitere Möglichkeit der Einteilung der Muskulatur nimmt den Muskelfasertyp in den Fokus:

- Typ I: langsam kontrahierend, ermüdungsresistent
- Typ II A: schnell kontrahierend, langsam ermüdend
- Typ II B: schnell kontrahierend, schnell ermüdend

Muskelfasertypen

Typ I	Typ II A	Typ II B
langsam kontrahierend, ermüdungsresistent	schnell kontrahierend, ermüdungsresistent	schnell kontrahierend, schnell ermüdend
Ausdauer	**Schnelligkeit und Ausdauer**	**Schnelligkeit**

Je nach Arbeit der Muskulatur muss man die Kontraktion, also die Verkürzung der Muskulatur, sowie die stabilisierende Arbeit ohne Verkürzung der Muskulatur verstehen. Zudem kann zwischen einer isometrischen Kontraktion (statische Arbeit ohne Verkürzung) oder einer isotonischen Kontraktion (Muskelverkürzungsarbeit) differenziert werden.

Myoglobin: roter Muskelfarbstoff

Für den Sauerstofftransport im Muskel steht das Myoglobin zur Verfügung, während für die kontraktile Arbeit diese Aufgabe den Myofibrillen, wie dem Myosin und den Aktin-Filamenten, zufällt.

Muskelkontraktion – verschiedene Arten

Isometrische (statische) Kontraktion (Haltearbeit)

Spannungserhöhung **ohne** Muskelkontraktion oder Muskeldehnung

Isotonische (konzentrische) Kontraktion (positive dynamische Arbeit)

Spannungserhöhung bei **Muskelkontraktion**

Nun stellt sich die Frage, wie das Training die Muskulatur beeinflussen kann. Ein adäquates Muskelaufbautraining kann die Muskulatur in verschiedenen Funktionen verbessern. Das Training ist jedoch abhängig von der Rasse des Hundes, seinem Alter und Geschlecht, dem aktuellen Trainingszustand sowie früheren Trainingsaktivitäten. Aber auch die Intensität, Dauer und der Umfang des jeweiligen Trainings spielen dabei eine wichtige Rolle.

Durch das Training können somit folgende Faktoren beeinflusst werden:

- Schritt- und Ganglänge sowie die Beschleunigung
- Verbesserung der Schwungphase in Trab und Galopp
- Verbesserung der Ausdauerleistung (Beispiel: Schlittenhunde)
- Verbesserung der Schnellkraft für Agility (Beispiel: Windhundrennen)
- Verbesserung der Sprungkraft in der Hinterhand (Beispiel: Schutzdienst, Mondioring)
- Resistenz gegen Muskelermüdung
- Zunahme von Größe und Funktion der Muskulatur

Anhand dieser Auflistung lässt sich die enorme Bedeutung eines seriösen Aufbaus der Muskulatur erkennen. Dieser Aufbau sollte sinnvollerweise bereits zu einem frühen Zeitpunkt erfolgen, gemäß meiner Präferenz bereits im Welpenalter.

Das Training beeinflusst den Muskel in vielfältiger Weise. Die allgemeinen Effekte stellen sich folgendermaßen dar:

- Anpassung der Muskel- und Muskelfasertypen an disziplinspezifische Anforderungen (Kraft, Schnell- oder Ausdauerleistung beim Hundesport)
- Verbesserung der Blutversorgung im Muskel
- Erhöhung der Sauerstoffbindung im Muskel durch die Erhöhung der Konzentration von Myoglobin
- erhöhter Glykogengehalt im Muskel
- Verbesserung des Energiestoffwechsels - Zunahme der Muskelenzyme für die Energieversorgung (Beispiel: Zitronensäurezyklus für Fett-Nutzung; Schlittenhundesport)
- Verbesserung Säurepufferung, Laktat-Stoffwechsel
- Verringerung von Muskelschäden unter Belastung

Die Frage, ob das Muskeltraining auf die Anzahl der Muskelfasern oder auf das Volumen und die Funktion des Muskels Einfluss nimmt, steht noch immer im Zentrum von Diskussionen. Fest steht jedoch, dass je schneller ein Muskel kontrahiert, desto stärker ist er anaerob; je langsa-

anaerob:
ohne Sauerstoffbeteiligung, mit Sauerstoffmangel

aerob:
mit Sauerstoff versorgt

ATP:
Adenosintriphosphat. Liefert dem Muskel die Energie, die er zur Kontraktion benötigt.

mer sich hingegen seine Kontraktion gestaltet, desto mehr ist er aerob. In diesem Fall nutzt er die Energiebereitstellung mit Hilfe von Sauerstoff. Die Zunahme der Muskelfasern wird als wahrscheinlich angenommen. Zudem kann als unbestritten gelten, dass der Muskel durch ein gezieltes Training für Ausdauer oder Schnellkraft die geforderten Muskelfasertypen durch langsame oder schnelle Kontraktion ausbildet. Auch die Selektivität, ob vor allem Sauerstoff, Glycogen oder ATP verbraucht wird, ist ein wichtiger Punkt. Des Weiteren ist zu unterstreichen, dass das Training auf die Durchblutung der Muskulatur einen wesentlichen Einfluss besitzt.

Die Untersuchung der Muskulatur, ihre Beurteilung in der Struktur, aber auch in der Funktionalität, beginnt bereits mit der Gangbeurteilung, da sich dabei unter anderem die Bewegung, die Rückenhaltung, die Stellung der Gliedmaßen und Pfoten des Hundes beobachten lässt. Im Folgenden gilt es, bei der Untersuchung eine Unterscheidung zu treffen: grundsätzlich müssen Sie im ersten Schritt die strukturellen und im zweiten Schritt die funktionellen Untersuchungen durchführen. Bei der funktionellen Untersuchung müssen Sie zwischen der funktionellen skelettalen und der funktionellen muskulären Untersuchung unterscheiden. Als Tiermediziner sollten Sie Ihre orthopädische Untersuchung grundlegend auf die Art und Weise durchführen, wie Sie es gelernt haben. Halten Sie Ausschau nach Veränderungen in den Knochen, den Knochenstrukturen sowie nach Asymmetrien, Schwellungen, vermehrter Wärme in den Gelenken und achten Sie auf das Vorhandensein von Gelenkergüssen, Schmerzen, etc. Im Anschluss an die strukturelle orthopädische Untersuchung sollte auf jeden Fall die neurologische Untersuchung erfolgen. Daraufhin beginnt im zweiten Schritt die Untersuchung der Funktionalität, bei der Sie einerseits auf die *Range of Motion* in den Gelenken – also in den Knien, Ellbogen, in der Schulter und dem Arm – achten, aber auch die *Range of Freedom*, bzw. die Beweglichkeit oder besser die verschiedenen Freiheitsgrade der Schulter- und Beckengliedmaße inklusive des Beckens sowie der Wirbelsäule berücksichtigen sollen. Drittens folgt nun die Kontrolle der Funktionalität der Muskulatur. Lässt sich diese dehnen, so ist sie hypertonisch. Können Spasmen nachgewiesen werden? Ein Triggerpunkt, etc.? All diese Faktoren bilden gemeinsam den Befund für eine optimale Beurteilung der Muskulatur. An dieser Stelle lässt sich die allseits bekannte Diskussionsfrage aufwerfen: Was war nun zuerst da – das Huhn oder das Ei? Übertragen auf den Bereich der Veterinärmedizin bzw. auf Tierärzte, die funktional- orthopädisch oder auch physiotherapeutisch arbeiten, müsste diese konkret lauten: Was ist wichtiger - das Skelett oder die Muskulatur? Was ist die Folge von was? Ist die Folge von einer Skelettfehlstellung die Muskulatur oder verursacht wiederum eine muskuläre Veränderung, eine muskuläre Pathologie die funktionelle Hyper-Mobilität eines Gelenkes? Eine Betrachtung der hierarchischen Lagerung führt mich zu der Schlussfolgerung, dass die Knochenstruktur sowie das Neurologische als primär und die Muskulatur als sekundär anzusehen sind. Dabei handelt es sich allerdings um meine persönliche Definition und meine Arbeitsweise, die selbstredend beurteilt und hinterfragt werden darf und soll.

Fallbeispiel Hamstringspathologie beim Deutscher Schäferhund

Gerade die *Hamstringspathologie* beim Hund, im speziellen beim Deutschen Schäferhund, erweist sich als typisch für diese Rasse. Sie betrifft vor allem erwachsene Hunde bis zum Alter von acht Jahren. Der Gang und somit das Bewegungsmuster sind auffällig und *pathognomonisch*. Die Muskulatur von *Mm. Semitendinosus* sowie *gracilis* ist hyperton und zum Teil auch fibrosiert. Als Ursache werden eine abfallende Rückenlinie sowie die deutliche Flexionsposition in Hüfte und Knie betrachtet. Die Ursache der Fibrose hingegen bedarf einer Klärung.

Der nächste Punkt, den es im Trainings- und Leistungsaufbau zu berücksichtigen gilt, ist der Konditionsaufbau. Nach der Erörterung der Voraussetzungen des Frameworks soll nun näher auf die Kondition und Fitness eingegangen werden. In diesem Kontext muss somit auch dem Herz-Kreislaufsystem und der Atmung Aufmerksamkeit gezollt werden. Die nachfolgende Grafik soll dabei als Leitlinie dienen.

VIDEO

Deutscher Schäferhund mit Hamstrings-Pathologie

Hamstringspathologie: Hamstring ist der englische Begriff für eine Gruppe von drei Muskeln an der Oberschenkelrückseite. Deutsch nennt man sie auch „lange Sitzbeinmuskeln“

pathognomonisch: eindeutig eine Krankheit kennzeichnend

Der Konditionsaufbau beim Hund

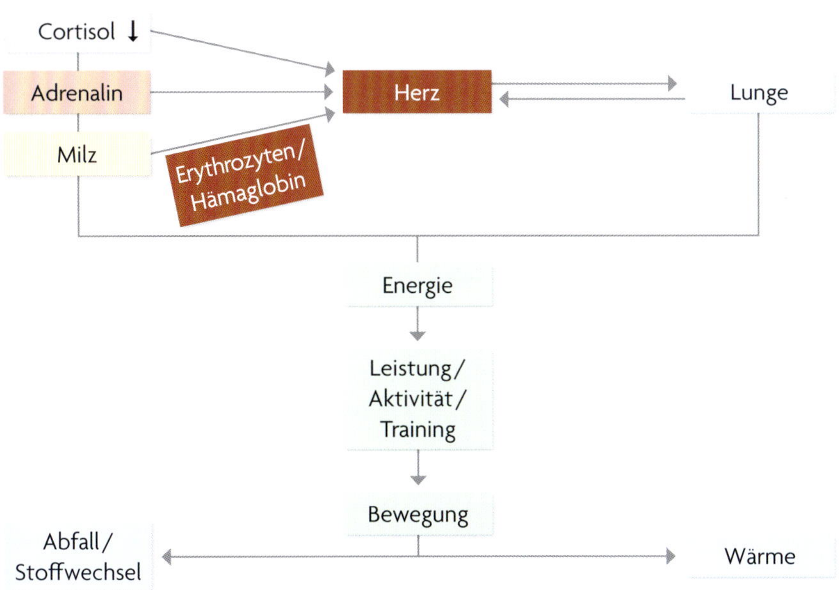

Der Konditionsaufbau des Hundes

Der Aufbau eines Hundes im Sport- oder Arbeitsbereich sollte, wenn möglich, gezielt im Welpenalter beginnen. Diesbezüglich kann der Bewegungsplan für Welpen (s. Download S. 261), der, wie auch der Konditionsaufbau für diese Alterskategorie, beim Junghund ab dem sechsten Monat klar weitergeführt werden. In diesem Sinne ist ferner zu berücksichtigen, dass der Konditionsaufbau primär auf zwei Organe abzielt. Bei diesen handelt es sich um das Herz und die Lunge, beinhaltet aber als drittes Element zudem die Muskulatur, da diese die Bewegung umsetzen muss. Im Weiteren sind sämtliche anderen Strukturen wie etwa Gelenke, Bänder, Sehnen etc. sowie das zentrale Nervensystem und das Hirn, welches die Bewegung steuert bzw. koordiniert. Es ist zu erwarten, dass der Hund zusätzlich auch hinsichtlich seines Verhaltens einen Reifeprozess durchläuft, weshalb der gesamte Vorgang interaktiv betrachtet werden sollte. Um nun aber den Betrachtungsfokus einzugrenzen, sollen im nächsten Schritt das Herz und die Lunge näher begutachtet werden. Im Rahmen des Konditionsaufbaus muss das Herz so weit trainiert werden, dass eine Anpassung der Rhythmen dieses Organs und somit auch des Herzminutenvolumens erfolgen kann. Unter letzterem ist das Blutvolumen zu verstehen, welches das Herz pro Minute in den Kreislauf pumpt und an dem sich die Herzleistung messen lässt. Damit einhergehend ist des Weiteren ein wichtiger Punkt, die Blutbildung zu nennen. Dies bedeutet, dass eine Untersuchung des Hundes das potenzielle Vorhandensein von Parasiten offenlegen muss bzw. eine Parasitose auszuschließen ist, da diese zu einem Mangel an Blutkörperchen im Körper führen und damit eine Anämie bedingen kann. Dies wiederum verringert den Sauerstofftransport und stellt somit einen Negativfaktor für den Konditionsaufbau dar. Die Beschäftigung mit Blut oder den Blutkörperchen führt in diesem Kontext ebenso zu einem weiteren wichtigen Organ: der Milz. Diese fungiert unter anderem als ein Speicherorgan für die roten Blutkörperchen, die der Hund während des Konditions- oder Trainingsaufbaus kurzfristig mobilisieren muss. Zusätzlich verlangt diese Belastungssituation auch einen vermehrten Sauerstofftransport. Hierin lässt sich der Hund mit dem Pferd vergleichen, welches jedoch noch etwas deutlicher in dieser Optimierung des Speicherverhaltens in der Milz ist. Dieser Effekt lässt sich auch beim sogenannten Höhentraining feststellen, da dort ein anderer Sauerstoffquotient existiert. Um also gleich viel Sauerstoff durch den Körper zu jagen, bedarf es mehr *Erythrozyten*, da die Sauerstoffkonzentration in der Höhe etwas tiefer ist. Somit brauchen wir mehr Erythrozyten, um mehr Sauerstoff in den Körper zu leiten. Wenn dadurch entsprechend die Zahl der Erythrozyten steigt, erfolgt eine Verbesserung der Vitalität und der Aktivität. Das ist die Wirkung des Höhentrainings. Auf der anderen Seite ist es unerläss-

! Parasiten stehen einem gesunden Konditionsaufbau im Wege!

? **Erythrozyten:** rote Blutkörperchen

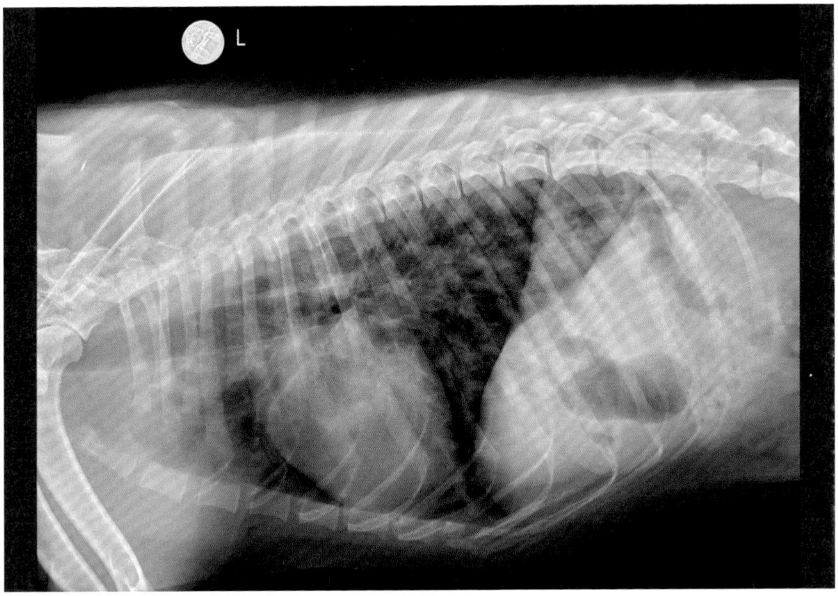

Lungenröntgen mit Lungenwurmbefall

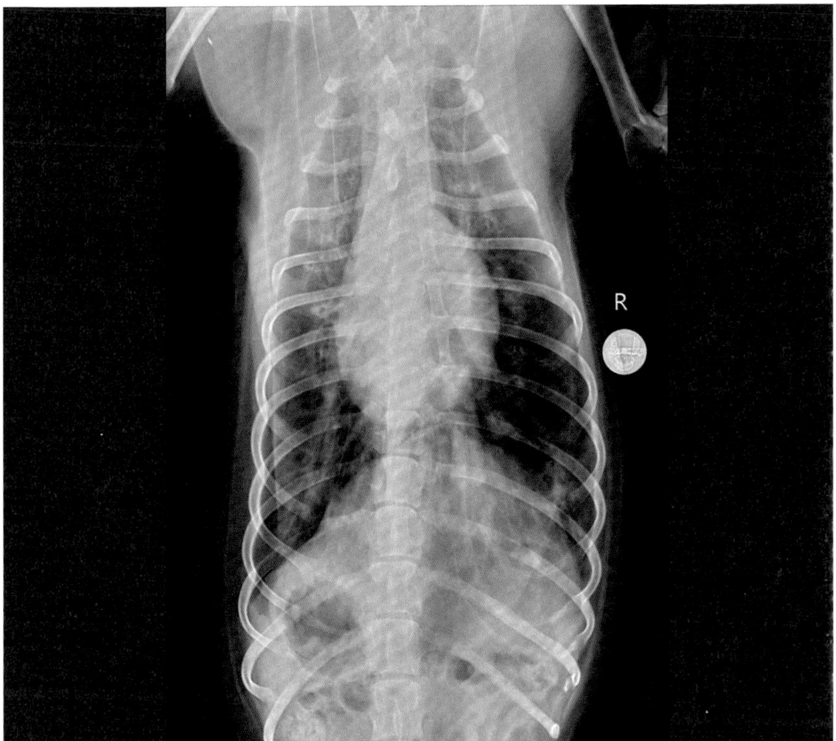

Lungenröntgen mit Lungenwurmbefall in dorso-ventralem Strahlengang, Lunge erscheint flockig lich, dass die Lunge genügend Sauerstoff aufnehmen kann. Aus diesem Grunde ist es wichtig, dass zum einen die oberen Atemwege, die Luftröhre und die Lunge selbst als Organ funktionsfähig ist, während zum anderen keine Parasiten vorhanden sind. Ein Lungenwurm-Befund würde in diesem Fall enorme Veränderungen in der Lunge aufzeigen. Nachfolgend ist ein Röntgenbild von einem Hund zu sehen, der unter einer klaren Lungenwurm-Infektion leidet und deshalb eine verstärkte, schwere Atmung zeigte. Eine gemeinsame Betrachtung der Komponenten lässt erkennen, dass hier die obere Linie angesprochen wird. Wenn also Sauerstoffherzminutenvolumen genügend rote Blutkörperchen vorhanden sind, die Milz als Speicherorgan tätig ist, so bestehen grundsätzlich genügend Voraussetzungen für die Bereitstellung von Energie. Hinzu kommen noch die Stresshormone Adrenalin und Cortisol, die für das Erbringen dieser vermehrten Leistung von Bedeutung sind. Gerade wenn zu wenig Cortisol im Körper vorhanden ist, kann dies zu Stressanfälligkeit, unzureichender Energieerbringung und damit zu einem Leistungsversagen führen. Es ist hinreichend bekannt, dass Hunde, die an einer Anämie (Blutarmut) leiden, diese Arbeit nicht erbringen können.

Laborwerte

Hämatologie:				
Leukozyten		!	27.2 G/l	6.0 – 12.0
Erythrozyten			7.18. T/l	5.50 – 8.50
Hämoglobin			170 g/l	140 – 200
Hämatokrit			0.49 l/l	0.42 – 0.54
MCV (MEV)			69 fl	60 – 77
MCH (HBE)			23.8 pg	21.0 – 25.0
MCHC (MEHC)			345 g/l	300 – 360
Automatische Differenzierung				
Neutrophile	(autom.)	!	30.4 %	55.0 – 77.0
Eosinephiole	(autom.)	!	52.6 %	0.0 – 7.0
Basophile	(autom.)		0.7 %	0.0 – 1.0
Monozyten	(autom.)		1.1 %	0.0 – 10.0
Lymphozyten	(autom.)		15.0 %	12.0 –35.0
LUC	(autom.)		0.2 %	0.0 – 4.0
Neutrophile	(autom. abs.)		8.27 G/l	3.30 – 9.20
Eosinephiole	(autom. abs.)	!	14.32 G/l	0.00 – 0.80
Basophile	(autom. abs.)	!	0.20 G/l	0.00 – 0.10
Monozyten	(autom. abs.)		0.31 G/l	0.00 – 1.20
Lymphozyten	(autom. abs.)		4.08 G/l	0.80 – 4.20
LUC	(autom. abs.)		0.06 G	0.00 – 0.40
Proteine im Serum:				
Proteine gesamt		!	79.0 g/l	54.0 – 75.0
c-reaktives Protein (CRP) vet.			15 mg/l	bis 16.8
Serumprotein-Elektrophorese			siehe Beilage	
- Albumin			49.1 %	46.3 – 58.5
- α1- + α2-Globuline			14.3 %	5.0 – 21.0
- β-Globuline			11.6 %	11.0 – 24.2
- γ- Globuline		!	25.0 %	5.3 – 9.9

Nachdem nun eingehend einige Informationen über den Konditionsaufbau aus den Voraussetzungen von Herz, Lunge und Endokrinem System erläutert wurden, soll im zweiten Teil die Energiebereitstellung thematisiert werden. Die Energie für den Konditionsaufbau muss einerseits über die Ernährung sichergestellt werden. Das heißt konkret, dass er einerseits über den Aufbau der Kondition, der Muskulatur und Gewebe, andererseits über die Energiebereitstellung durch den Konsum von Eiweißen, Kohlenhydraten und Fetten erfolgen muss. Somit wird die Energieversorgung durch Nahrung durch deren Zusammensetzung bestimmt. Im Kontext des Konditionsaufbaus des Junghundes ist es wichtig, einerseits sicherzustellen, dass die jeweilige Eiweißstruktur vor allem essenzielle Aminosäuren bereitstellt, zudem jedoch genügend Kohlenhydrate und Fette beinhaltet; andererseits muss berücksichtigt werden, ob der Konditionsaufbau für einen Hund erfolgen soll, der als Schnellsportler trainiert werden oder seinen Schwerpunkt in der Ausdauer haben soll. Dies bedeutet, dass zunächst die Frage einer Klärung bedarf, ob der Hund primär für das *Agility* aufgebaut werden muss oder ob dieser sich viel mehr als Ausdauersportler für das *Musher*-Training im Schlittenhundesport zu bewähren hat. Dementsprechend muss eine Auseinandersetzung mit der passenden Ernährung erfolgen und ermittelt werden, wie hoch beispielsweise der Kohlenhydratanteil der täglichen Mahlzeiten für einen Schnellsportler sein oder wie viel Fett ein Ausdauersportler im Individualfall zu sich nehmen darf. So gilt es etwa zu bedenken: Je mehr Ausdauer dem Hund abverlangt wird, desto mehr Fette muss er konsumieren. Dabei gilt es, den Zitronensäurezyklus zu berücksichtigen: je mehr Schnellsport ausgeübt wird – wie zum Beispiel das *Agility*, bei dem die Laufdauer zwischen vierzig und fünfundvierzig Sekunden beträgt –, desto mehr muss der Kohlenhydratstoffwechsel mit Glycogenen und kurzkettigen Kohlenhydraten angekurbelt werden. Diese Futtermittelbestandteile müssen im Darm zerkleinert, anschließend über das Darmmilieu aufgenommen und in das Blut transportiert werden. Erst dann kann diese mit Hilfe von Ernährung absorbierte Energie über den Herz-Kreislauf im gesamten Körper verteilt werden. Dazu bedarf es zusätzlich der Aufnahme von Sauerstoff über die Lunge, damit dieser dem Kreislauf zugeführt werden kann. Dies bedeutet wiederum, dass Hunde, die eine *Trachealstenose*, also eine Verengung der Luftröhre, aufweisen, aufgrund dieses Handicaps Probleme mit der Sauerstoffbereitstellung haben. Gehen wir nun aber exemplarisch von einem insgesamt gesunden Hund aus, so können die aufgenommene Energie und der Sauerstoff optimal durch den Kreislauf zirkulieren und den Tierkörper mit den Kraftreserven versorgen, die er für die anschließende Aktivität und Leistungserbringung benötigt. Gleichsam werden damit die notwendigen Voraussetzungen geschaffen, um bestmöglich Bewegung aufbauen zu können. Allerdings entstehen nach dem Konditionsaufbau und der ausgeübten Aktivität im Blut zum einen durch die

! Je mehr Ausdauer dem Hund abverlangt wird, desto mehr Fette muss er konsumieren.

! Beim Fokus auf Sprint- und Schnellkraft muss der Hund vor allem mit Glycogenen und kurzkettigen Kohlehydraten versorgt werden.

Verstoffwechselung Abfallprodukte, zum anderen kommt es zu einer Erzeugung von Wärme. Diese Wärme muss wieder abtransportiert werden, da der Hund – außer in der Pfote – keine Schweißdrüsen besitzt, sodass dies in der Folge über die Atmung sichergestellt werden muss. Das heißt also, dass die Hitze, bzw. die Wärme und das Abfallprodukt durch die Bewegung aus dem Körper hinaus gehechelt werden müssen.

An dieser Stelle sei daran erinnert, dass es wichtig ist, vor allem in den wärmeren Monaten eine optimale Kühlung des Hundes zu gewährleisten. Ich habe in vergangenen Publikationen über die Notwendigkeit der Kühlung bereits eingehend informiert, weshalb hier nur noch einmal darauf hingewiesen werden soll, das Thema der Kühlung und des Wärmeabtransports unbedingt zu berücksichtigen ist. Da die Wärmeregulation und der Hitzeabtransport für den Hund ein Problem darstellen und die klimatischen Veränderungen unumstritten sind, sollte der Kühlung des Hundes in naher Zukunft mehr Augenmerk verliehen werden. Im Zusammenhang mit diesem Thema habe ich eine Zusammenarbeit mit anderen Firmen begonnen, um dieses Thema vermehrt in den Alltag zu integrieren. Ferner ist es wichtig, beispielsweise bei der Beförderung des Hundes im Fahrzeug zum Training oder Turnieren sowie für die Zeitspanne des Verbleibens in der Box dafür Sorge zu tragen, dass das Tier ausreichend gekühlt wird. Diesbezüglich sind auf dem Markt bereits Produkte erhältlich.

Wenn nun aus diesen Ausführungen bei der Betrachtung von Herz und Lunge die Ernährung, Energiebereitstellung der Nahrung und zudem das Thema der Bewegung und der Abfallprodukte sowie auf die Wärme bezogene Fragen mitberücksichtigt werden, kann darauf hingewiesen werden, dass der Konditionsaufbau konsequent und konstant erfolgen muss. Das heißt: ganz nach dem Grundsatz „Der stete Tropfen höhlt den Stein". Für das Training bedeutet dies konkret, dass der Junghund mit Regel- und Gleichmäßigkeit konditionell aufgebaut werden muss und die Trainingsstrecken in hinsichtlich ihrer Länge und Zeit zuzunehmen haben. Hierbei lassen sich zusätzlich auch andere Optionen als die Bewegung draußen im Freien mitberücksichtigen. So ist es beispielsweise auch möglich, ein Trockenlaufband zu verwenden und den Hund dabei effektiv in einem gleichmäßigen, ruhigen Schritt oder im Trab auf dem Gerät zu bewegen, wobei sich die Dauer und Intensität der ausgeübten Bewegung steuern lassen. Bei einem trainierten Hund lässt sich zudem auch als ergänzender Faktor eine Steigung einbauen. Somit stellt das Trockenlaufband einen idealen Gegenstand für die Regulierung und Modulation von Training, Trainingszeiten und Trainingsintensitäten dar. Da ich persönlich ein absoluter Verfechter von Schwimmtraining bin und dieses eine meiner favorisierten Empfehlungen ist, betrachte ich dieses als optimale Trainingseinheit für den Welpen bis zum erwachsenen Hund. Das Schwimmtraining erweist sich auch während den Sommermonaten als optimal für einen Schlitten-

! Konditionsaufbau muss konsequent und konstant erfolgen.

hund. Für Hounds oder nordische Hunde gestaltet sich das Training im Freien während den Sommermonaten vor allem bei einer Temperatur von acht bis zehn Grad °C schwieriger. Somit bietet gerade für diese Hunderassen, bzw. diejenigen, die im Bereich des Schlittensports angesiedelt sind, das Schwimmtraining im Sommer eine Möglichkeit, um den Hund nicht nur sofort zu kühlen, sondern ihm auch ein optimales Training für Herz-Kreislauf und Muskulatur zu bieten. Hinzu kommt der Vorteil der Verbrennung überschüssiger Fette durch die Bewegung im Wasser sowie das Trainieren von Ausdauer im Wasser. Zusammenfassend kann man festhalten, dass der Konditionsaufbau des Hundes – je nachdem, ob man einen Sport- oder einen Familienhund hat – grundsätzlich früh begonnen werden sollte, dabei jedoch dem Alter des Welpen oder Junghundes sowie dessen Wachstumsgrad angepasst werden muss. So lassen sich die Leistungsbereitschaft und Leistungserbringung dem Alter des Hundes entsprechend konfigurieren und es ist möglich, einen stetigen, konditionellen Aufbau für Herz, Kreislauf und Muskulatur durchzuführen. Dementsprechend wird auch die Persönlichkeitsentwicklung des Hundes gefördert, während der neurologische Anteil mit der Entwicklung des Gehirns sowie des Rückenmarks ebenso eine individuelle Anpassung erfährt. Überforderungen können bei passender Koordination vernachlässigt werden.

Dem Ziel des Konditionsaufbaus liegt zum einen zugrunde, dass der Muskel, seine Aktivität und Arbeit sowie sein Volumen aufgebaut werden müssen, damit eine ausgewogene und optimale Leistungsbereitschaft für Bewegung und Leistungsfähigkeit bestehen kann. Zum anderen muss wiederum sichergestellt werden, dass die Sauerstoffzufuhr des Körpers ausreichend ist und genügend Energie und vor allem genügend Sauerstoff durch den Körper transportiert werden. Nur so ist es möglich, die Ziele des Konditionsaufbaus für den Muskel zu realisieren. Muskel-, bzw. der Trainingsaufbau bedarf somit eigentlich eines vermehrten Blutflusses im Körper und damit verbunden einer erhöhten Sauerstoffzirkulation. Die Voraussetzungen dafür stellt die Steigerung der Atemfrequenz und des Blutflusses dar, die einerseits durch eine erhöhte Schlagfrequenz des Herzens, andererseits durch ein erhöhtes Herzminutenvolumen auftreten kann. Dies bedeutet, dass mehr Blut durch den Kreislauf wandert, wodurch der erhöhte Bedarf an Blut respektive Sauerstoff im Körper für den Konditions- und Trainingsaufbau bereitgestellt wird. Eine genauere Betrachtung der Abbildung auf S. 188 oben lässt erkennen, dass bei Notwendigkeit vermehrt rote Blutkörperchen aus der Milz ausgeschüttet werden, um den erhöhten Sauerstoffbedarf im Körper abzudecken.

Sauerstoffbedarf der Muskulatur

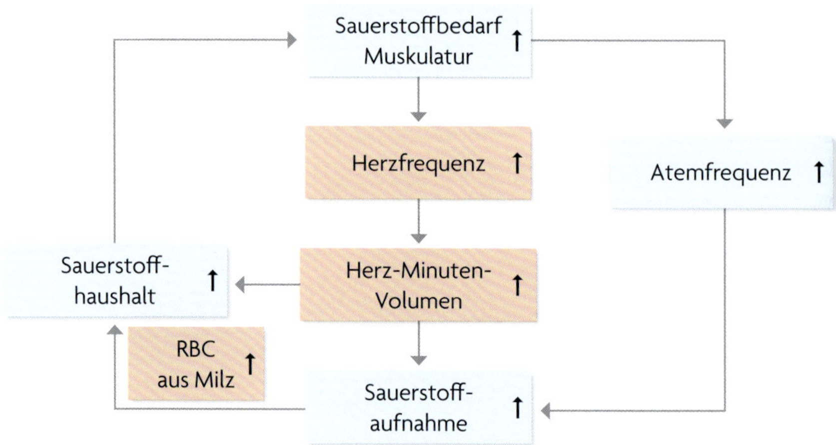

RBC = Rote Blutkörperchen (für engl. Red Blood Cell). übliche Abkürzung im Laborbericht

Der Energiestoffwechsel beim Sport-, Arbeits-, Familien- und Freizeithund

Alle Lebensvorgänge benötigen Energie, die wiederum aus der Ernährung gewonnen wird. Ein großer Bedarf der Energie wird für die Bewegung und somit für die Muskelkontraktion benötigt. Dabei gilt es zu beachten, dass der Grundbedarf des Hundes gedeckt werden muss, damit dieser überhaupt erst den Alltag bewältigen kann. Hinzu kommt dann der Leistungsbedarf, worunter der Energieaufwand für zusätzliche Aktivität zu verstehen ist. Im Hinblick auf die Ernährung sollte also berücksichtigt werden, dass die Versorgung des Hundes beide Bedarfskategorien abzudecken hat. Die Vernachlässigung dieses Grundsatzes führt einerseits zu einem ungewollten Gewichtsverlust des Tieres, andererseits lassen sich Schlappheit und Leistungsrückgang als Folgen verzeichnen. Letzteres Symptom ist oftmals ein Grund für eine veterinärmedizinische Konsultation.

Die Ernährung des Hundes erweist sich als ein Diskussionsthema, bei dem eine Vielzahl unterschiedlicher und polarisierender Ansichten aufeinandertreffen, sodass es nicht verwundert, dass dabei nicht selten Emotionen die Oberhand gewinnen. Zum einen kann der Hund mit Trockenfutter ernährt werden, zum anderen besteht die Möglichkeit der Verpflegung mit Büchsen- oder Halbfeuchtfuttermittel. Indessen plädiert eine weitere

Gruppe von Hundebesitzer dafür, den Hund frei nach dem Vorbild des Wolfes zu ernähren und entscheiden sich damit für das BARFen. Allerdings können auch innerhalb dieser Fütterungsmethode Unterschiede bestehen.

Generell ist jedoch wichtig, dass der Hund bedarfsgerecht ernährt wird. Die Ernährung muss also den individuellen Energiebedarf vollkommen abdecken, wobei auch die Verdaubarkeit optimal sein muss und zudem keine anderen medizinischen Probleme wie etwa eine Allergie oder Unverträglichkeit aus der Ernährung resultieren.

Die Energie wird in Kalorien gemessen, 1 Kilokalorie (kcal) x 4,184 entspricht 1 Kilojoule (KJ). Für die Bewertung der Futterenergie wird die internationale Einheit Megajoul (MJ: 1 MJ = 1000 kJ) verwendet.

Der Ernährung-Energiestoffwechsel beim Hund

Über das Futter aufgenommene Energie wird entweder sofort verwendet, um die Bewegung auszuführen, oder sie wird als Kohlenhydrate, Fette oder Eiweiße im Körper gespeichert.

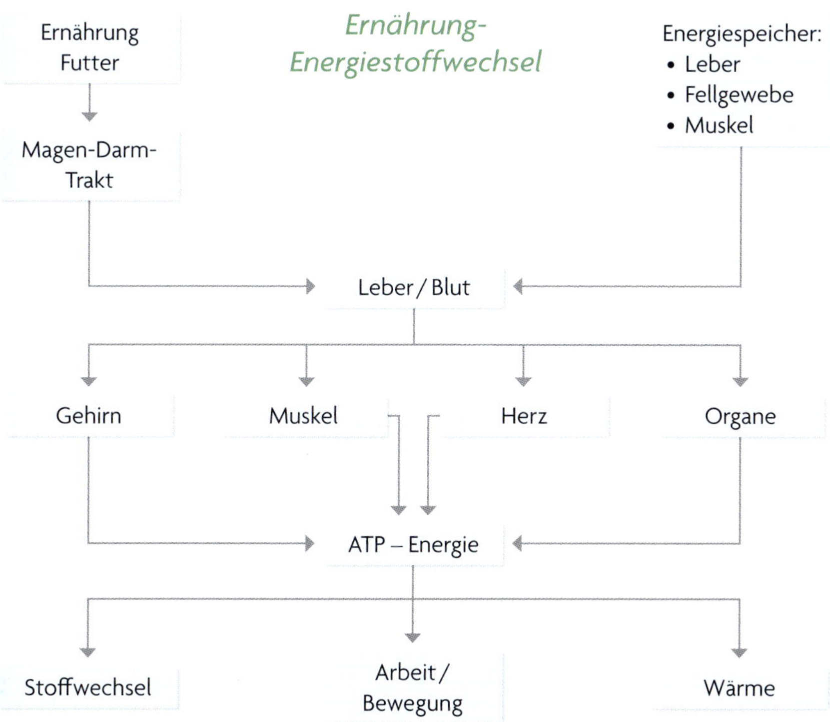

Wie die Grafik zeigt, erfolgt die Energiebereitstellung einerseits mittels der Aufnahme des Futtermittels, andererseits über die Mobilisierung der Energiespeicher. Grundsätzlich wird die Energie im Stoffwechsel über die Leber und das Blut transportiert und an die Zielorgane geliefert. Bei diesen handelt es sich um das Gehirn, die Muskeln, das Herz und sämtliche anderen Organe. Als Hauptlieferant von Energie gilt das ATP (s. S. 180). Dabei muss grundsätzlich festgehalten werden, dass zwanzig Prozent der bereitgestellten Energie für die Bewegung benötigt wird, während achtzig Prozent in die Wärmeproduktion fließen. Bei der Nahrungsaufnahme kann es dazu kommen, dass eine fortwährende Energiebereitstellung stattfindet und sogleich zur Verwendung kommt, während die zu viel aufgenommene Energie gespeichert wird. Beim Hund wird insbesondere die Glukose oder das Glykogen für die Arbeit verwendet, die eine wichtige Rolle bei der kurzfristigen Energiebereitstellung spielen. Gerade für Hunde, die beispielsweise im schnellen Sport – also im Agility – arbeiten, ist dieser Grundsatz von hoher Bedeutung. Dort dauert ein Parcours etwa vierzig bis fünfundvierzig Sekunden, was wiederum bedeutet, dass diese Hunde vor allem über Glukose und Glykogen, also den Kohlenhydrat-Zyklus, zu ernähren sind. Auch diese kurzfristige Bereitstellung von Energie ist anaerob und erfolgt daher ohne Sauerstoff. Andere Ausdauersportarten wie beispielsweise das Schlittenhunderennen, die den Hunden das Überbrücken größerer Distanzen und damit eine längere Aktivität abverlangen, erfolgen vor allem über den Fettstoffwechsel, also den Typ des Zitronensäurezyklus, der aerob vonstattengeht und die Verstoffwechslung somit über den Sauerstoff läuft. Hierbei ist zu beachten, dass dieser Stoffwechsel verhältnismäßig langsam zu aktivieren ist, sich jedoch als sehr effizient erweist. Dies bedeutet, dass solche Hunde über Stunden Energie bereitstellen können. Dasselbe gilt auch für die Arbeitshunde, allen voran die Polizeihunde beispielsweise im Nachtdienst, dessen Dienstdauer acht bis zwölf Stunden betragen kann und es deshalb wichtig ist, dass die Hunde in diesem Zitronensäurezyklus über die Aufnahme von Fetten – mitunter für die geistige Aktivität – ausreichend Energie gewinnen können. Die Energieumwandlung der Futterenergie entsteht in den Mitochondrien, die als Kraftwerke der Zellen betitelt werden können. An anderer Stelle ist bereits erwähnt worden, dass durch den Trainingseffekt innerhalb von sechs Wochen vierzig Prozent mehr Mitochondrien bereitgestellt oder trainiert werden, was deutlich macht, dass durch das Training auch die Anzahl der Mitochondrien in den Zellen vergrößert werden kann. Hier sei daran erinnert, dass oft die Frage diskutiert wird, ob durch das Training Muskelfasern erneuert werden oder ob es einzig das Volumen ist, das eine Zunahme erfährt. Die Tatsache, dass primär die Anzahl der Mitochondrien vergrößert wird, macht deutlich, dass das Volumen der Muskelfasern und nicht etwa ihre Anzahl zunimmt. Was die Verdaubarkeit betrifft, so werden die Kohlenhydrate im Magen-Darm-Trakt abgebaut und anschließend ins Blut aufgenommen, um im nächsten Schritt entweder in der Leber, in Organen oder in der Muskulatur als Glykogen gespeichert. Diese Glykogenspeicher können sehr schnell und kurzfristig für die Herstellung von ATP für die Bewegung mobilisiert werden. Andere Bausteine wie Fette, die zur Verstoffwechslung Sauerstoff benötigen und sich die Bereitstellung der Energie in ATP als sehr aufwendig und zeitintensiv erweist, ist zugleich sehr effizient. Wenn Eiweiße als Energiequelle dienen, müssen diese zuerst in Aminosäuren aufgesplittert, zerlegt und anschließend in Glukose umgewandelt werden. Dieser Eiweißstoffwechsel ist vor allem bei Hunden von Bedeutung, die nach der BARF-Methode ernährt werden. Grundsätzlich erfordern die Aufsplitterung und Zerteilung in Aminosäuren aus dem Fleisch Energie, wobei die Herstellung von Energie ein Gleichgewicht darstellt. Eiweiß verbraucht Energie und um Energie herstellen zu können, die für Bewegung aufgebraucht wird, bedarf es einer optimalen Eiweißzufuhr. Es ist also wichtig, dass bei Hunden, die sich in einem solchen Fall je nach Leistungsbedarf eher an der unteren Gewichtsgrenze verorten lassen, das Eiweiß- wie auch das Gemüseangebot erhöht wird. Gesteigerter Gemüsekonsum führt dazu, dass wiederum über Rohfaser Kohlenhydrate gewonnen werden können.

Der thematische Fokus liegt auf dem anaeroben Stoffwechsel. Das in den Muskeln verfügbare und energiereiche ATP hält unter der Belastung und Kontraktion der Muskulatur nur für wenige Sekunden Energie bereit. Das heißt, wenn während einer Energiekontraktur Bewegung ausgeübt, bzw. Schnellsport ohne Sauerstoffzufuhr getrieben wird, so kann zunächst Energie aus dem Muskel in Form des ATP herangezogen werden, um die Kontraktion oder Bewegung aufrechtzuerhalten. In einem zweiten Schritt, der ebenfalls im anaeroben Stoffwechsel erfolgt, werden einerseits die Glukose sowie das Glykogen aus dem Gewebe oder aus der Muskulatur aktiviert. Diese Energiequelle reicht für eine Belastung von etwa zwanzig bis dreißig Sekunden. Dieser Stoffwechsel von Glukose oder Glykogen erweist sich gleichsam als ineffizient. Ein Mol Glukose reicht für etwa zwei Mol ATP, während ein Mol Glykogen für circa drei Mol ATP genügt. Die Zeit, in der diese Energie zur Verfügung steht, fällt also sehr kurz aus. Je länger nun die Energiebereitstellung oder der Energieabruf andauern, desto mehr Sauerstoff wird aus den Lungen für die Bereitstellung der Energie für die Muskelzellen verfügbar gemacht. Somit tritt der aerobe Stoffwechsel auf, der im Zusammenhang mit Sauerstoff steht. Hierbei fällt auf, dass unter Zufuhr von Sauerstoff aus einem Mol Glukose sechsunddreißig bis achtunddreißig Mol ATP gewonnen werden können. Das stellt eine Erhöhung um das achtzehn- bis neunzehnfache dar. Zudem wird keine Milchsäure produziert, die für einen Muskelkater oder auch für die Ermüdung des Muskels verantwortlich ist. Grundsätzlich können neben der Glukose auch Fette unter dem aeroben Stoffwechsel oder auch die Eiweißverstoffwechselung hergenommen werden, bei

Sauerstoffvolumen VO2 Max:
Steht für das maximale Sauerstoffvolumen, das der Körper in einer Minute aufnehmen kann und ist bei Menschen das wichtigste Maß der kardiorespiratorischen Fitness.

der unter der Zunahme von Sauerstoff die Energieausbeute recht marginal ausfällt, da die Eiweiße zuerst in Aminosäuren aufgespalten und dann weiter in Glukose umgebaut werden müssen. Der Prozess der Energiegewinnung aus Eiweißen mutet daher nur wenig zweckmäßig an. Der Fettstoffwechsel und Sauerstoff erweisen sich erst dann als sinnvoll, wenn die Intensität klein ist, also wenn der Hund in einer Ausdauerleistung läuft. In Bezug auf den anaeroben und den aeroben Stoffwechsel kann festgehalten werden, dass diese beiden Mechanismen nicht getrennt voneinander ablaufen, sondern ineinander übergreifen. Dieser Umstand ist einerseits abhängig von der Art der Belastung, also der Dauerintensität, der Ernährung, dem Muskelaufbau- und Trainingszustand sowie auch von der Zusammensetzung der Ernährung und ihrem konkreten Eiweiß- Kohlenhydrat- und Fettgehalt. Andererseits spielt aber auch die Intensität der Belastung eine zentrale Rolle. Deshalb sind Schnell- und Sprintsportarten wie das Agility, im anaeroben Stoffwechsel zu verorten. Bei diesen fällt der Herzschlag zumeist auch etwas höher aus und kann hundertfünfzig bis hundertsechzig Schläge pro Minute oder etwas höher gemessen werden. Sobald jedoch die Intensität der Bewegung ein wenig tiefer und der Hund einer Ausdauer- und Langzeitbelastung ausgesetzt ist, wie beispielsweise bei einem Schlittenhunderennen oder einer Flächensuche, steht die Verstoffwechslung im Zusammenhang mit dem Sauerstoff und geht über die verstoffwechselte Energiebereitstellung mit Sauerstoff oder in den Metabolismus der Fette über. Um den Energieaufwand und die Bereitstellung der Energie zu definieren, wird in der Humanmedizin ein bestimmter Indikator verwendet. Bei diesem handelt es sich um das *Sauerstoffvolumen VO2 Max*, der anzeigt, wie die Bereitstellung von Sauerstoff im Körper funktioniert. Diese ist wiederum zum einen abhängig von der Lungenfunktion, zum anderen auch von der Herzfunktion und der Transportkapazität im Blut. Das heißt, je mehr rote Blutkörperchen im Blut vorhanden ist, also je höher sich der Hämatokrit erweist, desto höher kann diese Sauerstofftransportfähigkeit beziffert werden. Diese Sauerstoffkonzentration ist beim Menschen ein wichtiger Trainingsindikator, beim Hund sowie beim Pferd ist dieser VO2 Max hingegen sehr schwierig zu messen, obschon – wie ich es selbst in meiner Praxis handhabe – vor und nach einer Leistungserbringung auch eine Laktatmessung vorgenommen werden kann. Dementsprechend geben diese Indikatoren Aufschluss darüber, wie sich der Zustand eines Hundes bei Trainingsbeginn darstellt. So lassen sich etwa im Verlauf eines sechs- bis achtwöchigen Trainingsaufbaus diese Parameter wieder hinzuziehen und können mit der Konzentration von Laktat/Pyruvat der initialen Untersuchung verglichen werden. Diese VO2 Max können wir beim Hund also nicht als Indikator verwenden.

Anaerober Energiestoffwechsel

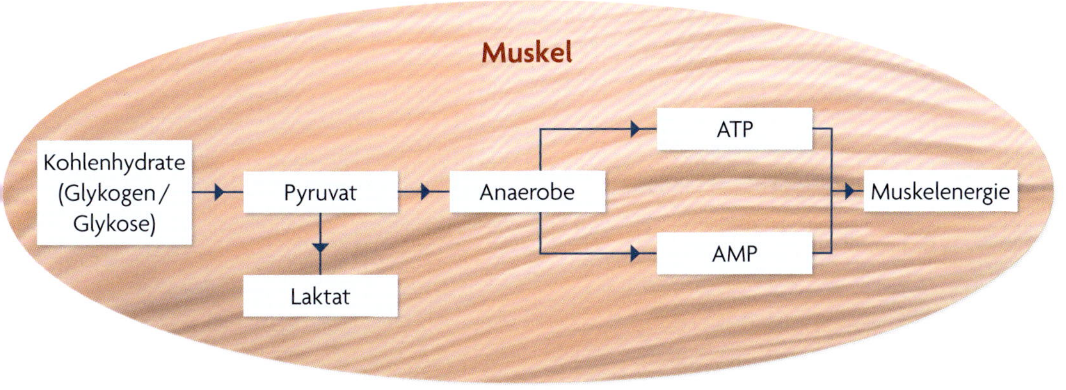

Aerober Energiestoffwechsel

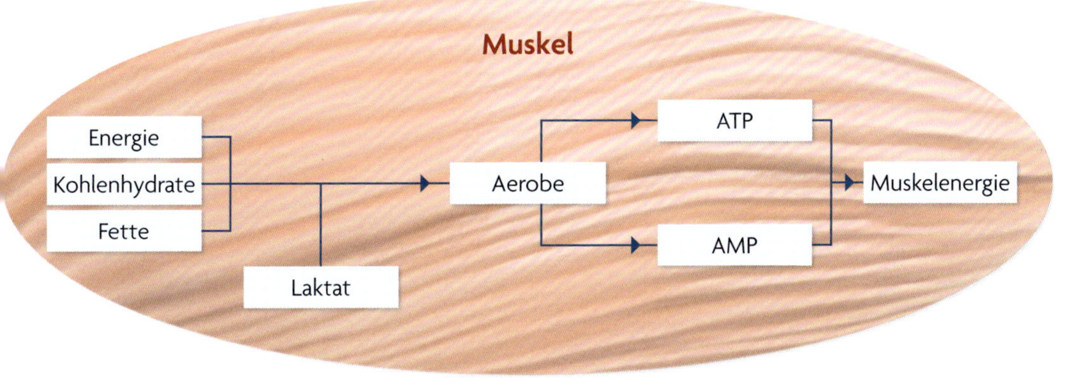

Ermüdung und Erholung nach Leistungserbringung

Unter der Ermüdung ist das physiologisch wie psychologisch bedingte Nachlassen der Leistungsfähigkeit und/oder der Leistungsbereitschaft in der Folge einer Belastung/Bewegung zu verstehen. Das Nichterkennen der Ermüdung kann weitreichende Folgen haben und zur Erschöpfung führen, andererseits aber auch zu Unfällen und massiven Schäden im Gewebe. In unserem Fall können hier Knochen, Muskulatur oder auch Sehnen/Bänder in Mitleidenschaft gezogen werden, die einer langen Regenerations- und Rehabilitationszeit bedürfen.

Die Ursachen von Ermüdung lassen sich wie folgt zusammenfassen:

- niedrige Konzentration von Blutglukose
- Erschöpfung der Energiereserven im Muskel
- Überhitzung/Hyperthermie
- hohe Flüssigkeitsverluste/Dehydrierung
- Elektrolytverluste
- psychische Ermüdung

Gerade letzterem Aspekt wird beim Hund während dem Training oder im Turnier unglücklicherweise zu wenig Beachtung geschenkt. Der Hund kann nicht nur körperlich „sauer“ werden, sondern ebenso in mentaler Hinsicht. Dies vor allem dann, wenn zu viel und einseitig trainiert wird. Dem Hund sollte vor einem Turnier die nötige Erholung gegönnt werden.

Erholung bedeutet die Regeneration der Atmung, der Herzfrequenz, Temperatur sowie der Blutlaktat-Werte innerhalb einer Stunde. Für den Aufbau der Energiereserve im Muskel kann dies einen Tag, im schlimmsten Fall jedoch drei Tage dauern.

Endokrinologie der Hormone

Das innere Gleichgewicht *(Homöostase)* sowie die Regulation der Aktivität und Aufrechterhaltung und Optimierung der Funktion von Organen und ihrer Produkte sind Aufgabe der endokrinen Systeme. Das endokrine System besteht aus einer Steuerungsregion im zentralen Nervensystem *(Thalamus-Hypothalamus-Hypophyse)* sowie diversen Drüsen in der Peripherie, die Hormone in die Zielorgane ausschütten. Dem Leser mag in diesem Zusammenhang vor allem die Schilddrüse bekannt sein, allerdings sind auch die Nebenschilddrüse sowie die Nebenniere von hoher Bedeutung. Die Geschlechtsdrüsen wie Eierstöcke sowie Testikel lassen sich ebenfalls dazu zählen. Die Regulation dieser Hormone erfolgt über die Rückkopplung. Dies bedeutet, dass die zentrale Region die Steuerung ausschüttet und das Ziel-Hormon das Feedback sendet, dass es angekommen ist und genügt. Daraufhin stoppt die Steuerung die Produktion, bis wieder ein Schwellenwert erreicht wird, der zur Ankurbelung der Produktion der übergeordneten Hormone auffordert.

Die Hormone stellen ein sehr komplexes Thema dar, das sich in der Diagnostik, Interpretation und Therapie oftmals als sehr ambivalent erweist. Als bester Vertreter dieses Themas kann die Schilddrüse gelten. Gerade in Bezug auf dieses Hormon werden Aussagen getätigt, die Staunen erregen. Insbesondere bei Hunden, die eine Verhaltensauffälligkeit aufweisen. So ist es nicht verwunderlich, dass Hunde bei sehr hoher Substitution nur wenig bis gar keine Veränderungen zeigen. Dies deshalb, da bei diesen Hunden, vor allem mit Auslands-Anamnese, die Prägung und Konditionierung außen vorgelassen werden. Diese Thematik kann auch nicht durch ein Hormon gelöst oder ungeschehen gemacht werden. Neben der Schilddrüse, die in diesem Kapitel aus einer anderen Optik – nämlich aus dem medizinisch-orthopädischen Blickwinkel heraus dargestellt wird – sollen ein paar andere Hormone Erwähnung finden:

- Nebenschilddrüse
- Nebennierenrinde
  - Kortisol
  - Aldosteron (im Training weniger wichtig, da der Hund nicht schwitzt)
- Nebennierenmark
  - Adrenalin
  - Noradrenalin
- Bauchspeicheldrüse
  - Insulin
  - Glukagon
- Niere
  - EPO (Erythropoietin)

Als Praxisbeispiel werden die Folgen einer juvenilen Schilddrüsenunterfunktion auf das Skelettsystem aufgezeigt, während der Einfluss von Adipositas auf das Körpersystem des Hundes als weiteres Thema behandelt wird. Hier wird vor allem die Diagnostik visualisiert. In der Sprechstunde finde ich mich mit diesem Problem sehr regelmäßig konfrontiert, vor allem die Bekundung der Besitzer, dass der Hund nur sehr wenig Futter erhalten würde, stellt eine häufig vernommene Aussage dar. Die Diagnostik der Adipositas ist eine Detektivarbeit und wird zum Teil von dem Besitzer sehr stark beeinflusst.

Fallbeispiel

Ein Bracke wurde mir und meinem Team im Alter von fünfzehn Monaten vorgestellt. Das Hauptproblem des Tieres bestand aus einem sehr atypischen und auffälligen Bewegungs- und Gangbild, einem aufgezogenen Rücken und einem Ausdauermangel sowie schnellem Absitzen. Außerdem war die Hündin bis zum Zeitpunkt ihres Besuchs in unserer Praxis noch nie läufig gewesen. Im Alter von zwanzig Wochen wurde das Tier bereits aufgrund eines Zahnproblems von einem Veterinärmediziner untersucht. Infolge dieser Konsultation wurden die Hüften der Hündin geröntgt und als nicht pathologisch befunden. Während der Untersuchung der Bracke in unserer Praxis wurde das Vorhandensein einer sogenannten Hüftgelenksdysplasie aufgedeckt. Zum Zeitpunkt des Röntgens fiel auf, dass einerseits die Hüfte, genauer gesagt das Acetabulum, im Alter von fünfzehn Monaten immer noch offene, also nicht mineralisierte Wachstumsfugen aufwies und dass zudem die Wirbelsäule, die Wirbelkörper und die vordere, wie auch die hintere Endplatte nicht geschlossen waren. Weiter fiel auf, dass die Wachstumsfugen in den Knien ebenso noch immer offen waren und dass folglich auch dort bislang noch keine Mineralisation stattgefunden hat. Die zu diesem Fall gezeigten Röntgenbilder, in denen jeweils die offenen Wachstumsfugen mit roten Pfeilen markiert sind. Nach dem Röntgen erfolgte eine sofortige Blutentnahme und es wurden die für dieses Problem charakteristischen labortechnischen Untersuchungen vorgenommen. Wie deutlich zu erkennen ist, weist die Hündin absolut rote Kennmarker bezüglich der Schilddrüsen sowie des Somatotropins auf und besitzt damit einen hochgradigen Mangel an Somatotropin und den Schilddrüsenhormonen TSH sowie freiem T4. Dieser Sachverhalt erklärt auch, weshalb der Bracke neben der Hüftgelenksdysplasie auch offene Wachstumsfugen aufweist, da diese Anomalien den potenziellen Ansatz eines Zwergminderwuchses darstellen. Es liegt zwar kein Zwergminderwuchs vor, allerdings könnte dieser grundsätzlich durch den Mangel dieser Hormone ausgelöst werden. Die Endgröße der Hündin – gerade in Anbetracht ihres Geschlechts – erweist sich als praktisch normal.

An dieser Stelle sei noch einmal auf die offenen Wachstumsfugen und den tiefen Spiegel von TSH verwiesen. Mit großer Wahrscheinlichkeit ist dies auf einen Sturz auf den Kopf ausgelöst worden und stellt daher die Folge eines Schädel-Hirn-Traumas dar. Erst mithilfe der Substitution gelang es, eine Regulierung der Pathologie zu erwirken. Indes muss die Schwierigkeit erwähnt werden, TSH in der Praxis für den Hund zu erhalten, da TSH als Leistungsförderer und Doping in verschiedenen Sportarten – allen voran im Bodybuilding – eingesetzt wird.

Februar 2022:

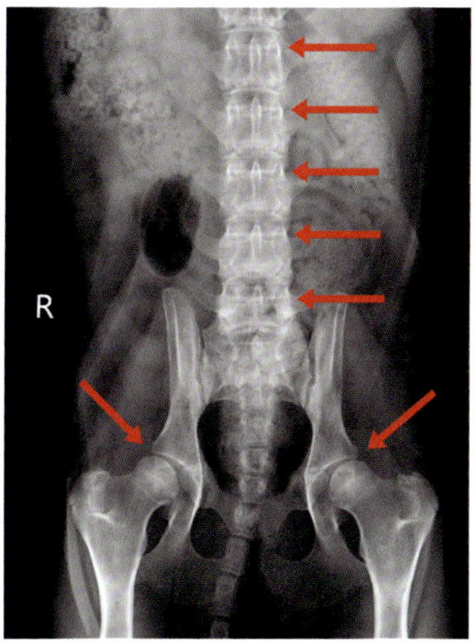

Hüfte gestreckt

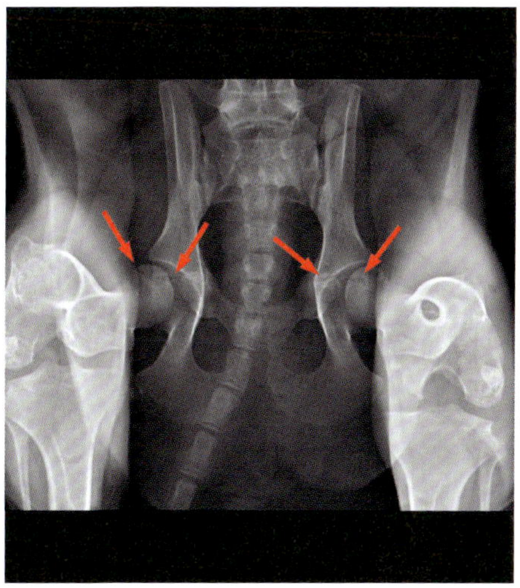

Distraktion

Februar 2022

Lipide:			
Cholesterin gesamt	!	21.1 mmol/l	3.2 – 9.2
Schilddrüse:			
Canines TSH (basal)	!	< 0.03 µg/l	0.03 – 0.40
fT4 freies Thyroxin	!	< 5 pmol/l	9 – 32

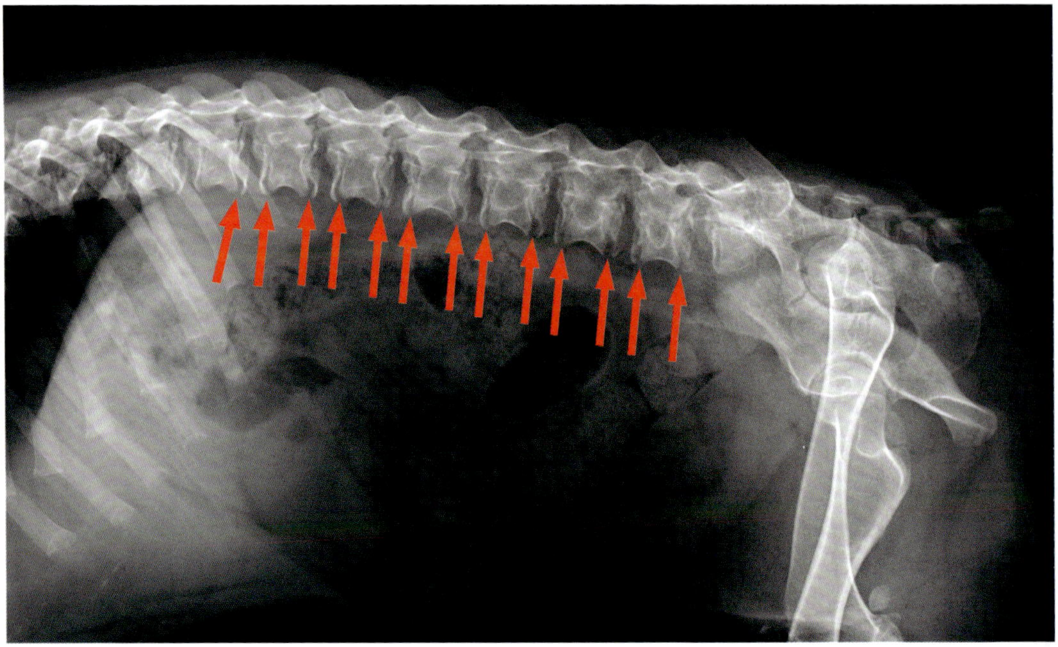

Die roten Pfeile weisen auf die offenen Endplatten bei einem 15 Monate alten Hund hin, diese sollten normalerweise mit 8–9 Monaten geschlossen sein.

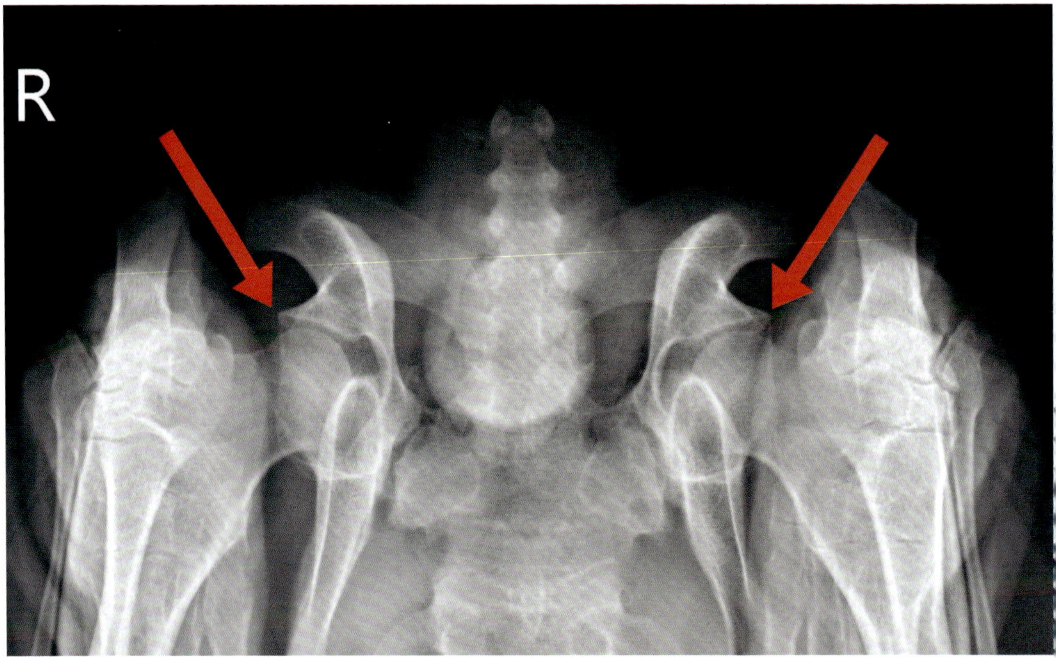

Zu lockere Hüfte und steile Winkelung des Acetabulum-Dachs.

August 2022:

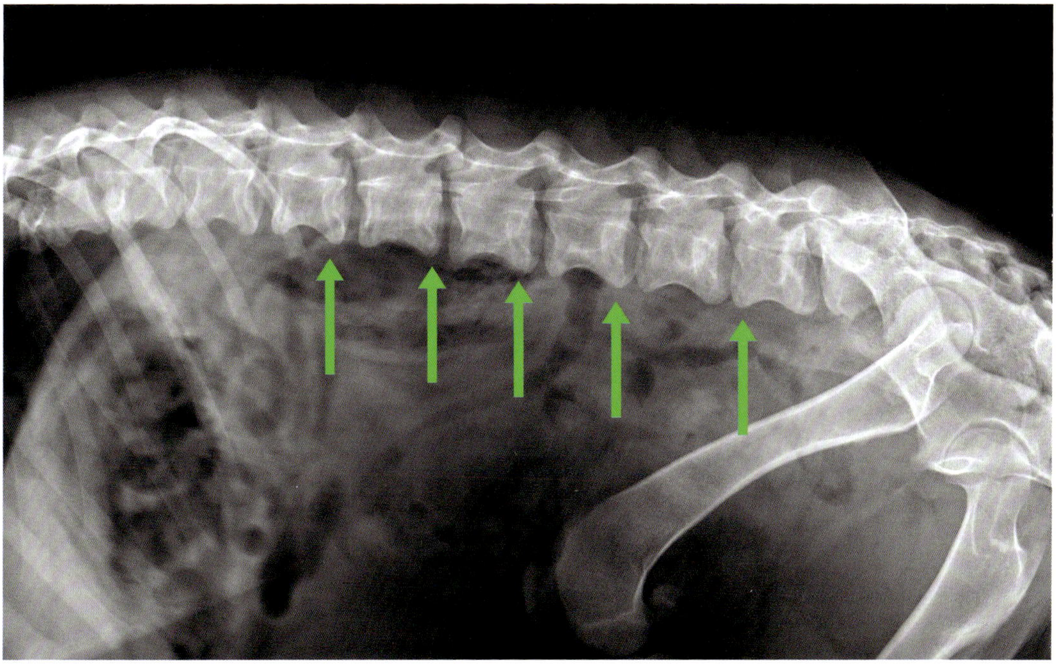

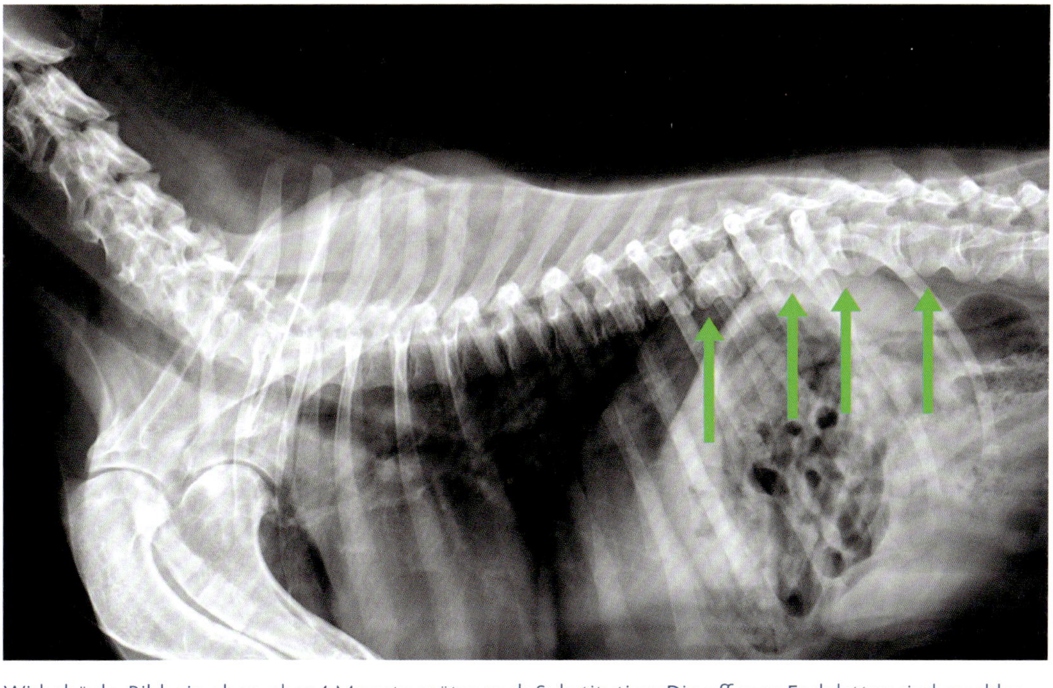

Wirbelsäule, Bild wie oben, aber 4 Monate später nach Substitution: Die offenen Endplatten sind geschlossen.

Endbefund: August 2022

Lipide:			
Cholesterin gesamt		5.4 mmol/l	3.2 – 9.2
Schilddrüse:			
Canines TSH (basal)	!	< 0.03 µg/l	0.03 – 0.40
fT4 freies Thyroxin		12 pmol/l	9 – 32

Die Laborwerte im Vergleich Februar und August 2022. Die peripheren Schilddrüsenwerte haben sich durch die Substitution normalisiert und dadurch auch das Skelettsystem (siehe RX). Die zentralen Werte sind praktisch unverändert, da die Ursache der Unterfunktion zentral ist (Thalamus-Hypothalamus-Hypophysen-Achse) und somit stumpf-traumatisch verursacht wurde.

Steckbrief der Hormone

a) **Somatotropes Hormon (STH)**

Zielorgane: praktisch alle Gewebe

Funktion:
- Förderung der Eiweißsynthese
- Muskelaufbau (anabole Wirkung)
- Erhöhung der Glukosekonzentration im Blut
- Abbau von Körperfetten (katabole Wirkung, abbauend)
- Förderung Knochenwachstum während primären Wachstums
- Förderung des Heilungsprozesses nach Muskelschäden
- Regulation des Elektrolytgleichgewichts

Dieses Hormon ist nicht nur für das primäre Wachstum von Bedeutung, sondern auch für die Regeneration und Rehabilitation nach Traumata/Unfällen sowie Muskel- und Knochenschäden. Der nachfolgend präsentierte Praxisfall eines Hundepatienten im Alter von fünfzehn Monaten – der bereits im Buch *„Schmerzen und Verhalten“* beleuchtet wurde – soll somit die Folgen eines Mangels aufzeigen (siehe Röntgenbilder S. 197 ff.). Die Therapie gestaltet sich als nicht einfach, da sie via *STH* bewilligungspflichtig ist und vor allem aufgrund des Risikos von Dopingmissbrauch einer sehr intensiven Kontrolle unterliegt.

? **STH = Somatotropin**
Ein hormoneller Wachstumsförderer, der nur mit Bewilligung verschrieben werden kann, da er als Doping verwendet und missbraucht werden kann.

b) **Parathormon (Nebenschilddrüse)**

Zielorgan: Magen-Darm-Trakt, Niere sowie Osteoklasten

Funktion:
- Stimulation der Osteoklasten (Knochenabbau)
- Aufnahme von Kalzium und Phosphor aus dem Magen-Darm-Trakt
- Rückresorption von Kalzium aus der Niere

Das Parathormon wird ins Blut ausgeschüttet, wenn die Konzentration an Kalzium und Phosphor im Blut tief ist, sowie vor allem beim Knochenumbau im Trainingsaufbau des Hundes.

c) **Nebennierenrinde – Kortisol**

Zielorgan: zahlreiche Gewebe und Organe

Funktion:
- Kohlenhydrat- und Proteinstoffwechsel
- Stimulation Glukosestoffwechsel, Gluconeogenese
- Stimulation Glukose- und Glykogenspeicherung in Leber
- Fettstoffwechsel
- Hemmung von Entzündung sowie Immunsuppressiv

Grundsätzlich ist Kortisol das Hormon der Aktivität und Flucht. Beim Hund kennt man die Addison-Erkrankung. Dabei ist die Konzentration von Kortisol eher zu tief und führt beim Hund neben Schlappheit zu Durchfall und Erbrechen. Generell lässt sich eine verminderte Aktivität verzeichnen. Somit ist klar, dass zur Regulation von „Sturm und Drang“ Kortisol zwingend vorhanden sein muss.

? **Addison-Erkrankung:** Andere Bezeichnung für Nebennierenrindeninsuffizienz, bei der die Nebennieren nicht ausreichend Steroidhormone produzieren.

d) **Nebennierenmark – Adrenalin/Noradrenalin**

Zielorgan: Zahlreiche Gewebe, Herz, Blutgefäße, Milz, Atemwege

Funktion:
- Steigerung der Herzfrequenz und Herzkontraktion; somit Steigerung des Herzminutenvolumens
- Steuerung der Atemfrequenz, Erhöhung von V02 max
- Blutdruckanstieg
- Verengung von Blutgefäßen
- Milzkontraktion - Freisetzung von Blut und Erythrozyten bei Leistung

Katecholamine: Zusammenfassender Begriff für Adrenalin, Noradrenalin und Dopamin.

Generell gilt, dass die Katecholamine sich im Fall von Stress als wichtig erweisen sowie für Leistung und Aktivität eine bedeutende Rolle spielen, um die erhöhte Bewegung durchführen zu können. Der ganze Herz-Kreislauf mit der Erhöhung von Blutzirkulation und Atmung sowie der Freisetzung von Blut und Blutkörperchen aus der Milz sind wesentlich für Sport und Aktivität zur Erbringung von Leistung und Bewegung, wie etwa während eines Turniers oder in der Ausdauerleistung. Beim Menschen verhält sich dies genauso, wenn etwa beim Joggen der Körper die Zirkulation ebenfalls anpassen muss.

e) **Bauchspeicheldrüse – Insulin**

Zielorgan: vor allem Leber und Muskulatur

Funktion:
- Aufnahme von Glukose in die Zelle, jedoch abhängig von Blutglukosekonzentration

Mein Hund ist zu dick – Adipositas, was nun?

Dieses Thema beschäftigt Tiermediziner regelmäßig in der Praxis. Allzu oft sind die Aussagen der Besitzer bezüglich der Ernährung sehr schwer nachzuvollziehen. Grundsätzlich sollte unterscheiden werden zwischen:

- normaler Ernährungsintensität
- abnormaler Ernährungsintensität (Besitzer betrachtet diese jedoch als normal)

Die nebenstehende Grafik gibt detailliert Auskunft über dieses Thema.

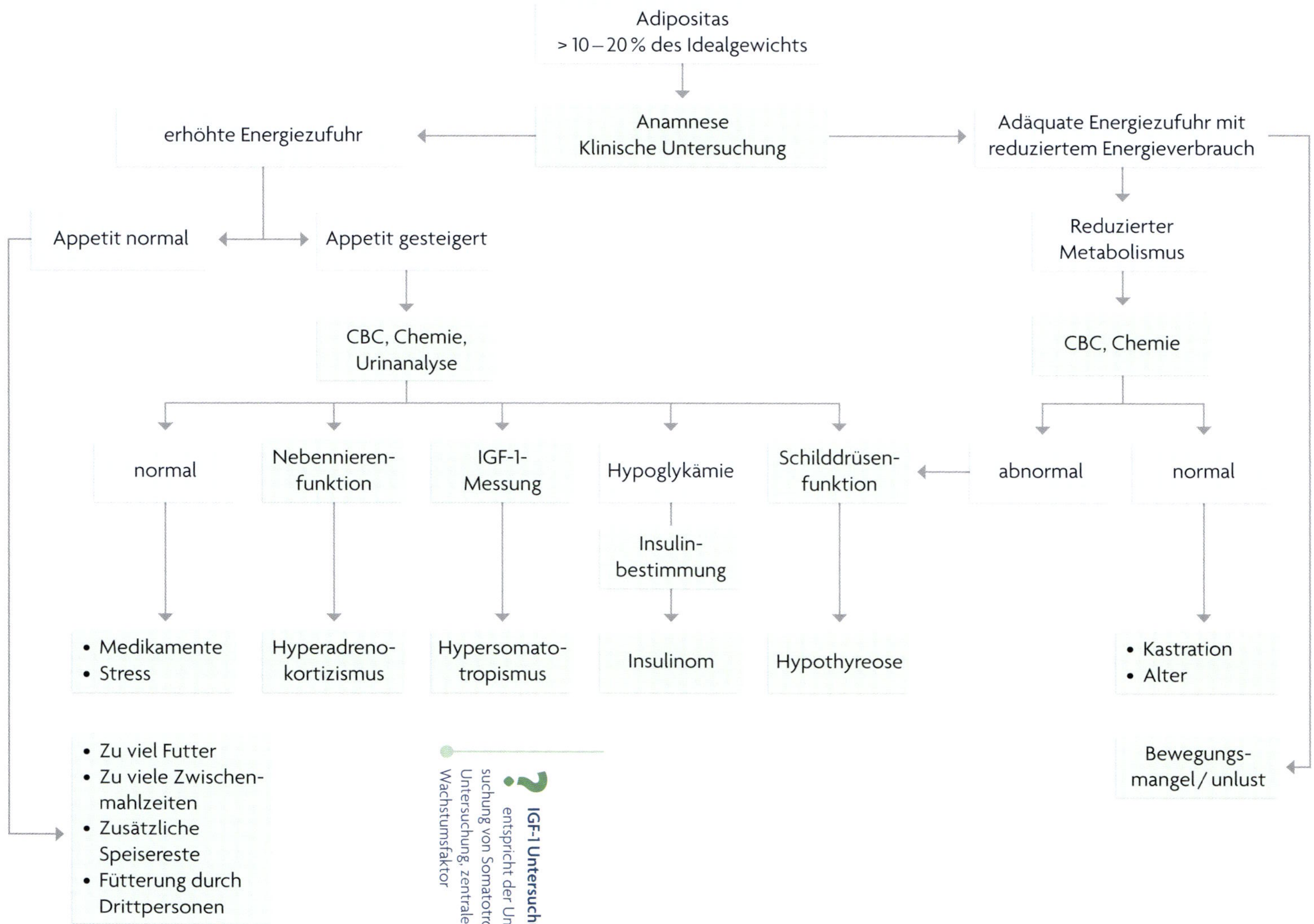

IGF-1 Untersuchung: entspricht der Untersuchung von Somatotropin Untersuchung, zentraler Wachstumsfaktor

Trainingsaufbau für den Hund ab dem sechsten Lebensmonat

Im vorliegenden Abschnitt werden einerseits Trainingspläne für den Arbeits- und Sporthund thematisiert, andererseits aber auch Empfehlungen für den Familienhund abgegeben. Zur allgemeinen Klärung muss angemerkt werden, dass der Familienhund nicht weniger wichtig ist und sich einfach in der Intensität unterscheidet. Der Fokus von Hundehaltern eines Familienhunds ist vorwiegend auf Freizeit und Alltag gerichtet. Dieser Ansatz ist nicht wertend gemeint, sondern entspricht der Zielvorgabe für das Anschaffen eines Hundes – oftmals zur Erfüllung der Bedürfnisse der Freizeitaktivität des Hundehalters. Diese Voraussetzungen hat der Besitzer eines Arbeits- oder Sporthundes bereits anders gewählt, indem er die Genetik, den Zweck und die Eignung, sowie die gezielte Auswahl der Rassenlinie definiert hat. Auch mit dem Individuum wurde ebenfalls eine Selektion der Elterntiere getroffen, die für einen potenziellen Arbeits- und Sporthund von Bedeutung ist.

Einen der wichtigsten Punkte stellt die Arbeit in den Monaten des Wachstums dar. Die von mir definierte Timeline erstreckt sich vom sechsten bis zum zwölften Lebensmonat. Wie in vorangegangenen Kapiteln bereits erläutert, ist diese Phase von hoher Bedeutung. So befindet sich der Hund einerseits noch voll im primären Wachstum, weshalb die Wachstumsfugen noch offen und damit auch stark verletzbar sind. Andererseits handelt es sich dabei dennoch um einen optimalen Zeitpunkt, um mit dem sportlichen Aufbau zu beginnen. Dies steht im direkten Zusammenhang mit der physischen Prägung und Konditionierung des Hundes. Ferner lässt sich auch ein erster Eindruck über die Leistungsfähigkeit und -bereitschaft des Hundes gewinnen und es kann abgeschätzt werden, ob und wie gut sich ein Hund für das vorgegebene Ziel eignet. Als Beispiel lässt sich an dieser Stelle der Hund für die Treib- und Hütearbeit an den Schafen heranziehen. Wenn sich im Welpenalter Unfälle oder Kollisionen mit Schafen, Auen oder Widdern ereignet haben, kann dies Folgen für die zukünftige Arbeit haben. Dasselbe gilt auch für den Jagdhund. Ich werde in meinem Praxisalltag immer wieder damit konfrontiert, dass Jagdhunde im „Schweinegehege" auf die Sau trainiert werden. Wenn also als Beispiel ein kleiner Stoß von einer Sau etwas unsanft gerammt wird, hinterlässt dies Spuren in der Triebhaftigkeit und bedarf je nach Situation einiges an Zeit, um diese Traumatisierung zu kurieren. Gleichsam ist es wichtig, dass der betroffene Hund in der Folge nicht ein übermäßiges Trieb- und Aggressionsverhalten demonstriert. Durch diese stumpfen Traumata ist es für den Hund ebenso möglich, einen Schaden im Skelettsystem davon zu tragen. Gerade das oben erwähnte Beispiel stammt direkt aus meinem Berufsalltag. Als Konsequenz eines solchen Vorfalls können immer wieder Stauchungen im Bereich der Wirbelsäule, im Kopf entstehen oder aber in den Gliedmaßen entstehen. Wenn der Kopf in Mitleidenschaft gerät, hat dies Auswirkungen auf die Schmerzwahrnehmung im Kopf. Unglücklicherweise können Hunde dieses Leiden nicht einfach verbalisieren. Die Folgen können sich jedoch in Form von Verhaltensveränderungen, Angst und Aggressionen bemerkbar machen oder aber sich als Apathie, Abgeschlagenheit und Leistungsabfall manifestieren.

Als weiterer Punkt ist der Muskel- und Trainingsaufbau zu erwähnen. Dieser erfolgt in den nächsten sechs Monaten generell aerob, um die Grundsätze von Arndt Schulz sowie die Biologie der Orthopädie nicht zu untergraben. Auch mit diesem aeroben Aufbau wird die Muskulatur sowie die Kondition des Hundes beeinflusst. Als wichtigster Parameter kann hierzu die Mitochondrienzahl genannt werden. Die Mitochondrien stellen die Kernkraftwerke der Muskulatur dar und stellen die Energie für die Muskulatur bereit. Mit einem wie hier vorgestellten, gezielten Training baut der Muskel innerhalb von sechs Wochen vierzig Prozent mehr Mitochondrien auf, was eine direkte Auswirkung auf die Leistungserbringung besitzt. Für all diejenigen, die Schnellsport betreiben, darf gesagt sein, dass der Aufbau im Anschluss erfolgen wird und die Muskulatur sich dank der Biologie der Orthopädie schnell umbaut und anpasst. Es bedarf jedoch einer Grundlage und die Muskulatur muss bereits vorhanden und vor allem aktiv sein.

Ein weiterer wichtiger Punkt, der für Hundebesitzer von Bedeutung ist, ist die skelettale Gesundheit. Ein gutes Basistraining stärkt die Bänder, Sehnen und Muskeln und reduziert deutlich die Anfälligkeit und Verletzungen für das Framework. Dies ist insbesondere bei einem extremen Schnellsport wie dem Windhundrennen zu berücksichtigen. Verletzungen der Pfoten und Zehengelenke können mit einem sinnvollen Aufbau drastisch verringert werden, was nicht nur weniger Kosten verursacht und Trainingsausfälle minimiert, sondern auch in erster Linie für den Hund weniger Schmerzen bedeutet. Regelmäßige Trainings zur Förderung der Struktur sowie Kondition senken das Verletzungsrisiko, während das Training auf unterschiedlichen Untergrundbeschaffenheiten die Sensibilität der Struktur erhöht.

Ferner ist noch ein weiterer wichtiger Punkt zu erwähnen, der nicht außer Acht gelassen werden soll. Neben dem Trainieren des Frameworks und der Fitness müssen dabei auch die Persönlichkeit und der Intellekt des Hundes Berücksichtigung erfahren. Gerade beim Sport- und Arbeitshund sollte darauf Verlass sein, dass er seinen Kopf, Geist, seine Erfahrung und Nase einzusetzen in der Lage ist. Es ist eine Tatsache, dass ein geschulter Hund oftmals die Patzer des Hundeführers gerade aufgrund seiner Erfahrung und Persönlichkeit auszugleichen vermag, was als ein Beweis für die Treue des besten Freundes des Menschen gelten kann. Auch ist für den

Familienhund eine gute Sozialisierung auf seine Umwelt und sein Umfeld sowie auf seine Artgenossen wichtig. Dies ist von großem Nutzen, wenn der Hund seinen Zweibeiner zu dessen Arbeitsplatz oder ihn regelmäßig in die Stadt und in die Berge etc. begleitet.

Definition Training

Der Begriff Training steht allgemein für alle Prozesse, die eine verändernde Entwicklung hervorrufen. Somit ist dieser Begriff sehr weit gefasst und findet umgangssprachlich heute Eingang in viele Bereiche, sei es Sport, Beruf oder Wirtschaft. Das Training bezeichnet also einen Prozess der Übung und Verfeinerung einer Tätigkeit, eines Ablaufs oder einer Bewegung. Darunter ist dieselbe Art von Feintuning zu verstehen, wie es etwa der Pianist oder Gitarrist beim Üben einer Sonate oder eines Solos vollführt.

Im Bereich des Hundewesens, bzw. beim Arbeits-, Sport-, Freizeit- oder Familienhund stellt sich ein Training ebenfalls als sehr wichtig dar. Beginnend mit dem Erziehungskurs zum Erlernen des „Einmaleins" und der Sozialkompetenz, liegt der Fokus beim Arbeits- und Sporthund auf dem Trainingsaspekt zur Verfeinerung und Ertüchtigung der körperlichen und geistigen Leistung.

Im Sport ist dieser Trainingsbegriff folgendermaßen definiert:

Planmäßige und systematische Realisation von Maßnahmen (Trainingsinhalten und -Methoden) zur nachhaltigen Erreichung von Zielen (Trainingsziel) im und durch den Sport. Unter diesen Voraussetzungen ist dieser Begriff weder an Leistungs- noch an Altersgrenzen gekoppelt und der Gesundheitszustand wird nicht mitberücksichtigt. Beim Hund sollte nur ein Trainingsaufbau eingeleitet werden, wenn die **Form-Funktions-Aspekte** Beachtung erfahren. Dies bedeutet, dass nur gesunde und vom Skelettsystem her isometrische Hunde aufgebaut werden sollten. Ein nicht adäquates Skelettsystem kann nicht zu hohen und höchsten Leistungen trainiert werden. Aus meiner Sicht bietet sich somit folgende Definition an:

Das Leistungstraining bedeutet eine Stimulation funktioneller und struktureller Anpassungs- und Aufbauprozesse zur Verbesserung der Leistung bei spezifischen Aufgaben.

Ausbildung und Leistungstraining

Im Hundesport ist das Aufbau- und Leistungstraining wenig strukturiert. Jeder trainiert seinen Hund nach seinen eigenen Präferenzen und Erfahrungen oder nach Anweisungen von bekannten Hundesportkollegen. Es handelt sich somit um Erfahrungen, die bei Kollegen und aus eigener Praxis bei den eigenen Hunden Erfolge verbuchen konnten. Diese können aber auch zum Teil auf Zufällen beruhen. Es ist unser Ziel, auf Basis von detailliertem Wissen, aber auch durch Kontrollmechanismen das Training sowie den Trainingsverlauf zu steuern und zu quantifizieren.

Dabei kommen sowohl labortechnische Verfahren als auch die funktionell kinematischen Parameter, die den Trainingsverlauf sehr gut aufzeigen, zum Einsatz.

Als Einstieg in den Bewegungs- und Trainingsaufbau des Hundes soll zunächst eine generelle Unterteilung des Trainings erfolgen:

a) Grundausbildung
b) Aufbau- und Leistungstraining

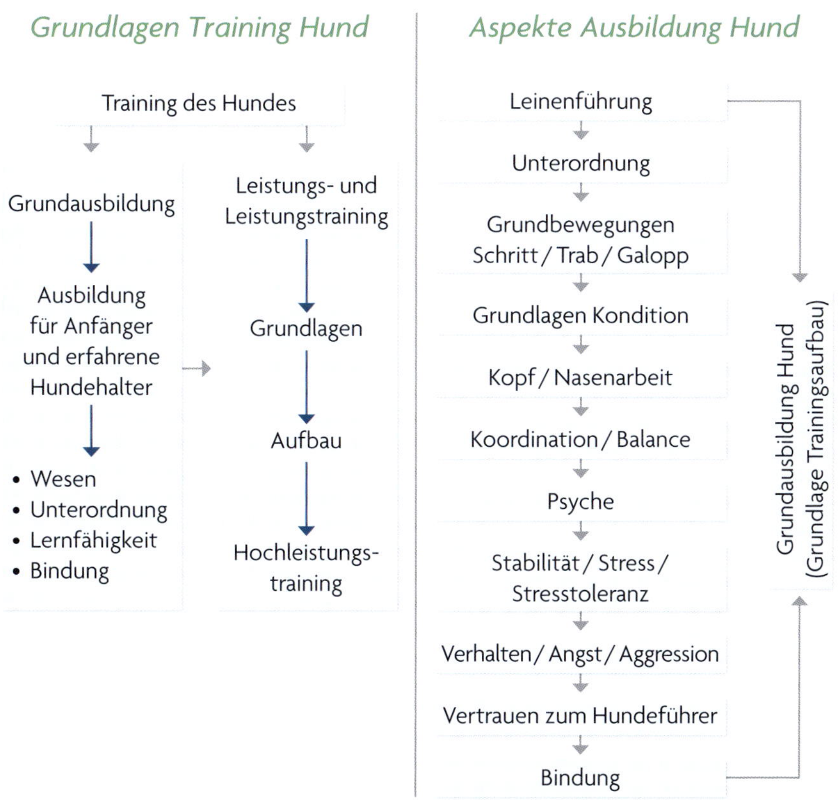

An dieser Stelle soll erneut auf die Grundlagen der Orthopädie aufmerksam gemacht werden. Ein gesunder Aufbau ist nur möglich, wenn die Form-Funktions-Isometrie erfüllt ist und die Statik und Dynamik sich im anatomischen Verhältnis zueinander befinden. Das gleiche gilt auch für die Biologie der Orthopädie (Anpassungsfähigkeit des Skelettsystems) sowie die Arndt-Schulz-Regel.

Das Aufbau- und Leistungstraining des Hundes beinhaltet zudem auch eine Anpassung (Adaptation) des gesamten Organismus. So etwa neben dem Bewegungsapparat auch der Herz-Kreislauf, die Lunge und Atmung, die Sauerstoffbereitstellung, Energie-und Nährstoffbereitstellung sowie Thermoregulation; die Regulation des Wasser- und Elektrolythaushalts sowie die Persönlichkeitsentwicklung und Psyche für die Anforderungen in Arbeit und Sport. Das Leistungstraining beinhaltet immer die Wiederholung von Belastung und gezielter Überlastung zur Verbesserung von konditioneller, koordinativer und psychischer Leistungsfähigkeit und Fitness.

Im Hinblick auf das Training des Hundes muss generell eine Differenzierung zwischen der Grundausbildung sowie dem Leistungstraining vorgenommen werden. Beim Grundlagentraining des Hundes lassen sich vier Hauptgruppen setzen, die aus dem Lesen des Hundes, der Unterordnung oder dem Gehorsam, der Lernfähigkeit und ferner der Bindung zum Hundeführer bestehen. Was nun das Leistungstraining anbelangt, so kann dabei auf die Grundlagen zurückgegriffen werden, die der Hund während seiner ersten Lebensmonate erlernt hat, um im zweiten Schritt auf dieser Erfahrungsbasis das Aufbau- und das Hochleistungstraining zu adaptieren. In diesen Bereichen lassen sich insbesondere die Kondition und die Koordination sowie den Aufbau der Psyche, also der Persönlichkeit, in den Fokus stellen.

In der Einleitung für das Grundausbildungstraining wurden diese vier Untergruppen bereits erläutert und durch die dazugehörige Grafik auf S. 207 nochmals illustriert. Werden diese nun auf den Alltag des Welpen oder wachsenden jungen Hundes übertragen, so lässt sich sagen, dass der Fokus in der Grundausbildung generell auf die Prägung und Konditionierung des Hundes, auf seiner Umwelt, aber auch auf dem Hundehalter und anderen Personen gelegt werden sollte. Diese Grundlagen beginnen bereits beim Züchter in der Wurfkiste sowie beim Besitzer kurz danach, wenn effektiv eine Prägung auf diverse Untergrundbeschaffenheiten und auf Hindernisse erfolgt. Ebendiese Prägung und Konditionierung, die beim Züchter ihren Anfang nimmt, sollte anschließend beim Hundebesitzer fortgeführt werden.

Neben dem Einmaleins der Grundausbildung sollte auch das Bewegungstraining miteinbezogen werden. An dieser Stelle sei noch einmal daran erinnert, dass die Ein-Minuten-Regel weder schlag- noch aussagekräftig ist, wie wir bereits auf S. 9 ff. gesehen haben. Dieses Grundlagentraining der Bewegung im Zusammenhang mit Untergrund- und Bodenbeschaffenheit erweist sich – genau wie die Interaktion zwischen Hund / Hund sowie Hund / Mensch – als ein zentraler Aspekt, der vorrangig als Hunde-Knigge in der Hundeschule gelehrt wird. Zu diesen Kernlektionen zählen unter anderem auch das Verhalten des Hundes bei Berührungen und dem Führen durch fremde Personen, der Besuch beim Tierarzt sowie die Interaktion des Hundes mit der Gesellschaft. Zur Prägung und Konditionierung gehört zudem die Unterordnung bzw. generell der Gehorsam oder die Leinenführigkeit. Ferner muss auch der Lernfähigkeit genügend Aufmerksamkeit geschenkt werden, damit der Hund zusätzlich zur Bewegung auch seine Nase und seinen Kopf einzusetzen in der Lage ist. Dabei wird er optimal ausgelastet, wobei es zu empfehlen ist, frühzeitig mit dem Training von Intellekt und Spürsinn zu beginnen. Dies ist nicht nur für den Familienhund von Vorteil, sondern zählt vor allem zu den Kernelementen der Grundausbildung des Arbeits- und Sporthundes, wie etwa beim Polizeihund, der auf das Aufspüren von Betäubungsmitteln vorbereitet werden kann. Was das Verhalten des Hundes im sozialen Kontext anbelangt, so gehört dazu auch das Kennenlernen von verschiedenen Transportmitteln wie Bus, Straßenbahn, Zug oder Bergbahn. Hierbei lernt der Hund zusätzlich, Vertrauen zu seinem Besitzer aufzubauen. Des weiteren wird auch das Geschicklichkeitstraining in den Aufbau des Hundes integriert, im Anschluss weiter vertieft und durch das Training des fachspezifischen Teils – je nach dem, wofür der Hund trainiert werden soll – ergänzt. Grundsätzlich lässt sich zusammenfassen, dass im Aufbau- und Leistungstraining des Hundes in erster Linie die Kondition und die Koordination, dann die Bewegung, Ausdauer wie auch die individuelle Persönlichkeit, der Intellekt und die Fertigkeit, die Nase zu gebrauchen, aufgebaut und trainiert werden.

Die oberste Position und somit Priorität nimmt die Leinenführigkeit ein, die eine wesentliche Voraussetzung für einen Trainingserfolg darstellt. Die einwandfreie Führbarkeit des Hundes an der Leine hilft dabei, das Unfallrisiko für den Hundeführer oder für andere Personen, die das Tier in Ausnahmefällen ausführen müssen, zu minimieren bzw. ganz zu vermeiden.

Im Zusammenhang mit der obligatorischen Leinenführigkeit ist es ebenso wichtig dafür zu sorgen, dass der Hund mit den Grundregeln des bei Fuß Laufens sowie mit den Kommandos „Sitz!", „Platz!" und „Bleib!" vertraut ist und diese befolgen kann, da gerade im sozialen Kontext und beim unmittelbaren Kontakt mit der Umwelt die Hörigkeit des Hundes von hoher Bedeutung ist.

Zudem müssen auch die Grundbewegungen Schritt, Trab und Galopp gezielt aufgebaut werden, damit sie dem Hund bekannt sind und er dazu in der Lage ist, zwischen ihnen zu differenzieren. Dabei gilt es auch, dem Hund die unterschiedlichen Untergrundsituation näher zu bringen und dafür Sorge zu tragen, dass er – wie im Fall von Such- oder Polizeihunden – die Fähigkeit besitzt, über steinigen und bewaldeten Boden, Geröll, Stämme oder Brücken sowie Metall, Gitterrost, etc. laufen zu können. Auch in Bezug auf Familienhunde mag es von Vorteil sein, wenn das Tier gelernt hat, angstfrei mit verschiedenen Untergrundbeschaffenheiten umzugehen. Der Punkt der Kopf- und Nasenarbeit wurde bereits ausführlich erörtert. Was nun jedoch die Kondition anbelangt, so ist darunter zu verstehen, dass der Hund gelehrt wird, Zeitdauer aufzubauen, um mit ihm zum Beispiel kurze Spaziergänge machen und diese mit zunehmendem Alter ausbauen zu können.

Der Aspekt der Koordination und Balance bedeutet für den Hund das Antrainieren der Fähigkeit, sein Gleichgewicht und den eigenen Körper spüren und mit diesem auch umgehen zu können. Diese Fertigkeiten lassen sich beispielsweise durch das Laufen über Baumstämme oder Gratwanderungen aneignen.

Einen grundlegenden Faktor, dem bislang womöglich noch zu wenig Aufmerksamkeit gezollt wurde, stellt die Persönlichkeit des Hundes, seine Psyche, mentale Stabilität, Stresstoleranz und Resistenz dar sowie das Verhalten gegenüber anderen Menschen, Angst und Aggression. Es muss möglich sein, den Hund in extremen oder für ihn ungewohnten Situationen effektiv wieder zur Ruhe bringen zu können. Selbstredend muss dem Tier auch genügend Zeit dafür eingeräumt werden, Neues zu lernen und sich in fremden Umgebungen oder auf unterschiedlichen Untergründen mit diesen Dingen zu konfrontieren und auseinanderzusetzen. Dabei sollte er keine Angst verspüren, bzw. sich der Tatsache bewusst sein, dass er sich nicht zu fürchten braucht und nicht mit Aggression reagieren muss. Ferner erweist es sich als fundamental, den Hund zu lehren, Vertrauen zum Hundeführer zu fassen.

Ein simples, jedoch immer wieder als Anlass für Diskussionen dienendes Beispiel stellt das Treppenlaufen dar. Wird der Hund nicht an die Treppe gewöhnt, zeigt er ein gewisses Meideverhalten, wobei Angst immer als ein Indiz dafür gelten kann, dass in einem solchen Fall das Vertrauen zum Hundeführer nicht vorhanden ist. Neben dem grundlegenden Aspekt des Vertrauens muss auch eine Bindung zum Menschen bestehen, damit der Hund zusätzlich unter schwierigen Bedingungen dem Hundeführer furchtlos und aggressionsfrei folgen kann und sich deutlich bei ihm wohlfühlt. Zwar lassen sich diese Punkte nicht als neue Errungenschaften charakterisieren, es ist jedoch wichtig, dass ebendiese in der Grundlage Berücksichtigung finden. In den letzten Jahren – insbesondere auch während der Pandemiezeit – sind solche Aspekte zum Teil etwas in Vergessenheit geraten, weshalb ich immer wieder feststellen muss, dass viele Hunde dieses Basis-Einmaleins weder kennen noch beherrschen und damit ihr Handling in der Tierarztpraxis ein wenig erschweren. Prinzipiell muss also gerade beim Arbeits- und Sporthund dieses Einmaleins in der

Grundausbildung adäquat gelegt werden, um den Trainingsauftakt und -aufbau einfacher zu gestalten. Dieser vorvorhandene Ausbildungsstatus kann abgerufen und im Feinschliff weiter ausgebildet werden, was in der Folge die Koordination und den Start des Aufbaus erleichtert.

Trainingsprinzipien

Bei der Durchführung des Trainings (Grund-, Aufbau- und Leistungstraining) sind bestimmte Prinzipien zu beachten, von denen zehn als wesentlich angesehen werden:

1) Ausrichtung des Trainings auf die angestrebten Ziele (Teilziele, Inhalte)

2) Förderung und Entwicklung von Leistungsfähigkeit und -bereitschaft unter ethischen Grundsätzen

3) Rechtzeitige Förderung von spezifischen Fähigkeiten (Prägung und Konditionierung im Sport oder Arbeit, oder für die Freizeit) sowie Grund- und Aufbautraining bezüglich Kraft, Ausdauer und Schnelligkeit

4) Steigerung von Trainingsbelastung (Dauer, Intensität und Häufigkeit)

5) Regulation von den Zyklen: Belastung - Erholung

6) Regelmäßige Trainings in Kontinuität, Intensität und Akzentuierung

7) Fortlaufende Trainingskontrollen (Labor, Kinematik, Fragebogen)

8) Optimierung von Psyche, Verhalten, Wesen und Persönlichkeit

9) Anpassung der Trainings-Höchstleistung auf den einzelnen Hund

10) Trainingseffekte sind reversibel (Pause, Inaktivität)

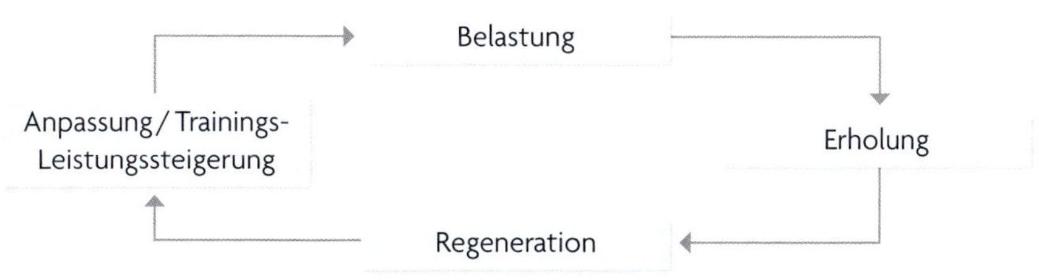

Das Training beim Hund, egal ob Grundaufbau oder Leistungstraining, ist abhängig von der Belastung. Damit kann der Erfolg im Aufbau gesteuert, aber auch überwacht werden. Dadurch wird die Intensität des Trainings definiert.

Die wichtigsten Parameter für die Trainingsintensität sind:

- Belastungs-
  - » dauer
  - » umfang
  - » häufigkeit
  - » frequenz

Auf diese Parameter soll nachfolgend im Einzelnen genauer eingegangen werden. Die *Belastungsdauer* ist als ein wichtiger Parameter zu betrachten. Als Zeitparameter kann er sehr einfach die Intensität aufzeigen sowie auch die Gefahr der Überlastung definieren. Dabei gilt: Je länger, desto besser – oder je länger, desto eher wird der Rand der Überlastung erreicht. Die Belastungsdauer kann zudem auch Aufklärung über den Fortschritt im Training leisten. Exemplarisch lässt sich hier auf den Marathonläufer verweisen, der selten die Marathonstrecke trainiert, sondern vielmehr die Belastungsintensität seiner Trainings variiert. Dieser Grundsatz sollte auch beim Training eines Schlittenhundes mit Langdistanz berücksichtigt werden. Schon allein deshalb, da ein Training nie über diese Zeitachse durchgeführt werden kann.

Der *Belastungsumfang* definiert sich als Summe aller Aktivitäten oder Übungen innerhalb eines Trainings. Im Hundesport lässt sich dies mit der Anzahl der verschiedenen Übungen vergleichen. Dies gilt auch im Breitensport und für die Leinenführigkeit, bzw. die „Sitz!"-, „Platz!"- und „Bleib!"-Übungen.

Die *Belastungshäufigkeit und -frequenz* können ebenso simultan erwähnt werden.

Bei einem Einzeltraining oder einer Sequenz von mehreren Trainings (also anstelle eines Trainings einer ganzen Kaskade von beispielsweise zehn), wird für diese Trainingseinheiten grundsätzlich eine klare Belastung eingeplant und Zielsetzungen ausgearbeitet. Dabei ist es außerdem wichtig, dass nach einer solchen Trainingseinheit eine Erholungsphase eingeplant wird. Da der Hund durch die während des Trainings aufgebrachte Leistung in einen Grenzbereich zwischen Übermüdung und Überlastung geführt und seine Muskulatur sowie die Mitochondrien gereizt bzw. gestresst werden, ist es notwendig, im Anschluss an die Aktivitäten eine Zeitachse für die Erholung und Regeneration des Tieres einzubauen. Wenn festgestellt werden konnte, dass während der absolvierten Trainingseinheiten die zuvor angestrebten Ziele erreicht wurden, ist es möglich, eine Anpassung der Trainings- und Leistungssteigerung vorzunehmen. Ist es allerdings nicht gelungen, die gewünschten Resultate zu erwirken, so hat eine Auseinandersetzung mit der Frage zu erfolgen, weshalb dies der Fall war. Es gilt zu untersuchen, ob die jeweiligen Ziele nicht zu hoch gesetzt wurden oder ob nicht der Zustand des Hundes dabei eine tragende Rolle spielt. Es muss also beispielsweise geklärt werden, ob der Hund nicht unter einer Krankheit leidet, eine Infektion vorliegt, wie und ob sich die Ernährung als adäquat erweist oder ob nicht etwa generell ein Problem mit der Erholung und der Regeneration vorliegt.

Ein Vergleich mit dem Humansport und dem Krafttraining mit Gewichten im Fitnessstudio zeigt, dass auch beim Hund die Trainings oder Trainingseinheiten so zu gestalten sind, dass dabei auch verschiedene Muskelpartien beansprucht und exerziert werden. Dies bedeutet konkret, dass an einem Trainingstag zum Beispiel die Beine, also Oberschenkel, Unterschenkel und Waden, trainiert werden. An einem zweiten Tag stehen dann wiederum der Oberkörper, an einem dritten die Arme und an einem weiteren Tag die Ausdauer durch Laufband oder Joggen im Fokus des Trainings.

Beim Hund sollte dies genauso vonstattengehen. Zur Veranschaulichung lässt sich hierbei das Beispiel des Schutzdiensthundes anführen. So werden zunächst beispielsweise die Unterordnung und ein wenig Ausdauer trainiert, bevor als zweites die Arbeit am Mann und in einem dritten Training noch etwas Kraft und Schnelligkeit in Form von Bergtrabs, Sprints, Hundert-Meter-Läufen, etc. geübt werden. Meines Erachtens ist es entscheidend, auch im Hundesport eine Verbindung zwischen der Fachausbildung, Ausdauer, Kraft und Schnelligkeit herzustellen.

Die Grafik auf der nächsten Seite zeigt die Reihenfolge der Intensität eines Trainings. Es liegen sechs Stufen vor, wobei sich vier Stufen im grünen Bereich und zwei im roten Bereich befinden. Die Belastung kann so gestaltet werden, dass sie mit derjenigen im Alltag vergleichbar ist. Allerdings bleibt damit der Trainingseffekt aus und der Fokus liegt einzig auf der Bewegung und dem Trainieren der Kopf- und Nasenarbeit. Diese Belastung lässt sich leicht steigern, um den unterschwelligen Trainingsreiz zu erhöhen, aber es liegt keine größere Trainingseffizienz vor. Diese zwei Stufen stellen die Belastung dar, die im Bereich der körperlichen Betätigung für die Grundausbildung verbleibt und sich als wichtig und typisch für den Familien- und Freizeithund erweist. Bei ambitionierten Ansprüchen kann jedoch die Trainingsintensität ein wenig erhöht werden, um sich der Leistungsgrenze zu nähern und damit für einen positiven Trainingseffekt die Stufe drei zu erreichen. Wie es auch aus dem täglichen Leben vertraut sein mag, spornen Ambition und Ehrgeiz dazu an, die Grenze zwischen Grün und Rot auszuloten. In diesem Fall bedeutet dies eine zusätzliche Steigerung der Trainingsintensität, das Provozieren von mehr Entzündlichkeiten und eine weitere Annäherung an die Belastungs-

Hierarchie der Trainingsintensität

Belastung

↓

Unterschwelliger Trainingsreiz (ohne Trainingseffizienz)

↓

Überschwelliger Trainingsreiz
Akute Entzündung (positive Trainingseffizienz)

↓

Überbelastung (Überbeanspruchung)
(positive Anpassung – falls nicht genutzt)

↓

Überbelastung

↓

Erschöpfung

grenze, was wiederum zum Auftreten des anaeroben Stoffwechsels und zu einer leichten Übersäuerung führt. Dennoch gilt es dabei, die Grenze noch immer so einzuhalten, dass keine Trainingsschäden entstehen. Bei Hunden mit einer perfekten genetischen, aber auch einer idealen körperlichen, muskulären Voraussetzung sowie einer ausgeprägten Leistungsbereitschaft fordern nicht selten den Besitzer auf, sie mehr zu fordern.

Wenn nach einer solchen Überreizung genügend Zeit für adäquate Erholung und Regeneration eingeplant wird, so wurde dabei mit einer korrekt genutzten Grenze gespielt, die in kontrolliertem Rahmen zu überspannen den Mehraufwand, bzw. die erbrachte Höchstleistung auch einen positiven Trainingseffekt erbringen kann. Sollte diese Grenze während ihres Auslotens nicht im gesunden und für den Hund erträglichen physiologischen Bereich verbleiben, kommt es zu einer Überforderung der Fitness des Tieres, die in Erschöpfung, Verletzungen und Leistungseinbrüchen resultieren kann. Dies ist vor allem dann der Fall, wenn die Trainings permanent am Limit stattfinden und dem Hund nie ausreichend Zeit zur Erholung und Regeneration gegeben oder kein Tapetenwechsel in Form einer neuen Aktivität ermöglicht wird. Unglücklicherweise erweist sich der Übergang zwischen Überlastung und Ermüdung als fließend und stellt einen Indikator dafür dar, dass der Hundeführer zu unvorsichtig und zu ehrgeizig gehandelt hat oder den Hund nur noch als Gegenstand und als Sportgerät missbraucht. Als Hundebesitzer ist dies sicherlich kein erstrebenswertes Ergebnis, das, wenn es doch eintreffen sollte, aus Unwissenheit entsteht. Demnach muss umso stärker darauf hingewiesen werden, dass diese beiden Bereiche unbedingt vermieden werden sollten.

Symptome der Überforderung und Erschöpfung beim Hund

Ein Hund lässt oftmals Anzeichen von Arbeitsverweigerung erkennen. Aus Erfahrung weiß ich, dass die Interpretation von Seiten der Hundebesitzer nicht immer korrekt ausfällt. Folgende Symptome geben einen klaren Hinweis für die roten Bereiche der Trainingsintensität:

- schnelle Ermüdung
- Widerstand gegen Training und Anforderung ("bocken")
- Leistungsabfall ohne ersichtlichen Grund
- Konzentrationsschwäche
- Teilnahmslosigkeit, Lethargie
- Angst
- Nervosität
- Durchfall
- schuppiges Fell, aufgestellte Haare
- Körpergewichtsverlust
- erhöhter Ruhepuls, Hecheln
- erhöhte Herz- und Atemfrequenz während des Trainings, die sich nicht innerhalb von 5 – 10 Minuten wieder normalisiert
- Muskelzittern
- Koordinationsschwäche
- langsame Erholung nach Training
- Laktatanstieg im Labor
- übermäßiger Temperaturanstieg im Körper
- inadäquate Thermoregulation

Treten diese Symptome bei Ihrem Hund auf, so sollten die Trainingsplanung, der Ablauf sowie die Intensität in Erinnerung in Erinnerung gerufen und die Frage gestellt werden, ob diese in geordneten Bahnen verlaufen. Allenfalls wäre es auch an der Zeit, eine neutrale Person zu Rate ziehen und mit ihr das Training zu besprechen. Gegebenenfalls wäre es auch richtig, beim spezialisierten Tierarzt den Hund für eine orthopädische Kontrolle vorzustellen und internistische Laborkontrollen oder andere Diagnostiken durchführen zu lassen. Dabei ist es wichtig, sich vor Augen zu führen, dass ein falsches Training tiefe Spuren hinterlassen und hohe Kosten verursachen kann. Abgesehen davon ist es möglich, dass der Hund durch das falsche Training Schmerzen erleidet. Dieser Umstand – sofern dabei vom Hund eine Verknüpfung mit dem Schmerz hergestellt wird – wird zweifellos zur Zunahme des Meideverhaltens und einem gleichzeitigen Abfall von Leistung, Freude am Sport und Lust an der Arbeit führen.

Das Leistungstraining beim Hund

Das Grundziel des Leistungstrainings ist das Erzielen von Erfolgen im Wettkampf. Nachhaltige Erfolge und Leistung werden nur bei kontinuierlicher Leistungsentwicklung und Optimierung unter größtmöglicher Schonung des Hundes möglich sein. Als ein geeignetes Beispiel kann hier der Schlittenhund erwähnt werden. Dieser verhält sich wie ein teurer und gut gelagerter Wein – je älter er ist, desto besser ist er. Dies ist grundsätzlich die Regel, wenn die verschiedenen Aspekte des Leistungstrainings eingehalten werden.

Wichtige Aspekte dabei sind:

- Generelle und spezielle Leistungsverbesserung
- Erhöhung der Belastungskapazität/-fähigkeit
- Adäquate Vorbereitung auf Prüfungen und Wettkämpfe
- Optimierung des genetischen Leistungspotentials
- Verbesserung der biomechanischen Fähigkeiten (Form-Funktion-Isometrie)
- Verzögerung der Ermüdung
- Verbesserung von Arbeitswilligkeit und -freude
- Verminderung des Verletzungsrisikos
- Verlängerung von sportlicher Laufbahn und Lebensdauer

All diese Aspekte sind Hilfen, die berücksichtigt werden müssen, damit die Fitness und Qualität sowie die Quantität der Leistung auf längere Sicht das Leben des Hundes optimieren können. Es ist selbstverständlich, dass der junge Hund im Schlittensport weder dieselbe Erfahrung, Kraft, Ausdauer noch Kompetenz besitzt wie ein Hund, der bereits die dritte oder vierte Saison läuft. Genau dieser Aspekt ist wichtig, damit der Aufbau für Arbeit und Sport als ein Aufbau auf lange Sicht verlaufen kann. Dabei zählen nicht nur die Ausdauer, sondern auch die Gesundheit und Langlebigkeit des Hundes. Als Schlagwort könnte hier „Hege und Pflege" genannt werden. Dies wird nur durch einen seriösen, professionellen und profunden Aufbau erreicht. Auch hierbei sind Wissen, Erfahrung und Fingerspitzengefühl unerlässlich, um dies bei dem eigenen Hund erreichen zu können. Es lässt sich nicht jeder Hund mit den gleichen Methoden aufbauen. An dieser Stelle kommt die Individualität des Hundes zum Tragen, die wiederum für den Erfolg im Sport oder in der Arbeit von Bedeutung ist. Werden nun all diese Faktoren zusammengetragen, so lässt sich folgende Trainingseinteilung schaffen:

- Grundlagentraining
- Aufbautraining
- Hochleistungstraining

In diesem Kontext gibt es häufig einen bestimmten Fehler, den viele Hundehalter begehen. Sie denken immer zu hoch, zu schnell und zu intensiv. Ich führe einen Sporthund. Auch bei einem Sport- oder Arbeitshund muss immer das Grundlagentraining die Basis darstellen. Diese sollte zudem immer wieder im Training vorkommen, dessen Intensität gesteigert werden kann.

Im **Grundlagentraining** erfolgt somit ein vielfältiges Leistungstraining, ohne auf spezielle Disziplinen hin ausgerichtete Anforderungen zu erfüllen. Im Grundlagentraining sollen die Wahrnehmung, die Belastungsverträglichkeit und Belastbarkeit sowie die Motivation und das Vertrauen des Hundes gefördert werden. Es werden die Grundlagen für die spätere sportliche Leistung gelegt. Hier ist es sinnvoll, bereits den Hund für Alter und Ausbildungsstand in den Wettkampf zu nehmen. Damit wird das Interesse, der Drive für den Wettkampf gelegt. Es sollte dabei ausschließlich um die Angewöhnung, das Feuer, das Interesse, aber auch darum gehen, die psychische Grundlage zu legen – also um die positive Affirmation. Oder – um es anders auszudrücken – um die Prägung und Konditionierung für den Wettkampf. Als Beispiel kann hier der Jagdhund genannt werden. Dieser wird nicht einfach auf die Jagd mitgenommen. Zunächst muss er an den „Schweiß“ (das Blut), den Geruch von Reh, Fuchs oder Schwein gewöhnt werden. Beispielsweise kann hierbei dann das Bein eines toten Tiers den Jagdtrieb und die Genetik wecken, was wiederum dafürsprechen würde, dass Prägung und Konditionierung ohne Stress und Druck am besten über ein spielerisches Element erfolgen.

Das **Aufbautraining** beinhaltet nach wie vor ein vielseitiges Leistungstraining, wobei neben einem hohen Anteil allgemeinen Trainings zunehmend spezielle Komponenten des Leistungstrainings Eingang finden. Während des Aufbautrainings erfolgt nun eine vermehrte Ausrichtung auf die Disziplinen spezifischer Beanspruchung des Organismus einschließlich der Psyche und Persönlichkeit des Hundes. Typisch für das Aufbautraining ist auch die Ausrichtung auf die anaerobe/aerobe Energiegewinnung. Die Belastung steigt hinsichtlich Intensität, Dauer, Umfang und Häufigkeit. Das Training erfolgt mehr und mehr mit einer konkreten Ausrichtung auf die Wettkampfinhalte in den angestrebten Disziplinen. Als Beispiel kann an dieser Stelle auf Flächensuchhunde verwiesen werden, bei welchen in den Grundlagen auf Kopf-Nasenarbeit Gewicht gelegt wird. Im Aufbautraining sollten dann zusätzlich die Ausdauer sowie die Geländesuche in den Fokus genommen werden. Hierbei könnte noch vermehrt auf kupiertes Gelände abgezielt werden oder das Einbauen von Trümmern erfolgen. Dabei sollte allerdings auf eine hohe spielerische Komponente geachtet werden, um die Motivation beim Hund hochzuhalten.

Das **Hochleistungstraining** konzentriert sich ganz auf die Hoch- und Höchstleistungen in den speziellen Disziplinen. Belastungssteigerungen und Wettkampfleistungen, die dem Hochleistungssport entsprechen, stehen also im Vordergrund wie Widerstandsfähigkeit gegen Stress und psychologische Bewältigung der Wettkampfbelastung. Zu diesem Zeitpunkt ist vor allem größtes Augenmerk auf die Belastungsstufen zu legen, damit der Hund im physiologischen Bereich trainiert wird (siehe Grafik S. 214). Dadurch soll das Übertraining bzw. die Überforderung im Training sowie Erschöpfung vermieden werden. Dazu kann die Checkliste der Symptome (S. 215) für ein allfälliges, inadäquates Training mit den entsprechenden Symptomen herangezogen werden.

Die Art, Intensität und Dauer jeder Stufe des Leistungstrainings richten sich nach individueller Veranlagung und Entwicklung des Hundes, seinem Trainingszustand und nach den in der jeweiligen Hundesport-Disziplin in den entsprechenden Leistungsklassen gültigen Anforderungen. Somit wird dem Hund und dessen Langlebigkeit genügend Rechnung getragen, was immer die oberste Priorität haben sollte. Im Humansport wird die vorzeitige Spezialisierung eines langfristigen Trainingsaufbaus als kardinaler Fehler bezeichnet. Die zu frühe Spezialisierung ohne einen grundlegenden Basisaufbau mit vielseitigem Trainingsaufbau ist einer der häufigsten Gründe für eine mangelnde Spitzenleistung im Alter oder in der Reife des Hundes. Diese Grundsätze können auch auf den Hund übertragen werden. Es gibt keinen biologischen Grund, wieso dieser Analogieschluss beim Hund falsch wäre, schließlich bilden die Erfolge im Leistungssport und Wettkampf auch die Grundlage für die Zucht. Somit wird der genetische Fortschritt durch die frühestmögliche Verfügbarkeit von Nachkommen anhand der Leistung für die Zuchtwertschätzung bestimmt. Zusammenfassend kann festhalten werden, dass je früher ein Hund eine gute Wettkampfleistung erbringt und je nachhaltiger dies im Zusammenhang mit seiner Langlebigkeit, Gesundheit und vor allem mit dem Leistungsnachweis bis ins vorgerückte Alter vonstattengeht, desto höher wird der Zuchtwert für einen Hund eingeschätzt. Neben der Wettkampfleistung ist dies sicher ein angestrebtes Ziel für den Hundehalter. Zusätzlich zum Zuchtwert wird dadurch auch der finanzielle Wert des Hundes gesteigert. Dies wird offensichtlich, wenn Interesse am Erwerb von Hunden mit Wettkampfleistung besteht. In solchen Momenten erreicht der Wert eines Hundes und den Preis eines gehobenen Mittelstandautos.

! Die zu frühe Spezialisierung ohne einen grundlegenden Basisaufbau mit vielseitigem Trainingsaufbau ist einer der häufigsten Gründe für eine mangelnde Spitzenleistung im Alter

Das gesamte Spektrum des Hundesports umfasst den Schnellsport mit Agility, über Ausdauersport mit Schlittenhunden, Jagd- und Rennhunde, Flächensuchhunde, Arbeitshunde für Polizei, Militär und Feuerwehr, das Blindenhundewesen sowie den Bereich der verschiedenen Arbeitseinsätze für Spürhunde. Als aktuelles Beispiel können Suchhunde für die Schweinepestkadaver genannt werden. Diese Vielfältigkeit verlangt aber auch eine große Vielzahl von Trainingsansätzen. So werden im Rennsport im Wesentlichen Schnelligkeit und Ausdauer gefordert, im Vielseitigkeitssport (beispielsweise Flächensuchhunde) sind Ausdauer, Schnelligkeit, Kraft und ein hohes Maß an Koordination und psychischen Fähigkeiten von Bedarf. Dabei ist zu erwähnen, dass dies nicht nur für den Hund gilt, sondern auch im selben Maße für dessen Hundeführer. Allerdings ist zu bedenken, dass neben der sportlichen Komponente auch immer der Ernsteinsatz für das „Hund-Mensch-Team" im Fokus liegen muss und soll. Der Ernstfall kann immer eintreten und falls dies so ist, muss der Einsatz schnell und präzise erfolgen. Als Beispiel sei auf das Erdbeben in der Türkei-Syrien Region 2023 verwiesen, bei dem einige Schweizer Teams im Einsatz waren. Im Schlittensport ist hingegen vor allem die Ausdauer gefragt, während bei Polizeihunden auch vermehrt Gewicht auf Wesen und Psyche gelegt werden sollte. Diese Hunde sollten dazu fähig sein, in heiklen Situationen einen kühlen Kopf zu bewahren und vor allem lenk- und korrigierbar zu sein. Gerade im Eifer der Arbeit kann dieser Aspekt oft untergehen. Diese Hunde sind ebenfalls im Vielseitigkeitsbereich angesiedelt, die Komponente von Wesen und Psyche wird dabei jedoch oft vernachlässigt.

Bei der Optimierung des Trainings, vor allem des Sport- und des Leistungstrainings, sollten mehrere Komponenten berücksichtigt werden, damit dieses erfolgreich und zielorientiert ablaufen kann. Als einer der wichtigsten Grundsätze sollte die Erhaltung oder das Ziel der Biomechanik im Skelett sein, was bedeutet, dass Statik und Dynamik beim Hund im Einklang sein müssen. Die statische Arbeit muss somit bei ca. sechzig Prozent auf der Vorhand und bei vierzig Prozent auf der Hinterhand liegen, die für den Schub verantwortlich ist (s. S. 33). Auch sollte im Hinblick auf die Biomechanik beachtet werden, dass sich die linke und rechte Längsachse in der Symmetrie befinden, dass eine aufrechte Körperhaltung besteht, dass der Kopf aktiv getragen wird und dass der Hund eine normale Bewegung aus der Hinterhand vollführen kann.

! Die Biomechanik des Skeletts muss im Training immer erhalten oder gefördert werden.

Zusammenfassend lässt sich also sagen, dass die Form-Funktions-Isometrie beim Hund eingehalten wird. Um noch einmal festzuhalten: die skelettale Struktur sollte in einer tadellosen Form sein. Das heißt konkret, dass kein Hinweis auf eine Dysplasie in den Hüften und Ellbogen besteht und dass keine Veränderungen im Knie – wie etwa eine habituelle Patella bei kleinen Hunden – zu erkennen sind. Grundsätzlich gilt dieselbe Funktionalität auch für den Weichteilapparat, also für die Muskulatur, Bänder und Sehnen. Auch in der Steuerung der Bewegung, also in den neurologischen Voraussetzungen angefangen vom unteren motorischen Neuron auf Höhe des Gelenkes bis hin zum oberen motorischen Neuron auf Höhe von Hirnstamm, Kopf und ZNS, sollte diese Funktionalität bestehen. Außerdem sollten die Hunde im Training regelmäßig orthopädisch kontrolliert werden. Gerade im Falle eines Arbeits- oder Sporthundes ist es sinnvoll, regelmäßige Kontrollen durchzuführen, um beim Aufdecken eventueller Fehlformen, also Form-Funktions-Asymmetrien, orthopädisch manuell oder mit Hilfe physiotherapeutischer Maßnahmen behandeln zu lassen.

Zum Prüfen und Erkennen, dass die Funktionalität in einer solchen Situation beeinträchtigt ist, bedarf es der funktionellen Diagnostik, wie sie bereits auf S. 28 beschrieben wurde.

! Das Leistungstraining soll so gestaltet werden, dass der Hund die Grenze seiner physischen oder psychischen Belastbarkeit zwar erreicht, aber nie überschreitet.

Die Leistungstrainings sollten außerdem so gestaltet werden, dass der Hund die Grenze seiner physischen und psychischen Belastbarkeit zwar erreicht, aber nie überschreitet. Diese Überbeanspruchung hat jedoch unbedingt in einem kontrollierten Rahmen zu erfolgen, um eine Traumatisierung von Muskeln, Sehnen, Bändern, Herzkreislauf oder Psyche auszuschließen. In einem solchen Fall kann effektiv von einem optimierten Hochleistungstraining gesprochen werden, der sich im Bereich der Humanmedizin mit den Trainings für einen geplanten Marathonlauf vergleichen lässt. So können Teilnehmer dieser Sportveranstaltung durch das Laufen von Halbmarathondistanzen mit Fokus auf der Intensität zu trainieren, dabei die Kadenz der Schritte, die Länge und die Geschwindigkeit zu erhöhen und damit die volle Distanz der zweiundvierzig Kilometer zu simulieren. Ähnlich verhält es sich mit den Schweizer Bergläufen, die eine körperliche und mentale Herausforderung darstellen und in der Wettkampfzeit die Partizipierenden die Grenzen ihrer Belastungsfähigkeit überschreiten lassen und damit effektiv zu Ermüdung und Erschöpfung sowie zu einer sehr langen Regenerationszeit beitragen. Zwar liegt in einem solchen Fall ein gewisser Trainingseffekt vor, dennoch sollte die totale Überlastung unbedingt vermieden werden.

Wie bereits erörtert, muss beim Leistungstraining zwischen dem Grundlagentraining, Aufbautraining und Hochleistungstraining differenziert werden. Je früher die Absicht feststeht, mit dem Hund Arbeit zu verrichten oder Sport zu treiben, desto sinnvoller erweist es sich, ebenso frühzeitig die Trainingseinheiten einzuleiten. Je jünger ein Hund ist, desto einfacher gestaltet sich zwar die Adaption an ein Training, allerdings gilt es gleichsam zu beachten, dass die Auswahl und Intensität des Trainings eine große Bedeutung besitzen und dabei insbesondere dem spielerischen Aspekt ein ebenso hoher Stellenwert zugestanden werden sollte. Demnach muss beim jungen Hund nicht etwa die Leistung im Vordergrund stehen, sondern die Adaption an ein Training. Was das Grundlagentraining anbelangt, so kann bereits im Welpenalter mit gewissen Trainingseinheiten begonnen werden.

Zusammenfassend sollte man im Hinterkopf behalten, dass Sport mit dem Hund mit einem der Sportart entsprechendem Risiko ausgeführt werden kann, dass es aber auch in der Vorbereitung zu diesen Sportarten bereits eine optimale Planung und Wissen sowie Ausführung bedarf. Es ist somit wichtig, dass der Hundeführer sich über diese Aspekte im Klaren ist und so mit viel Eigenverantwortung diese Risiken auf ein Minimum reduzieren kann.

Trainingskonzeption und -planung

Konzeption und Planung sind die wichtigsten Voraussetzungen für zielorientiertes, systematisches und nachhaltiges Training. Als erstes sollten nun zwei Begriffe definiert und detaillierter erklärt werden. Diese sind:

- Trainingseinheit
- Trainingszyklen

Die **Trainingseinheit** ist die kleinste, zeitlich zusammenhängende Abfolge von Trainingsinhalten. Innerhalb einer Trainingseinheit können unterschiedliche Trainingsinhalte erarbeitet werden. Eine Trainingseinheit soll wie bei der Ausbildung im Grundaufbau vier Phasen beinhalten:

- Aufwärmphase
- Lösungsphase
- Arbeitsphase
- Erholungsphase (Cool-down im weitesten Sinne)

Trainingseinheiten können die Trainingsaktivität eines Tages umfassen. Es sind aber auch mehrere Trainingseinheiten pro Tag möglich. Dies bedeutet, dass ein Split im Training erfolgt und daher von einem Split-Training gesprochen werden kann. Dieses ist beim Hund sinnvoll, wenn Fachtechnisches mit Ausdauer und Krafttraining kombiniert wird.

Trainingszyklen sind Trainingsabschnitte, die sich aus Trainingseinheiten zusammensetzen und den gesamten Trainingsprozess begleiten. Die Trainingszyklen wiederholen sich inhaltlich und von der Belastung her. Die Trainingszyklen sind technisch auf die Sequenz: Belastung – Erholung – Anpassung des Trainings ausgelegt und sind dem jeweiligen Trainings- und Leistungsstand des Hundes angepasst.

Als Beispiel möchte ich hier aus dem Humansport den Bodybuilding Sport erwähnen. Gerade dabei wird offensichtlich, wie die Trainingszyklen funktionieren. Wir haben dabei am Montag Training der Beine, am Dienstag die Arme, am Mittwoch Brust, am Donnerstag Rücken, am Freitag Ausdauer Training etc. Somit können wir die Überleitung zu den verschiedenen Trainingszyklen machen. Wir unterscheiden:

- Mikrozyklen
- Mesozyklen
- Makrozyklen
  - » Vorbereitungsperiode
  - » Wettkampfperiode
  - » Regenerationsperiode

Der Mikrozyklus: Mikrozyklen definieren sich als ein Block mehrerer unterschiedlicher Trainingseinheiten, die sich typischerweise in ihrer Belastungsintensität und Dauer etwa wöchentlich wiederholen. Somit stellen Mikrozyklen Trainingseinheiten dar, die innerhalb der Woche stattfinden und individuell auf den jeweiligen Hund zugeschnitten sind. Die meisten Hundetrainings im Bereich des Breitensports finden ein Mal pro Woche statt und dauern meist 45-60 Minuten. Der gezielte Aufbau eines Hundes, bei dem zwischen Grundbelastung, Aufbau- und Hochleistungstrainings differenziert wird, erfolgt in Form von Trainingsblöcken, die in Trainingseinheiten aufgeteilt sind. Es gilt zu beachten, dass in diesem Fall die einzelnen Trainingsblöcke kürzer ausfallen und damit für den Hund auch besser umzusetzen sind. So gestaltet es sich womöglich als schwierig, einen Hund für einen langen Trainingsblock von fünfundvierzig bis sechzig Minuten zu motivieren. Deshalb erweist es sich als weitaus praktikabler und vor allem effektiver, das gesamte Training beispielsweise auf die genannten Mikrozyklen aufzuteilen, sodass sich mehrmals pro Woche ein kleiner Mikrozyklus ergibt. Dabei kann es sinnvoll sein, die Mikrozyklen unter diesen Voraussetzungen auf fünf Mal pro Woche anzusetzen und zwei fixe Tage als Ruhezeit einzubauen. Dies bedeutet, dass die verschiedenen Trainingsinhalte auf etwa drei Blöcke aufgesplittet und wiederholt werden, während wichtigere Trainingsaspekte zweimal pro Woche und weniger wichtige Trainingseinheiten nur einmal pro Woche trainiert werden. Insgesamt sollte es jedoch darauf hinauslaufen, dass die Mikrozyklen kürzer gestaltet und dem Hund nur fünf Einheiten pro Woche abverlangt werden, damit genügend Zeit für Erholung und Spiel bleibt.

! Besser fünf kurze Trainingseinheiten pro Woche als eine lange.

Der Mesozyklus beschreibt eine Zeitachse von ca. 4 – 8 Wochen innerhalb eines Trainingszyklus.

Der Makrozyklus setzt sich aus mehreren Mesozyklen zusammen. Grundsätzlich kann festgehalten werden, dass der Makrozyklus eine Saison beinhaltet, also zum Beispiel eine Wintersaison oder die Zeitperiode von Frühling bis Herbst. In der Regel umfasst der Makrozyklus ein Jahr, lässt sich allerdings auch als beispielsweise eine Zeitspanne der Vorbereitung auf eine Weltmeisterschaft definieren, wie etwa die jährlich wiederkehrenden Rennen eines Schlittenhundes, das Laufen des Alpen-Trails oder eine Schweizer Meisterschaft. Wie in der Einleitung bereits erläutert, müssen beim Makrozyklus drei Hauptperioden berücksichtigt werden. Dazu gehört zum einen die Vorbereitungszeit, in der der Hund physisch und mental auf das für das bevorstehende Ereignis benötigte Niveau gebracht und innerhalb von x Monaten für die benötigte Leistungserbringung und Ausdauer vorbereitet wird. Des Weiteren kann die Wettkampfperiode genannt werden, in der diese Höchstleistung vom Hund abverlangt wird. Als dritte Phase ist die Übergangs- oder Wiederherstellungs-Periode anzuführen, die der körperlichen und physischen Erholung und Regeneration des Hundes nach der erbrachten Leistung dient. Somit ist es wichtig, diese Phasen in die Trainingsplanung zu inkorporieren, den Aufbau des Hundes ausgehend von seinem Ist-Zustand zu gestalten und auf den gewollten Soll-Zustand hinzuarbeiten, um die Ziele dieses Makrozyklus zu erreichen. Die unten aufgeführte Abbildung soll nochmals diese ganzen Zyklen visuell veranschaulichen.

Die nachfolgende Grafik zeigt Informationen zum Grund-, Aufbau- und Hochleistungstraining im Zusammenhang mit den Trainingseinheiten sowie -Zyklen schematisch auf. Es ist zu empfehlen, dass sich der Hundebesitzer mit diesen Informationen vor einem Trainingsaufbau mit dem Hund vertraut macht.

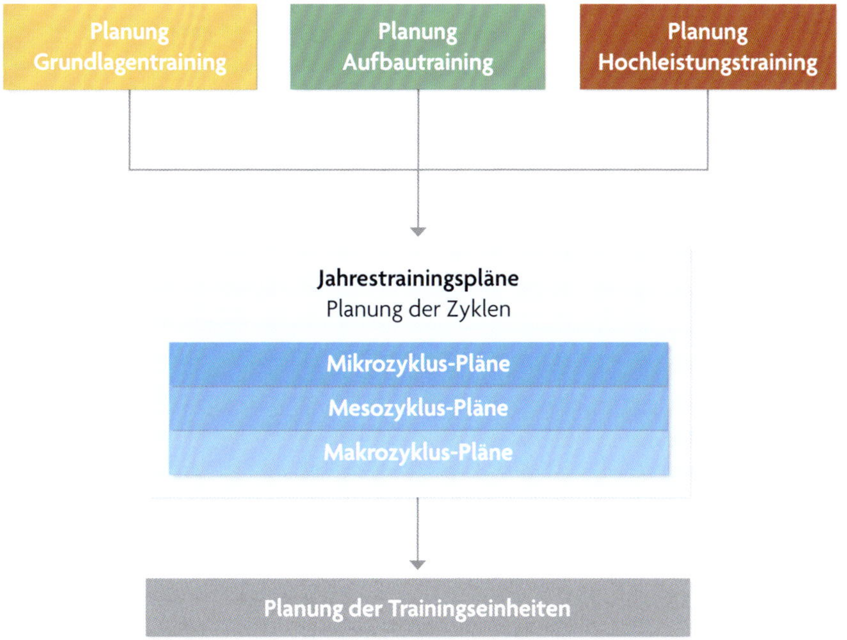

Die Grafik auf der nächsten Seite gibt Auskunft über den Ablauf für den Trainingsaufbau, die Planung der Voraussetzungen und der Umsetzung. Es sollte also anfänglich Klarheit darüber herrschen, welches Ziel für den Hund anvisiert wird, wie stellt sich der Zustand des Hundes respektive der Leistungsvoraussetzung dar und auf welchem Weg können die für den Hund gesetzten Ziele sinnvoll und unter Einhaltung seiner Gesundheit erreicht werden.

Planung und Ablauf Trainingsaufbau beim Hund

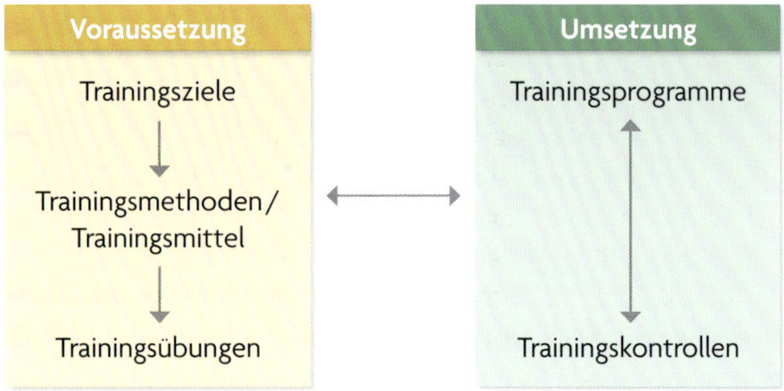

Trainingsziele

Das Ziel des Leistungstrainings ist es, die beteiligten Organsysteme beim Hund, den Herzkreislauf, das Skelettsystem, die Muskeln, Sehnen und Bänder sowie auch den Verdauungsapparat an eine gesteigerte Leistung zu gewöhnen. Mittels des Leistungstrainings soll generell eine Verbesserung erwirkt werden, um die erhöhten Leistungen im Bereich von Arbeit und Sport an die gesteigerte Erwartungshaltung anzupassen. Als Hauptziele des Trainings gilt die Kondition, die Koordination und die Persönlichkeit oder Psyche des Hundes. In Bezug auf den Humansport lassen sich an dieser Stelle noch die taktischen Fähigkeiten nennen, die jedoch im Hundetraining vernachlässigt werden können, da diese vielmehr bei dem Hundeführer zu berücksichtigen sind. So sind beispielsweise bei einem Schlittenhund die taktischen Voraussetzungen für die Erbringung der Leistung zu beachten, da etwa bei einem Langdistanzrennen mehrere topographische Gegebenheiten einkalkuliert werden müssen, weshalb auch der Leistungseinsatz klar koordiniert werden sollte. Was nun die Topografie anbelangt, so ist es die Aufgabe des Hundeführers – insbesondere bei Arbeitshunden im Polizeieinsatz, Militärdienst, bei Demonstrationen oder in ähnlichen Einsatzgebieten – die taktische Situation den bestehenden Verhältnissen anzupassen. Im Hinblick auf die Kondition als eines der Hauptziele des Leistungstrainings kann konstatiert werden, dass dabei vor allem die Ausdauer, Kraft und Schnelligkeit im Vordergrund stehen. Bei jedem Training bzw. Trainingsaufbau stellt die Ausdauer immer die Grundlage dar. Wenn diese im notwendigen Maße vorhanden ist, kann im Anschluss der Aufbau der Kraft erfolgen, bevor – auf Basis der Komponenten von Ausdauer und Kraft – dazu übergegangen werden kann, die Schnelligkeit zu trainieren.

Bei der Koordination geht es in erster Linie darum, dem Hund Selbstregulation und eigenständige Ausbalancierung beizubringen, um ihm ein ausgeprägtes Körpergefühl zu vermitteln und ihn die Fähigkeit lehren, auch unter schwierigen Voraussetzungen seinen Körper möglichst optimal bewegen zu können. Dies ist insbesondere bei Rettungshunden ein

Erfordernis, denn auf ihrem Dienstgebiet bedarf es neben einem geschulten Körperempfinden und feinmotorischen Fertigkeiten auch des Könnens, sich auf, bzw. durch Trümmer hindurch oder generell auf schlechtem Untergrund bewegen zu können. Die dafür notwendige Feinmotorik muss explizit trainiert werden und steht in kausalem Zusammenhang mit dem Kleinhirn, denn es handelt sich um eine zentrale Situation, die hierbei koordiniert werden muss. Beim Aneignen dieser Aspekte der Koordination kann ein Teil der Persönlichkeit mit ausgebildet werden. Denn gerade in Fällen, die Koordination und Balance verlangen – wie bei Arbeitshunden in Katastrophengebieten –, müssen die Tiere die psychischen Voraussetzungen besitzen, um der mentalen Belastung ihrer Aufgaben standzuhalten und diese mit Persistenz bewältigen zu können. Folglich ist es wichtig, dass eben diese Hunde schrittweise mit einer solchen Persönlichkeits-Mehrbelastung vertraut gemacht und an diese angepasst werden, um die Überforderung der Hunde zu vermeiden. Als weiteren Punkt in diesem Zusammenhang ist das Vertrauen von Hund zum Hundeführer und umgekehrt. Fehlt diese, sind Trainingseinheiten wie gerade eben erwähnt unmöglich. Somit ist dieser Aspekt auf keinen Fall zu vernachlässigen.

Als ein weiteres Beispiel lassen sich Ausstellungs- und Zuchthunde anführen, die bereits frühzeitig Expositionen und größere Veranstaltungen besuchen können und dadurch Transport- und Reisestress, lauten Geräuschkulissen und einer Vielzahl von anderen Hunden und Menschen ausgesetzt sind. Die Hunde müssen sich an diese externen Einflüsse und Reizüberflutungen gewöhnen und diese zu verarbeiten lernen. Es gibt Hunde, die Vergnügen an derartiger Exponiertheit haben, was eine vielversprechende Basis für das Training darstellt. Dennoch müssen diese Hunde trotz ihrer inhärenten Freude an derartigen Events an eine solche Situation systematisch angepasst werden. Ähnlich verhält es sich mit Hunden im Sportbereich, die sich als Wettkampftypen hervortun. Das heißt, dass sie während der Trainings nur bedingt Leistung erbringen, jedoch dann, wenn sie zum Zeitpunkt x abgerufen werden, über sich hinauswachsen. Eine solche Vorveranlagung muss bei den Trainings mit einbezogen und konditioniert werden.

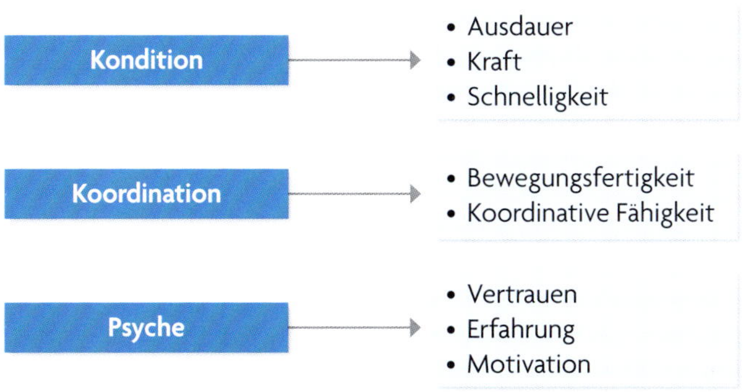

Ausdauer, Kraft und Schnelligkeit

In der folgenden Grafik sind Hundesportdisziplinen je nach Kondition – also nach Ausdauer, Kraft und Schnelligkeit – sortiert. Diese Auflistung ist nicht vollständig, sondern zeigt diverse und beliebte Sportarten auf und kann somit noch ergänzt werden. Es ist also sinnvoll, sich beim Training diese Einteilung und Grafik vor Augen zu führen.

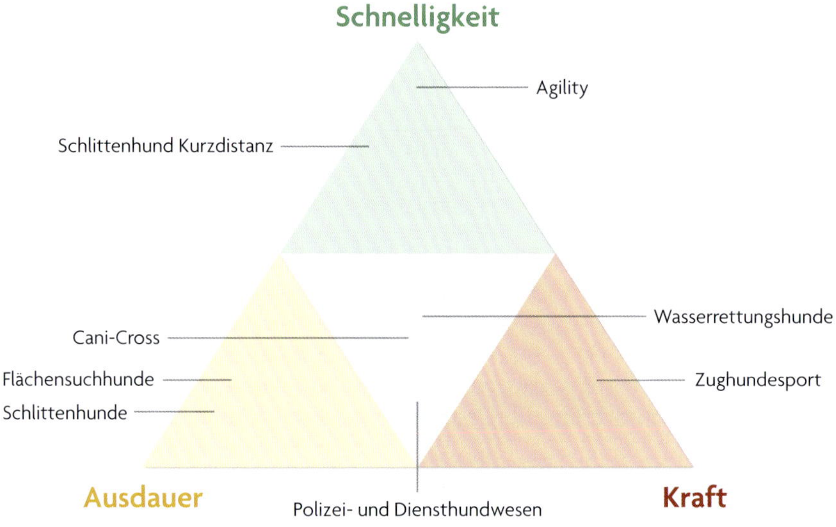

Im nachstehenden Abschnitt soll nun etwas konkreter auf die einzelnen Trainingsziele eingegangen und die Grafik unter diesen Umständen näher erklärt werden.

Das Ausdauertraining

Der Verlauf des Trainingsaufbaus eines Hundes erfolgt grundsätzlich in drei Schritten, die sich unter den Begriffen Ausdauer, Kraft und Schnelligkeit zusammenfassen lassen. Während die Schnelligkeit das Endprodukt des Trainings von Ausdauer und Kraft darstellt, definiert sich die Ausdauer als die Erhöhung der aeroben Kapazität mit dem Ziel, eine Langzeitleistung mit einer möglichst geringen Ermüdung und einer relativ schnellen Erholung erbringen zu können. Aerobes Training verläuft über den Citratzyklus, was bedeutet, dass in einem größeren Rahmen Fettsäuren verstoffwechselt werden und damit all die Sportarten umfassen, die eine längere Dauer als fünfundvierzig bis sechzig Minuten besitzen. Als wichtigste Partizipierende dieser Sportarten lassen sich die Langdistanz-Schlittenhunde nennen, jedoch auch Arbeitshunde im Diensthundewesen wie etwa beim Militär oder der Polizei. Hierzu zählen ferner auch die Flächensuchhunde, die beispielsweise bei Einsätzen während Katastrophen, auf Demonstrationen oder in Kriegsgebieten über längere Zeit ein hohes Maß an Energie und Arbeit aufbringen müssen. Diese Beispiele können selbstverständlich noch weiter ergänzt werden. Grundsätzlich bedeutet die Ausdauer also eine niedrige oder steigende Intensität bei einer zunehmenden längeren Dauer. Der Kraftaufbau lässt sich als der Übergang zwischen aerobem und anaerobem Stoffwechsel charakterisieren, bei dem mit einer höheren Intensität und Geschwindigkeit sowie unter maximalem Krafteinsatz weniger Arbeit erbracht wird. Neben physisch fordernden Bereichen auf den Gebieten von Arbeit und Sport, die ein hohes Maß an Sprint- und Sprungkraft erfordern, können als Beispiel für die Notwendigkeit eines solchen Kraftaufbaus die insbesondere in Amerika für das Ziehen von Gewichten beliebten Molosser als Zug- und Sporthunde genannt werden. Die Schnelligkeit im Kontext des Trainingsaufbaus wiederum ist durch einen anaeroben Energiestoffwechsel gekennzeichnet, wobei als Voraussetzung für das Verrichten sportlicher oder arbeitsrelevanter Leistungen in einem kurzen Zeitrahmen eine maximale Intensität an Geschwindigkeit, Herz-Kreislauf- und Muskelpumpen erbracht werden muss. Grundsätzlich gilt: Ohne eine Grundlage in der Ausdauer können Kraft und Schnelligkeit nicht aufgebaut werden.

! Ohne Grundlage in der Ausdauer können Kraft und Schnelligkeit nicht aufgebaut werden.

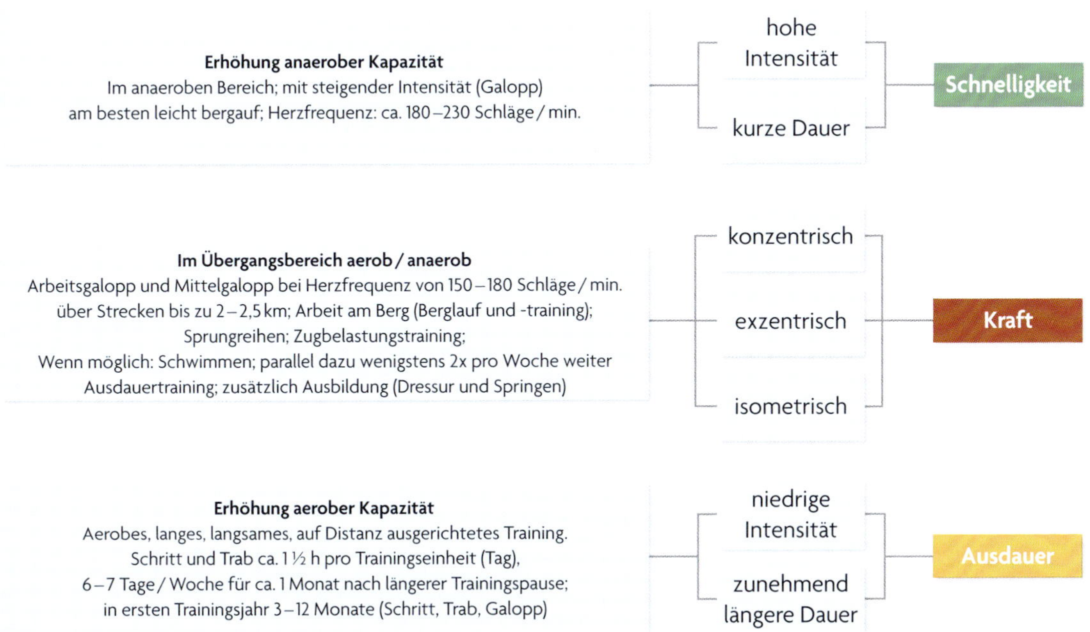

Das Ausdauertraining soll grundsätzlich als ein schonendes und langsam dem Trainingszustand des Hundes angepasstes Training konzipiert werden, dessen Umsetzung konsequent und in Form von langsamen und kleinen Schritten zu erfolgen hat. Dabei gilt es darauf zu achten, zusätzlich genügend Pausen und Zeit zur Regeneration in den Trainingsablauf zu integrieren. Neben der Ausbildung der Ausdauer ist es wichtig, die Erholungs-, bzw. die Regenerationsfähigkeit nach einer Belastung anzupassen und diese mit der Zeit zu verkürzen. In diesem Kontext ist der *Recovery Index* zu erwähnen, der die Dauer der Erholungszeit nach einer Ausdauerleistung bis zur normentsprechenden Funktionsfähigkeit des Herzkreislaufs angibt. Wie bereits mehrfach erwähnt, verfolgt das Ausdauertraining verschiedene Ziele. So dient es zunächst der Verbesserung der Energiebereitstellung sowie des Bewegungsapparates. Somit sollen also die Knochen, Sehnen, Bänder und die Muskulatur der zunehmenden Belastung angepasst und ausgebildet werden. Das bedeutet für den Hund eine Zunahme der Muskelmasse und somit des Körpergewichts, was dem Tier wiederum eine gesteigerte Leistungserbringung ermöglicht. Ferner ist die Anpassung aller von der Dauerbelastung betroffenen Organe zu nennen, also von Herz, Kreislauf und Lunge sowie des Transports und der Nutzung von Sauerstoff, wie auch des Stoffwechsels und damit der Bereitstellung von der benötigten Energie. Das heißt, die Energieintensität muss der Ernährung angeglichen werden. Der nächste Schritt ist eine optimale Trainierbarkeit des Organsystems und dessen kurze Regenerationsdauer. Dieser Punkt ist es auch, der das dritte Ziel des Ausdauertrainings darstellt, nämlich das Schaffen der Voraussetzungen, die den Hundekörper zu einer möglichst schnellen Rückkehr zum Normal- und Ruhezustand – zu einer sogenannten Homöostase – befähigt. Diese Beschleunigung der Regenerations- und Wiederaufbauprozesse ist ebenfalls als ein integraler Bestandteil des Ausdauertrainings zu betrachten.

Ist von den verschiedenen Ausdaueraufbautrainings die Rede, so muss zwischen der Grundlagenausdauer und dann im Spezifischen der Schnelligkeitsausdauer, der Kurzzeitausdauer, der Mittelzeitausdauer und der Langzeitausdauer unterschieden werden. Im Folgenden sollen diese Aspekte kurz erklärt werden. Eine Grundlagenausdauer beim Hund lässt sich durch eine geringere Intensität, aber eine höhere Dauer definieren. Bei der Umsetzung dieses Programms beginnt diese bereits im Welpenalter. So empfehle ich beispielsweise als Prävention von physischen Leiden bei einem zwölf Wochen alten Welpen eine tägliche Bewegungsdauer von vier Mal zwanzig Minuten. Diese Vorgehensweise verstößt allerdings gegen den Großteil von auf diesem Gebiet kursierenden Ratschläge, vor allem im Zusammenhang mit der vollkommen überholten Ein-Minuten-Regel. Diese erweist sich als faktisch inkorrekt, weil erst die Ausübung qualitativer Bewegung eine optimale Ausbildung des Herz-Kreislauf- und Skelettsystems, der Lunge, der Gelenke, Sehnen, Bänder und Muskeln begünstigt, da diese im frühen Entwicklungsstadium des Welpen gelegt und ausgebildet werden müssen. In diesem Zeitraum bestehen genügend Inputs für den Gesamtmechanismus im Körper, der – zusätzlich zur mentalen Komponente in Form der intellektuellen Fähigkeiten – zugleich über ausreichend Energie verfügt. Diese Grundlagenausdauer lässt sich jeweils im Zeitrahmen des Wachstums des Hundes anpassen. Sie soll beim Welpen beginnen und beim Junghund fortgesetzt werden, während dabei das Fundament dafür gelegt wird, ob es sich bei dem Tier um einen Arbeits-, Sport- oder Familienhund handelt. Diese Grundlagen sollen beim Hund von klein auf gefördert werden, hier ist auch der Stoffwechsel aerob, das heißt, es besteht ein Zusammenhang zum Sauerstoff.

Weiter gilt es, die sogenannte Schnelligkeitsausdauer zu differenzieren. Dies ist eine sogenannte Endsprintausdauer, die in Kurzstreckendisziplinen mit einer hohen Intensität erforderlich ist. Hier lässt sich als Beispiel das Agility anführen, bei dem es sich um einen Schnelligkeitssport handelt, der auch etwas Kraft benötigt und insgesamt eine Disziplin mit hohen Anforderungen an die Ausdauer sowie hohen Antritts- und Beschleunigungsgeschwindigkeiten darstellt. Diese Schnelligkeit sollte gleichsam im Zusammenhang mit einem Ausdauergrundlagentraining kombiniert werden. Im Rahmen dieses Schnelligkeitsausdauertrainings werden vor allem auch die Muskelfasern des Typ 1 und Typ 2 B entwickelt. Neben der Ausdauer präsentiert sich also auch die Möglichkeit, Geschwindigkeit einzubringen. Zugleich herrscht meistens eine Kombination von aerobem und anaerobem Stoffwechsel vor, der hierbei zum Tragen kommt.

Die nächste Fraktion bildet die Kurzzeitausdauer mit einer Belastungszeit zwischen dreißig/vierzig Sekunden bis in etwa zwei Minuten und ist somit etwas länger als ein Sprint. Auch hier erfolgt der mehrheitliche Eintritt in den anaeroben Stoffwechsel, da die Kurzzeitausdauer durch eine hohe Intensität gekennzeichnet ist. Das Training in der Kurzzeitausdauer soll vornehmlich zu einer erhöhten anaeroben Kapazität führen und damit den Sauerstoff oder die Energie aus der Muskulatur, dem kurzkettigen oder dem Zuckerstoffwechsel extrahieren sowie den Übergang von der aeroben zur anaeroben Energiegewinnung trainieren. In diesem Fall liegt also eine Belastung mit einer hohen Intensität und einer unvollständigen Erholung vor. Dies kann beispielsweise beim Schutzdienst eine Rolle spielen, wenn der Hund eine lange Flucht zu meistern hat und eine hohe Höchstgeschwindigkeit und Intensität benötigt wird, also eine gesteigerte Endgeschwindigkeit von etwa vierzig bis fünfzig Sekunden. Auch Endspurts zählen mit in die Kurzzeitausdauer. So etwa beim Cani-Cross, wenn auf den letzten fünfhundert Metern noch eine Verbesserung erzielt bzw. das Tempo optimiert werden soll, um einen anderen Hund zu überholen. Hierzu kann die Intensität hochgeschraubt und diese Endphase bestmöglich genutzt werden.

Als nächster Punkt ist die Mittelzeitausdauer anzusprechen, bei der es sich um eine Belastungsdauer von zwei bis zehn Minuten innerhalb des aeroben und anaeroben Bereichs handelt. Das Mittelzeitausdauertraining dient der Reduktion der Ermüdung bei Disziplinen mit maximaler Intensität. Darunter sind Sportarten zu verstehen, die eine gewisse Intensität und eine Mischung von Schnelligkeit sowie Ausdauer erfordern, wie es etwa bei der Mittelstreckenarbeit der Fall ist. Aber auch Flächensuchhunde, die der Witterung eines verschütteten Menschen folgen und diesen innerhalb von kurzer Zeit finden müssen, agieren innerhalb der Mittelzeitausdauer und sind bei dieser Suchaktion von schätzungsweise über zehn Minuten mit einer erhöhten Intensität konfrontiert.

Als letzter Punkt in der Serie ist die Langzeitausdauer zu nennen, die bei Sportarten mit einer mittleren bis geringen Intensität und einer lang andauernden Belastung gefragt ist. Das sind vor allem Belastungen, die sich über längere Zeit – über fünfundvierzig bis sechzig Minuten – hinziehen oder Arten von Arbeit, die über mehrere Stunden erbracht werden müssen. Dies ist der Fall bei Langdistanzrennen von Schlittenhunden, aber auch bei Arbeitshunden im Polizei- und Militärdienstwesen, welchen zum Beispiel eine Leistungserbringung über dreiundzwanzig Stunden abverlangt wird. Dabei erfolgt die Energieherstellung vorrangig im aeroben Bereich, weshalb Hunde dieser Einsatzgebiete bei der Nahrungsaufnahme einen höheren Anteil an Fett benötigen, um die Energiegewinnung über den Ciratzyklus laufen zu lassen.

Spezifische Ausdauerfähigkeiten:	**Grundlagenausdauer**	**Schnelligkeitsausdauer**	**Kurzzeitausdauer**	**Mittelzeitausdauer**	**Langzeitausdauer**
Typische Trainingsaktivitäten:	**langandauernde Belastung** aerob	**zyklische Disziplinen** Kurzzeit > 35 s? aerob / anaerob	**zyklische Ausdauerdisziplinen** > 35 s – < 2 min. anaerob	**zyklische Ausdauerdisziplinen** mittlere Zeit 2–10 min. aerob / anaerob	**zyklische Ausdauerdisziplinen** längere Zeit > 10 min. – Stunden? aerob

Das Krafttraining

Das Krafttraining beim Hund hat zum Ziel, die Muskeln so zu trainieren, dass sie vermehrt in der Lage sind, Widerständen zu begegnen. Im Vordergrund stehen dabei Aktivitäten zur Muskelstärkung, also zur Vermehrung der Muskeln. Darunter sind die Durchmesservergrößerung der einzelnen Muskelfasern sowie die Vermehrung von Muskelfasern zu verstehen. Die Frage, ob das Krafttraining effektiv nur als eine Volumenzunahme bei der Muskelfaser gelten kann oder ob grundsätzlich mehr Muskelfasern entwickelt werden, stellt ein Diskussionsthema der verschiedenen involvierten Wissenschaften dar, das an dieser Stelle nicht weiter ausgeführt werden soll. Die Volumenzunahme ist bestätigt, auch die Vermehrung der Mitochondrien als Kraftwerken der Muskulatur. Die Muskelzellenvermehrung ist eben noch Grundlage der Diskussionen und es fehlen hierzu abschließende, generelle Belege. Wichtiger ist vielmehr der Umstand, dass durch das Krafttraining langsame Fasertypen einen Umbau in schnellere Fasertypen erfahren.

Ferner wird aufgrund der Tatsache, dass das Krafttraining eine Erhöhung der Intensität erfordert, der Stoffwechsel von einer eher oder ausnahmslos aeroben Verstoffwechselung zu einem teilweise anaeroben Stoffwechsel umgewandelt. Grundsätzlich kann die Aktivität, die zu einer Kräftigung der Muskulatur führt, darauf abzielen, den Fokus insbesondere auf das Schnellkrafttraining oder auf ein energetisches Springen zu setzen, das wiederum die Anwendung von Kraft verlangt. Beim Hund ist zu beachten, dass die Kraftentwicklung im Zusammenhang mit der Bewegung stehen muss. Dies bedeutet, dass das Simulieren des Sprunges auf eine andere Art und Weise erfolgen muss. Andererseits kann auch das Zuladen von Gewicht eine Kräftigung der Muskulatur bedingen und somit als Krafttraining betrachtet werden. Indes stellt sich die Frage, wie ein derartiges Krafttraining aussehen kann. Als ein einfaches Beispiel lässt sich das Bewegen am Berg zur Kräftigung der Muskulatur nennen. Dabei kann zwischen einem Power Walk – dem schnellen Gehen – und dem Joggen unterschieden werden. Alle, die den Militärdienst absolviert haben, sind sicherlich mit dem sogenannten Eilmarsch vertraut. Bei diesem Training wird schnelleres Gehen geübt, das jedoch nicht ins Joggen übergeht. Je nach Beinlänge können beim Power Walk zwischen zehn bis allenfalls vierzehn Stundenkilometer zurückgelegt werden. Nun lässt sich allerdings auch das Joggen – u. a. in Form von Bergtraining oder Berglauf – als eine weitere Möglichkeit des Krafttrainings nennen. Um das Bergjoggen zu meistern, bedarf es Kraft, Ausdauer, ausreichend Energie und vor allem auch des Zusammenhangs zwischen aerobem und anaerobem Stoffwechsel sowie einer maximalen Sauerstoffbereitstellung. Hierbei ist wichtig, dass dieser Aufbau beim Joggen in die Höhe schrittweise erfolgt und dementsprechend angepasst werden kann. Bei diesen zwei Trainingsarten

wird der Hundeführer für gewöhnlich mittrainiert; sollte aber auf eine gemeinsam praktizierte Aktivität verzichtet werden wollen, bietet das trockne Laufband eine Alternative, bei der sich die Steigung, Frequenz und Geschwindigkeit nach Bedarf individuell einstellen lassen. Damit können Kraft und Ausdauertraining der Situation und insbesondere dem Trainingszustand des jeweiligen Hundes angepasst werden.
Neben dem Power Walk und dem Joggen kann auch auf den Kraftaufbau beim Schwimmen zurückgegriffen werden. Dabei ist zu unterscheiden, ob der Besitzer an dem Training partizipiert – was durchaus Einfluss auf die Motivation des Hundes haben kann –, ob ein Stand Up-Paddel zum Einsatz kommt oder ob die Trainingseinheiten beispielsweise mit dem Kanu durchgeführt werden. Hierbei ist zudem zwischen den jeweiligen Zielen des Schwimmsports zu differenzieren und festzulegen, ob Ausdauer oder Kraft trainiert werden soll. Demnach muss die Intensität der Bewegung, also die Geschwindigkeit und die Distanz, der Situation angeglichen und in der Ausdauer eher eine gemütlichere Schwimmfrequenz auf eine längere Strecke angewandt werden. Der Aufbau von Kraft benötigt eine größere Geschwindigkeit und erhöhte Intensitäten bei einer kürzeren Strecke. Die Sprungkraft wiederum lässt sich mit dem Stangentraben oder der aus dem Pferdesport bekannten Cavaletti-Arbeit trainieren. Dabei können diese Sprünge in bestimmten Abständen eingebaut werden, wobei nicht nur die Sprungtechnik, sondern – je nach der Höhe des Sprunges und der Distanz zwischen den Cavaletti-Hindernissen – auch die Koordination gestärkt sowie die Schnelligkeit geschult werden.

Beim Krafttraining kann zwischen drei verschiedenen Arten unterschieden werden: der Maximalkraft, der Schnellkraft sowie der Reaktivkraft. Bei der Maximalkraft liegt der Fokus auf der Vergrößerung des Muskelquerschnittes und ist somit auf die Veränderung der Muskelfaserzusammensetzung gerichtet. Dabei geht es hauptsächlich um die maximale Aktivierung der Muskelkraft beim Hund. Der Vergleich mit dem Humansport zeigt, dass das Maximalkrafttraining insbesondere darauf abzielt, den Bereich der Intensität um 50% zu erhöhen und ihre Zunahme zwischen 70 bis 100% anzusiedeln. So ist es beispielsweise während des normalen Krafttrainings beim Bodybuilding üblich, beim Gewichtheben etwa im Rahmen des Brusttrainings drei Serien von je acht bis zwölf Wiederholungen mit einem moderaten Gewicht zu tätigen. Die Maximalkraftentwicklung erfordert ebenfalls das Verrichten von drei Serien, jedoch wird dabei bei weniger Wiederholungen das maximale Gewicht verwendet, was in Abhängigkeit von Situation und Hilfe 50 bis allenfalls 100% mehr des in der Norm befindlichen Gewichts darstellt. Insbesondere im Kraftsport erweist sich bei solchen Übungen zur Vermeidung von potenziellen Unfällen eine Hilfestellung als unerlässlich. Meines Erachtens ist es wichtig, bei der Maximalkraftentwicklung zum Beispiel auf dem Laufband die Einwirkung in der Steigung, den prozentualen Steigungswinkel oder die Intensität sowie die Geschwindigkeit anzuheben. Bei der Schnellkraft geht es nicht nur um diese Kraftvektorenerhöhung, sondern darum, eine möglichst schnelle Kontraktur der Muskulatur zu erzielen. Das heißt, es steht nicht allein die Kraft im Vordergrund, sondern die Kombination für das Realisieren einer schnellen und kraftvollen Bewegungsentwicklung. Der Fokus liegt also genau auf denjenigen Aspekten, die im Hundesport oder im Schutzdienst unabdingbar sind. Neben der Geschwindigkeit spielt daher auch die Kraft eine ausschlaggebende Rolle. Bei der Reaktivkraft und damit der dritten Art und Weise des Kraftaufbaus werden die Dehnung und Verkürzung des Muskels kombiniert, was schließlich auch die Durchführung des Kraftaufbaus erlaubt.

Zum Thema der Reaktivkraft ist ergänzend zu erwähnen, dass als Beispiel für die Kontraktur sowie die Dehnung der Muskulatur nicht nur der Schutzdienstsport angeführt werden kann, wie etwa auf der langen Geraden. Durch das Monitoring ist dies selbstredend auch in dieser Sportart möglich, indem Kraft durch die Palisade oder an der Wand ausgeübt und eine Höhe von fünf Metern überwunden werden muss. Diese Challenge erfordert das Aufbringen von Kraft, Spannung und Dehnung. Aber auch der Schlittenhund im Zug – oder generell im Zughundesport – kann als ein Beispiel gelten, bei dem die stabilisierende Dehnung im Zug sowie die volle Bewegung, die Muskelkontraktion und damit die beschriebene Kombination von Spannung und Verkürzung der Muskulatur in der Reaktivkraft vorliegen.

Spezifische Kraftfähigkeiten:	**Maximalkraft**	**Schnellkraft**	**Reaktivkraft**
Typische Trainingsaktivitäten:	• Wiederholte Serien hoher Belastung • Wechsel zwischen Serien hoher und niedriger Belastung	• Schnelle Mobilisation der Muskelkraft • Springreihen bei geringer Höhe mit Pausen zwischen den Springreihen	• Wechsel von Dehnung und Verkürzung der Muskeln • Ein-/Aussprünge, Aufsprünge, Springreihen

Training der Schnelligkeit

Das Schnelligkeitstraining hat zum Ziel, eine höhere Bewegungsgeschwindigkeit, Beschleunigung und Maximalgeschwindigkeit ohne Ermüdung durchführen zu können. Es braucht von der Initialisierung bis zur motorischen Umsetzung in möglichst kurzer Zeit Informationen im Körper. Das elementare Schnelligkeitstraining dient der Aneignung von spezifischen Schnelligkeitsfähigkeiten und lässt sich in zwei Trainingstypen unterteilen:

a) Grundschnelligkeitstraining
b) Komplexschnelligkeitstraining

Für ein besseres Verständnis sei hierbei auf die nebenstehende Grafik zum Thema Schnelligkeit verwiesen.

Im elementaren Grundschnelligkeitstraining soll zunächst die Reaktionsschnelligkeit, also der Zeitraum zwischen einem Signal und der Muskelkontraktion verbessert werden. Im Kontext des Hundesports erweist sich dieser Umstand gerade im Agility als maßgeblich. Dies resultiert aus der Tatsache, dass der Lauf innerhalb dieser Trainingsart sehr kurz ausfällt und dabei primär Schnelligkeit und Wendigkeit im Fokus stehen. Außerdem kann das vom Hundeführer gegebene Signal möglichst schnell und effizient eine Reaktion beim Hund auslösen, um die Beschleunigung und Geschwindigkeit für den Parkour zu erhöhen. Hierbei lassen sich zwei Sachverhalte festhalten: zum einen muss der Hundeführer dem Hund die Interpretation des Signals lehren, das ihn dazu animiert, die gewünschte Bewegung möglichst schnell zu starten. Das Training muss dabei grundsätzlich motivationsbasiert sein und den Hund dazu veranlassen, möglichst schnell und freudig zu reagieren. Zum anderen ist es wichtig, dass der Hund in der Beschleunigung eine maximale Geschwindigkeit aufbaut, wofür er jedoch eine entsprechende Kraft benötigt. Zusammengefasst bedeutet dies also, dass die Übertragung Signal – Muskelkontraktion schnell und effizient zu erfolgen hat und der Hund für das Vorhandensein und die Umsetzung seiner Maximalkraft trainiert werden muss. Neben dem Agility sind diese Aspekte auch für Windhunde beim Rennsport von Bedeutung, wenn sie sich auf der Bahn befinden und nach dem Öffnen des Tores im Höchsttempo dem Hasen hinterherrennen sollen. Ferner kann an dieser Stelle auch das Cursing für Jagdhunde als Beispiel angeführt werden, bei dem der Hund möglichst schnell enge Wendungen und damit eine maximale Beschleunigung und schnelle Signalumsetzung zu meistern hat.

Das Komplex-Schnelligkeitstraining stellt eine Mischung von verschiedenen Elementen wie Bewegungsschnelligkeit, Beschleunigung und Koordinationsschnelligkeit dar. Wie zuvor erwähnt, gilt dies vor allem für

Windhunde im Cursing-Sport, bei dem auch zyklische Aktivitäten stattfinden. Das heißt, dass für die durch den Hund zu bewältigenden Wendungen neben der Beschleunigung auch Koordination benötigt wird und diese Abläufe sich zyklisch anpassen und wiederholen.

Wird hierbei die Trainierbarkeit berücksichtigt, so müssen die Trainingsaktivitäten aufgrund der hohen Belastung des Bewegungsapparates dieser hohen Intensität angepasst werden, indem die Belastungsdauer reduziert und die Zahl der Wiederholungen in einem begrenzten Umfang gehalten wird. Dies bedeutet, dass diese Komplex-Schnelligkeit nur kurze Zeitintervalle beinhaltet, dafür aber mehr Wiederholungen aufweist. Diese können auf der Geraden, aber auch im kupierten Gelände oder aber auch im Berg trainiert werden. Auf Grund der Intensität des Schnelligkeits-Trainings ist es sinnvoll, diese auf Grund der Frische und Konzentration und Koordination an den Anfang des Trainings nach gutem Aufwärmen zu stellen.

Spezifische Schnelligkeits fähigkeiten:	**Elementare (Grund-)Schnelligkeit**	**Komplexschnelligkeit**
Typische Trainingsaktivitäten:	• **Reaktionsschnelligkeit** (Reflextraining, Bewegungs-, Koordinationsschnelligkeit, Einfachreaktion) • **Hohe Intensität** (maximal und submaximal) • **Kurze Dauer** • **Hohe Wiederholungsraten**	• **Zyklische Bewegungsschnelligkeit** (Sprints, Beschleunigung, Bewegungsabläufe) • **Hohe Intensität, hohe Widerstände z. B. Steigung** • **Kurzsprints** (geringe Belastungsdauer, Zahl von Wiederholungen in einer Serie, längere Pausen zwischen Serien)

Praxisbeispiel für den Trainingsaufbau – die Geschichte von Vif

Im folgenden Abschnitt schildert ein Kunde in eigenen Worten die lange Krankheitsgeschichte seines Hundes Vif, dessen Leiden mittels der orthopädischen, biomechanischen, kinematisch kontrollierten manuellen Therapie nach drei Jahren Lahmheit schließlich Abhilfe geschaffen werden konnte.

Vif ist ein Border Collie-Rüde und seine Krankheitsgeschichte begann, als er vier Jahre alt war. In dieser Zeit trainierten wir einmal die Woche Agility und gingen zweimal die Woche joggen.

Es fing im August 2020 damit an, dass er in einem Training im Galopp ein Spielzeug vom Boden aufnehmen wollte und danach akut zu hinken begann.

Ich ging mit ihm auslaufen, brachte ihn dann ins Auto, und als wir ihn nach einer Stunde wieder aus dem Auto holten, lief er fast wieder normal.

Die nächsten sechs Monate ging es ähnlich weiter, es gab keine Regelmäßigkeit in seinen Lahmheiten und sie konnte nicht bewusst provoziert werden, er wurde geschont und wieder laufen gelassen. Mal hinkte er nach einem normalen Spaziergang, mal konnte sie ohne Beschwerden rennen oder im Schnee toben; Joggen ging während der ganzen Zeit ohne Lahmen. Es gab leichte Trainings, in deren Verlauf er nicht hinkte und sich gut bewegte; aber dann folgten wieder dieselben Trainings, nach denen er leicht bis stark hinkte. Longieren ging währen der ganzen Zeit nicht gut, er zeigte ein unsauberes Gangbild, nahm hinten rechts keine Last auf.

Was immer gleich war: er hinkte nie direkt nach einer Belastung, erst Stunden später nach dem Ruhen und es lief sich immer ein und verschwand im Schritt größtenteils bis ganz.

Weiter war er während der gesamten Zeit immer wieder beim Haustierarzt, alle drei bis vier Wochen in Physiotherapie und Osteopathie und sie konnten abgesehen von diversen Verspannungen im Schulter- und Rückenbereich keine Verletzung ausmachen.

Im April 2021, nach acht Monaten Auf und Ab, röntgte ein Tierarzt auf einen Verdacht hin die rechte Vorderpfote und stellte die Bilder dann einem Radiologen zu. Es wurde ein Daumenbruch festgestellt, allerdings war es unklar, ob dieser tatsächlich die Ursache der Lahmheiten war.

Vif blieb von da an der Leine und in den kommenden vier Wochen waren wir bei einem anderen Tierarzt in der Praxis vorstellig, ließen dort das rechte Vorderbein röntgen und ich bekam eine Überweisung fürs MRT im Tierspital Zürich, da sie mit den Bildern keine klare Diagnose stellen konnten.

Gemäß dem MRT-Bericht vom Tierspital Zürich wurde zum bekannten Daumenbruch ein Bandschaden am Daumen verzeichnet und Vif musste eine Woche geschont werden, bekam für diese Zeit Rimadyl und durfte dann wieder aufgebaut werden – sogar wieder mit dem Training anfangen.

In der Realität hinkte er nach einem Monat an der Leine noch immer, zudem war seine Pfote hinten rechts wieder offen und juckte stark.

Bis Juni 2021 lief er weiterhin an der Leine und er lahmte trotz Schonprogramm mehrheitlich, weshalb wir einen Neurologen aufsuchten, um den Rücken abzuklären. Seine Einschätzung war, dass der Rücken in Ordnung sei und er die Verletzung im Karpalgelenk vermutet, da er schmerzhaft auf die Beugeprobe reagierte; eine Woche Onsior und weiterhin an der Leine führen war der Plan.

Da wir trotz dem Schonen und den Schmerzmitteln nicht weiterkamen, verordnete der Tierarzt nach Rücksprache mit Radiologen sowie Orthopäden TS ZH Librela und die Osteopathin setzte Blutegel am Karpalgelenk und Ellbogen an.

Nach diesen beiden Behandlungen lief er von Juli bis September 2021 endlich lahmfrei. Wir bauten Vif langsam auf, verlängerten die Spaziergänge, er durfte ohne Leine laufen, wir fingen an zu joggen und zu schwimmen.

Mitte Oktober entstand vorne rechts am Karpalgelenk ein Überbein und wir gingen wieder zur Tierärztin. Sie röntgte das Karpalgelenk, die Hüfte, den Ellbogen und das rechte Knie, weil er teilweise im Galopp hinten rechts entlastet und keine Last aufnimmt.

Zwei Wochen später, Ende Oktober 2021, erlitt Vif einen Rückfall und hinkte während dem Spazieren sehr stark. Nach der Ruhepause zuhause war nichts mehr zu erkennen. Wir waren erneut beim Tierarzt und sie stellte Stress auf beiden Seitenbändern im Karpalgelenk fest und die volle Flexion tat ihm sehr weh. Sie spritze erneut Librela, Vif kam ab sofort wieder an die Leine und wir wollten uns mit Orthopäden und Radiologen absprechen, wie wir weitermachen sollten. In der Zwischenzeit waren wir erstmalig bei einer Physiotherapeutin in der Osteopathie, auch sie stellte Verspannungen im Schulter- und Rückenbereich fest.

Mitte Dezember waren wir wieder in Zürich und es wurde ein MRT und eine Gelenkspülung/Arthroskopie durchgeführt und Vif wurde dann sechs Wochen stark geschont, durfte nur drei Mal fünf bis zehn Minuten nach draußen, durfte keine Treppen mehr steigen und Sprünge aufs Sofa, ins Auto, etc. wurden verboten.

Im Januar 2022 war Vif drei Mal in der Stoßwellentherapie im Tierspital Zürich und erhielt eine Orthese, welche er ab jetzt immer tragen soll. Er wurde dann sehr langsam und vorsichtig mit Minuten zählen aufgebaut und bis September war Vif auf einem sehr guten Weg, er durfte wieder frei laufen, schwamm mehrmals pro Woche, die Schleppleine wurde abgebaut und sogar ein Urlaub am Meer war möglich. Die ganze Belastung von Vif war durchdacht und keinesfalls unüberlegt oder zu wild.

Im Oktober 2022 gab es einen erneuten Rückfall ohne ersichtlichen Grund und wir gingen diesmal direkt ins Tierspital Zürich. Vif sollte wieder vollkommen geschont werden, er bekam Onsior für eine Woche und wir sollten in ein paar Wochen zur Nachkontrolle kommen, da durch die Untersuchung inkl. Röntgen keine genaue Diagnose gestellt werden konnte.

Die Physiotherapeutin konnte keine Verletzung außer der bekannten verspannten Schulter erkennen. Solange er an der Flexileine spazierte, war er lahmfrei; kaum war er frei, kam die Lahmheit auch ohne Rennen sofort zurück. Er hatte aber dauerhaft Mühe, die Treppe runterzugehen und hat dabei stark entlastet.

Im Dezember 2022 waren wir bei einem Internisten in der Sprechstunde, um ein sehr großes umfassenden Blutbild zu machen, um allfällige systemische Krankheiten auszuschließen. Sämtliche Tests fielen negativ aus und eine systemische Krankheit konnte ausgeschlossen werden.

Beim Kontrolltermin im Tierspital Zürich war Vif zum Zeitpunkt der Untersuchung zwar lahmfrei, es wurden jedoch Schmerzen im Bereich vom lumbosakralen Übergang festgestellt und es wurde eine Laufbandstudie in Kombination mit einem CT und MRT empfohlen sowie die Hüfte nochmals zu röntgen.

Im Januar 2023 fand die große Untersuchung in Zürich mittels Laufbandanalyse, CT und MRT sowie Röntgen der Hüfte statt. Danach wurde er zuerst komplett geschont und durfte daraufhin mit der Flexileine gehen. Im März 2023 wurde eine Elektrodiagnostik durch den Neurologen durchgeführt – die Messung war rechts und links identisch. Gemäß den Neurologen kommen Vifs Probleme nicht vom Rücken. Auf Empfehlung vom Orthopäden hin wurde trotzdem eine Kortison-Injektion im hinteren Rücken durchgeführt. Auch diese Therapie brachte keinen Erfolg.

Im April 2023 waren wir erneut im Tierspital Zürich, Vif musste lahmend vorstellig werden und auch da konnte keine klare Diagnose erstellt werden; sämtliche Spezialisten der letzten Monate und Jahre waren ratlos. Der Orthopäde empfahl uns, das Karpalgelenk von Vif zu versteifen.

Das kam für mich nicht in Frage.

Ich habe mich entschieden, eine Zweitmeinung von Dr. Patrick Blättler Monnier einzuholen und die Entscheidung hat Vifs Leben um 180° Grad gewendet. Er wurde behandelt, erhielt einen Trainingsplan und hatte seit dem ersten Termin keine einzige Lahmheit mehr

Die Geschichte von Vif stellte sich im Grunde als sehr trivial dar. Es wurde die Biomechanik in der Vorhand berücksichtigt und die Lahmheit konnte ausheilen. Nach der Erstkonsultation erfolgte zunächst der Bewegungsaufbau, anschließend konnte mit dem Ausdauertraining begonnen werden. Wie zu erwarten war, hatte Vif zu Beginn beim Kraftaufbau Mühe und es dauerte zwei Monate, bis er wirklich Kraft in der Hinterhand aufwenden konnte. Dieser Umstand ist in seinem Fall aber nicht weiter besorgniserregend und lässt sich absolut im grünen Bereich verorten. Seit dem Herbst wurde zusätzlich die Neuro-Kinematik, also das Bewegungsgedächtnis, behandelt und Vif zeigt eine sehr gute Bewegung und Kondition und vor allem keine Lahmheit, weder in der Vorhand noch Hinterhand. Auch lässt sich keine Steifheit in der Schulter und im Rücken feststellen.

VIDEO

Fallbeispiel Vif

Trotz wiederholter struktureller Untersuchungen wie CT und MRT sowie Röntgen wurden keine strukturellen Veränderungen gefunden, die die Lahmheit und die Leistungseinschränkungen erklärt hätten. Die Ursache der Lahmheit sowie des veränderten Gangbildes sind ursächlich auf eine funktionelle Pathologie der linken Schultergliedmaße zurückzuführen, als eine veränderte Range of Motion sowie veränderte ROF (Range of freedom) Einfach ausgedrückt: Die Funktion der linken Schulter ist nicht normal.

Somit sollte jede orthopädische Untersuchung eine strukturelle und funktionelle Untersuchung beinhalten. Dies ist abhängig von der Zeit und natürlich auch dem Wissen um die Funktionalität und Biomechanik des Skelettsystems. Es ist somit aber auch zwingend, eine funktionelle Diagnostik wie LupoGait zur Verfügung zu haben, um die Befunde zu objektivieren.

KAPITEL 10

Der partielle Kreuzbandriss beim wachsenden Hund

Für das Fallbeispiel aus der Praxis zu diesem Thema sei auf die Einleitung des Buches verwiesen, in der sich der partielle Kreuzbandriss am Beispiel des Boxerhundes bereits ausführlich dokumentiert findet.

Generell kann der Kreuzbandriss beim Hund auf drei Ursachen zurückgeführt werden:

? Kreuzbandriss = KBR

- Degeneration (vor allem beim älteren Hund und Hund mittleren Alters)
- akuter KBR (praktisch in jedem Alter)
- durch Form-Funktions-Veränderungen, bzw. die Biomechanik verursachter KBR

Insbesondere die dritte Ursache liegt im Fokus der vorliegenden Untersuchungen und führt auch beim Hund am häufigsten zu einem Kreuzbandriss. Es ist auffällig, dass diese Form vor allem Welpen betreffen kann, bei denen die Wachstumsfugen im Knie noch nicht geschlossen sind oder aber sich erst gerade geschlossen haben. Des Weiteren können auch Hunde betroffen sein, die noch sehr jung sind, zumeist also Hunde im Alter von eineinhalb bis drei Jahren. Als wichtigstes Kriterium für die Unterscheidung zwischen der zweiten und dritten Ursache, also zwischen dem akuten KBR und dem durch eine veränderte Biomechanik verursachten KBR, ist das Erreichen von Überforderung respektive Erschöpfung der Elastizität des Kreuzbandes. Dies erfolgt beim akuten KBR unvermittelt, da der Impact von F = m x a abrupt zu groß ausfällt. Bei der veränderten Biomechanik kommt diese hingegen schrittweise, kann sich zum Teil durch die Anpassungsfähigkeit der Orthopädie anpassen. Diese geht jedoch mit der Traumatisierung des Bandes einher, bis schließlich seine Erschöpfung und somit der finale, überfordernde Impact von F = m x a eintritt und anschließend im totalen KBR resultiert. Dieser Sachverhalt soll in der folgenden Grafik noch verdeutlicht werden.

Pathophysiologie des KBR beim Junghund

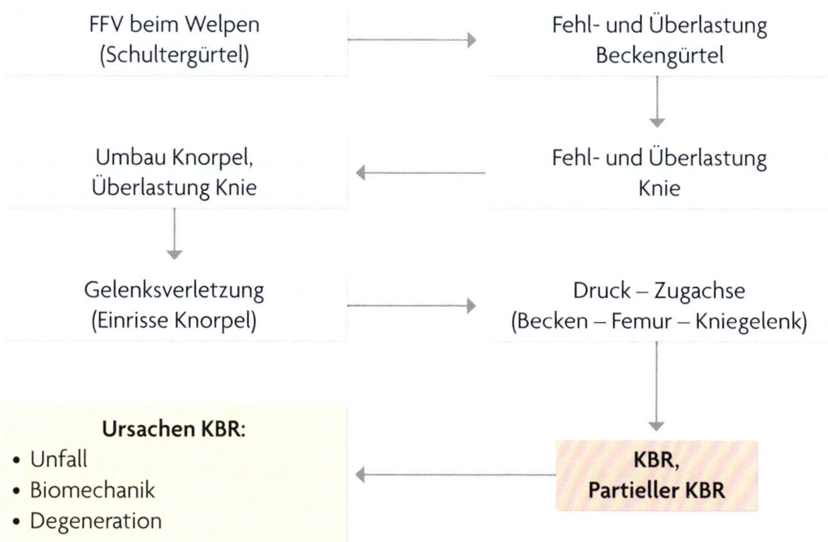

Wie bereits konstatiert, besitzt der Kreuzbandriss beim Hund also drei Ursachen. Die erste Ursache, die unbestritten ist und von verschiedenen Protagonisten in der Hunde-Orthopädie auch klar formuliert wird, stellt die Degeneration dar. Darunter sind das Alter zu verstehen sowie der Verschleiß und die degenerativen Veränderungen im Knie, die auch im Zusammenhang mit Arthrose-Bildungen stehen. Dabei handelt es sich um multikausale Veränderungen, wobei neben genetischen Faktoren auch Veränderungen in der Ernährung, in der Belastbarkeit und in der Biomechanik eine Rolle spielen. Als zweite Ursache, die sehr oft vorkommt und vereinzelt auch dementiert wird, ist die akute Sportverletzung zu nennen. Sehr viele Kreuzbandrisse ereignen sich akut, wenn der Hund beispielsweise rennt, aufjault, auf drei Beinen läuft und das Kreuzband reißt. Dies steht im Zusammenhang mit der Überlastung der Druck-Zug-Fähigkeiten, die bereits im Kapitel über die Sehnenbänder detaillierter diskutiert wurden. Ein Band besitzt eine gewisse Elastizität und Kraft, die es abfedern kann. Werden diese Grenzen überschritten, so beginnt dieses Kreuzband zu zerren und zu reißen. Je nach Situation kann dies etwa mitten im temporeichen Rennen durch enge Wendungen oder wenn der Hund mitten im Galopp mit einem Bein in eine Vertiefung tritt. Nach der normalen physikalischen Berechnung – Kraft = Masse x Beschleunigung – kommt es in einer solchen Situation zur Überforderung und resultiert

VIDEO
Partieller Kreuzbandriss bei einem Junghund.
Simulation: Was geschieht

VIDEO

Hund Lahmheit Knie

subchondral: unterhalb des Knorpels

in einem akuten Kreuzbandriss. Der dritte Punkt, der unglücklicherweise nie Erwähnung fand und ausschließlich von Spezialisten und Orthopäden, die sich mit der Biomechanik auseinandersetzen, anerkannt wird, stellt das Produkt aus einer Fehlstellung, bzw. aus der Form-Funktions-Regel dar: die Fehlstellungen im Becken und Knie führen zu permanenten Druck-Zug-Veränderungen und folglich zu einer dauerhaften Fehl- und Überbelastung des Knies. Wir nennen dies auch Reiz-Reaktions-Regel. Es geschehen Mikro-Traumatisierungen im Kreuzband und wenn dann zusätzlich noch eine Bewegung hinzukommt, die die Physik – $F = m \times a$ – überfordert, dann kann diese partielle Situation in einen endgültigen Kreuzbandriss münden. Kommt es nun tatsächlich zu einem partiellen Kreuzbandriss, also zu Teilanrissen nach dem Motto „der Krug geht zum Brunnen, bis er bricht", so ist das der letzte Tropfen, der das Fass zum Überlaufen bringt. Das bedeutet, wenn sich zu viele kleine Traumatisierungen summieren, reicht am Ende auch allein ein mittelmäßiges Trauma, um das betroffene Kreuzband vollends zum Reißen zu bringen. Dies steht im starken Kontrast zum akuten Kreuzbandriss, bei dem eine einmalige große Kraft als der Katalysator für den Kreuzbandriss fungiert. Als der zweite Aspekt bei diesem partiellen Kreuzbandriss kann zudem eine Traumatisierung des Gelenkknorpels, also des Meniskus, betrachtet werden. Bei diesen Fällen der dritten Gruppe sind die Menisken viel häufiger betroffen als bei akuten Kreuzbandrissen, da sie ebenfalls eine Degeneration im Knorpel einführen. Es besteht eine Degeneration im Bandapparat, in der Gelenkfläche des Knorpels und gleichsam eine *subchondrale* Degeneration. Somit ist klar, dass durch die veränderte Biomechanik dieser dritten Gruppe diese Situation als eine Kombination von Degeneration und akuten Veränderungen mit einem tiefgreifenden Impact der Kraft gelten kann. Daher ist es verständlich, dass sehr viele Hunde diesen Kreuzbandriss im Alter von acht Monaten, einem Jahr, anderthalb oder zwei Jahren erleiden, da durch diese fremde Biomechanik der Prozess der Degeneration verschnellert und überbeansprucht wird. Bei dieser handelt es sich nicht um die natürliche Degeneration, sondern das Resultat der Form-Funktions-Veränderung-Problematik und eines Überalterungsprozesses, der sehr früh im Hundehalter beobachtet werden kann. Diese dritte Sparte von partiellen Kreuzbandrissen bei Hunden lässt sich ca. fünfzig bis sechzig Prozent im Alter zwischen einem und drei Jahren ansiedeln. Daher ist es wichtig, diesen in Zukunft mehr Gewicht zu verleihen, was wir auch mit Hilfe der Erarbeitung eines biomechanischen Modells bezwecken wollen.

KAPITEL 11

Das Cauda-Equina-Syndrom oder die lumbo-sakrale Instabilität beim wachsenden Junghund

Die Instabilität in der Hinterhand ist ein sehr häufig vorkommendes Problem und beim wachsenden Hund im Alter vom siebten bis zum neunten Lebensmonat feststellbar. Es ist wichtig, dass diese Instabilität möglichst früh erkannt und dementsprechend zielgerichtet behandelt wird. Der anschließende Trainingsaufbau erweist sich als wegweisend, vor allem für das Auftreten von Bandscheibenvorfällen in der Cauda-Equina-Region beim erwachsenen Hund im Alter von ca. sechs Jahren. Überwiegend machen sich zu diesem Zeitpunkt die ersten Symptome bemerkbar, die immer schleichend einsetzen und von den Besitzern in den meisten Fällen übersehen werden. Generell ist das Cauda-Equina-Syndrom eine Erkrankung auf Zeit und stellt somit einen Verschleißprozess bzw. multiple Folgen der Degeneration dar.

Das Cauda-Equina-Syndrom beim Hund

Dieses Syndrom stellt grundsätzlich die Beschreibung einer Erkrankung dar, welche sich auf eine anatomische Region beschränkt. Dabei handelt es sich um die Region der Lendenwirbelsäule, vor allem den Endbereich der Region von L5 bis S2. Dabei weist das Cauda-Equina-Syndrom drei Komponenten auf:

a) Mechanisch
b) Entzündung
c) Schmerzen

Bei dieser Erkrankung spielt die Rasse keine Rolle, während sich ihre Symptome bei allen Hunden gleich gestalten. Bei vielen Hunden beginnt die Ausbildung eines Cauda-Equina-Syndroms mit einer mechanischen Vorgeschichte. Die Hunde rutschen aus, werden von einem Artgenossen seitlich weggeschubst und angerempelt oder weisen eine Sturzanamnese auf. In der Folge zeigen diese Patienten Mühe beim Aufstehen, beim Treppensteigen oder im Sprungverhalten beim Auto oder Hindernis. Weitere Symptome sind Schmerzäußerungen, ein aufgezogener Rücken und ein langsameres Treppensteigen oder ein komplettes Verweigern dieser Tätigkeit. Zudem können Lahmheiten unter Hochziehen des Hinterlaufs auftreten, was sich in diesen Fällen mit einem partiellen Kreuzbandriss vergleichen lässt.

Obschon der Symptom-Komplex bereits früher auftreten kann, machen sich die ersten Symptome generell im Alter von fünf oder sechs Jahren auf schleichende Weise bemerkbar.

Diese stellen die ersten Anzeichen für die notwendige Konsultation beim Tierarzt dar.

Auch wenn der Tierarzt in der Lage ist, die CES richtig zu diagnostizieren, bleiben die mechanischen Komponenten der Orthopädie häufig unerkannt, was zum anschließenden Scheitern der Therapie der Entzündung mit nur einem Cox-2-Hemmer führt. Dieser Situation begegne ich täglich in meiner Praxis, insbesondere bei Patienten, deren Besitzer mich aufsuchen, wenn ihr Hund sechs bis zwölf Monate später einen Rückfall erleidet.

Es ist also essenziell, dass die mechanische Komponente in dieser anatomischen Region orthopädisch-manuell und falls möglich kinematisch-kontrolliert behandelt wird. Durch die kinematische Analyse kann können die Veränderungen in der Mechanik visualisiert und die Dauer der medikamentösen Therapie besser eingeschätzt werden. Wir sprechen in diesen Momenten von einer evidenzbasierten Therapie, die kontrollierbar, objektivierbar und gleichermaßen für jeden Tierarzt und Hundebesitzer ersichtlich ist.

Der zweite Faktor dieser Erkrankung ist die Entzündung, die durch eine Fehl- und Überlastung von Rücken und Hinterhand entsteht und sich mittels verschiedener Therapieansätze behandeln lässt. In der Bewegung fällt dabei auf, dass die Hinterhand weniger Schub entwickelt und deutlich weniger Kraft vorhanden ist. Als Konsequenz wird die Bewegung als gezogene Bewegung, bzw. ein *pull-move* über die Vorhand ausgeführt. Im Normalfall ist die Vorhand die Statik, während die Hinterhand die Bewegung – also die Dynamik – repräsentiert. Dieser Idealzustand wird durch die Cauda-Equina zerstört. Die Hinterhand ist in ihrer Bewegungsfähigkeit reduziert, bringt weniger Schub und kann somit den Kraftakt des *push-moves* nur bedingt verrichten, was dann schließlich in der Manifestation der oben aufgelisteten klinischen Symptome resultiert. Somit ist es entscheidend, das Verhältnis von Statik (Vorhand) und Dynamik (Hinterhand) wiederherzustellen. Sind diese Voraussetzungen erfüllt, kann eine entzündungshemmende Therapie begonnen werden, welche dann auch zu einer Verbesserung führen wird. Auch unter dieser Voraussetzung ist eine kinematisch kontrollierte Therapie sinnvoll, da statisch-dynamische Komponenten funktionell sind und nur mit einer funktionellen Diagnostik (Bewegungsdiagnostik) aufgezeichnet und kontrolliert werden können.

Cox-2-Hemmer: Cox-2-Hemmer, auch Coxibe genannt, gehören zu den nichtsteroidalen Antirheumatika (NSAR). Sie hemmen das Enzym Cyclooygenase (Cox) und damit die Bildung entzündungsfördernder Botenstoffe.

Fallbeispiel 1

Beim in diesem Beispiel präsentierten Patienten, einem sechsjährigen, weiblichen und sterilisierten Deutschen Schäferhund, habe ich vor achtzehn Monaten ein Cauda-Equina-Syndrom diagnostiziert. Der Hund hatte vor sechs Monaten einen Rückfall erlitten und die anschließende monatelange Physiotherapie war erfolglos geblieben. Da die klinischen Symptome keine Besserung zeigten, suchte die Besitzerin den Tierarzt auf, der entzündungshemmende Medikamente verordnete. Allerdings ließ deren Einnahme ebenfalls keine positive Entwicklung verzeichnen. Daraufhin stellte die Besitzerin ihre Hündin bei mir in der Sprechstunde vor. Neben einem deutlichen Leistungsabfall und einer Lahmheit der rechten Hintergliedmaße konnte bei der Patientin zusätzlich insbesondere eine Verweigerung von Sprüngen festgestellt werden. Die auf S. 249 dargestellte kinematische Bewegungsmessung zeigt die Werte vor (orange) und nach (grün) der orthopädisch-manuellen Behandlung. Vor allem die Standphase hinten rechts lässt, wie auch die mechanischen Symmetrien, eine deutliche Verbesserung erkennen, während die PFV an praktisch allen vier Gliedmaßen das Verhältnis 60:40 Prozent besitzt. An dieser Stelle kann also eine erfolgsversprechende Therapie mit Entzündungshemmern und Schmerzmitteln begonnen werden.

? PFV = Peak Vertical Force: größte Kraft während der Standphase

Nachfolgend ist die röntgenologisch dargestellte Cauda-Equina-Region mit Spondylose und Vorquellung der Bandscheibe in den Kanal (siehe rote Pfeile) zu sehen.

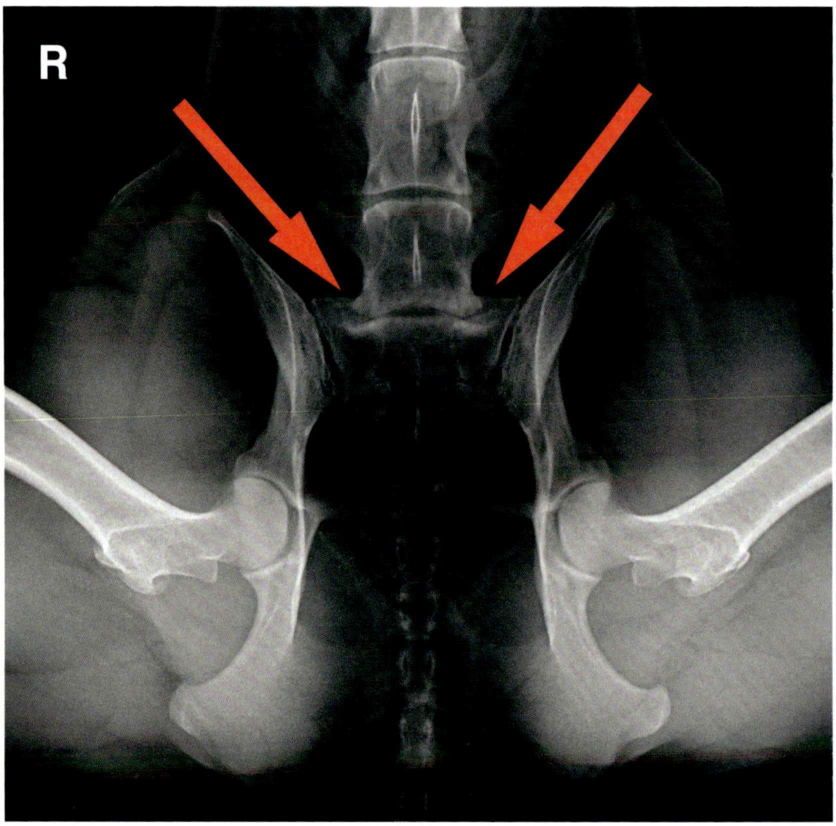

Cauda-Equina mit foraminaler knöcherner Stenosierung, Verengung des Nervenaustritts

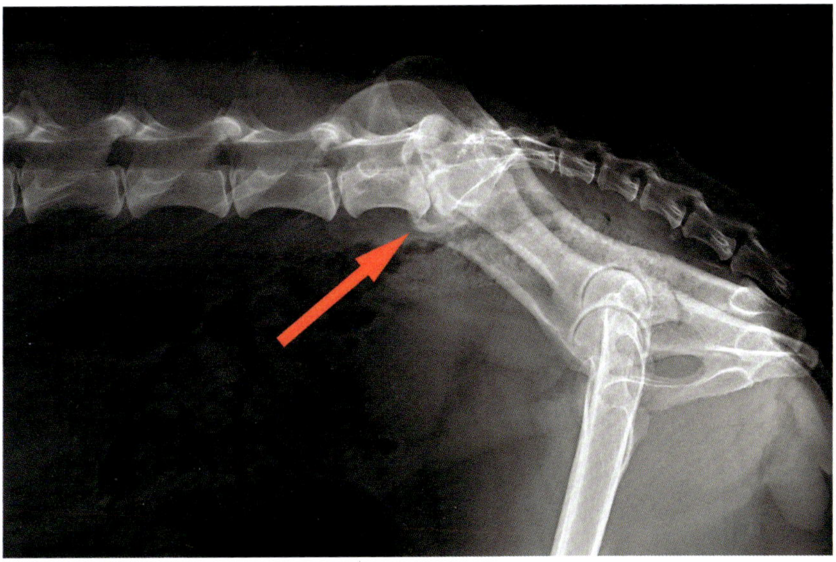

Seitliche Ansicht zum Bild von der Vorseite. Neben der foraminalen Stenose ist zusätzlich Spondylose zu erkennen (Pfeil).

An diesem Beispiel lässt sich klar erfassen, wie sich die Stand- und Schwungphase vor der Behandlung (orange) und nach der orthopädischen manuellen kinematisch kontrollierten Behandlung veränderte (grün), siehe Grafiken S. 251.

Bei solchen radiologischen und klinischen Veränderungen können neuropathische Schmerzen (Nervenschmerzen) auftreten. Diese sind vor allem auf traumatisierte und entzündete schmerzleitende Nervenfasern zurückzuführen. In derartigen Situationen geht es um chronische und zentralisierte Schmerzen (im Mittelhirn). Damit der Nervenschmerz gestoppt werden kann, sind Neuroleptika indiziert. Als wichtige Vertreter sind hierbei Gabapentin oder Pregabalin zu nennen.

Als nächste Option der Therapie kann die Epidural-Infiltration in Betracht gezogen werden. In diesem Fall wird der Bereich der Cauda-Equina mit einem Schmerzmedikament infiltriert. Über eine in den Wirbelkanal eingeführte Spinalkanüle wird dem sedierten Hund dann beispielsweise Triamcinolon mit einem hyperbaren Lokalanästhetikum injiziert. Dies stoppt oder reduziert die Entzündung vor Ort und hat einen Einfluss auf die vorquellende Bandscheibe und den entzündeten Nervenstrang, bzw. die Spinalnerven.

Anderseits ist auch die ACS-Therapie (s. S. 135), die sowohl auf den Entzündungsherd wirkende als auch regenerative Komponenten besitzt, in meiner Praxis ein Standardprozedere. Das ACS ist eine Therapie mit einem Serum, das aus dem Blut des jeweiligen Patienten gewonnen und damit angereichert wird. Es wirkt entzündungshemmend (IL-1ra) und weist

hyperbar: Begriff aus der Physik, beschreibt eine fFüssigkeit, die ein größeres spezifisches Gewicht hat als eine andere Flüssigkeit.

IL-1ra: Interleukin-1 Rezeptor Antagonist. Gruppe von Arzneistoffen, die den Interleukin-1-Rezeptor in der Nervenzelle blockieren und damit entzündungshemmend wirken.

Wachstumsfaktoren auf, welche die Regeneration der Bandscheiben auslösen. Dabei kann auf das Kortison verzichtet werden, während die Therapie einen langanhaltenden Effekt besitzt und damit einen großen Unterschied zu konventionellen Epidural-Infiltrationen mit Kortison darstellt. Das Medikament wirkt ca. zwei bis drei Wochen. Sofern ein optimaler Verlauf registriert wird, kann damit die Entzündung erfolgreich behandelt werden. Allenfalls muss die konventionelle Epidural-Infiltration nach vier bis sechs Wochen wiederholt werden. Dies ist abhängig vom Schweregrad der Veränderungen, vor allem der Entzündung der Spinalnerven.

Auf dem CT-Bild ist die Protrusion (Vorquellung der Bandscheibe) zu erkennen (siehe roter Pfeil). Diese muss chirurgisch durch eine Laminektomie oder auch eine Epidural-Infiltration behandelt werden.

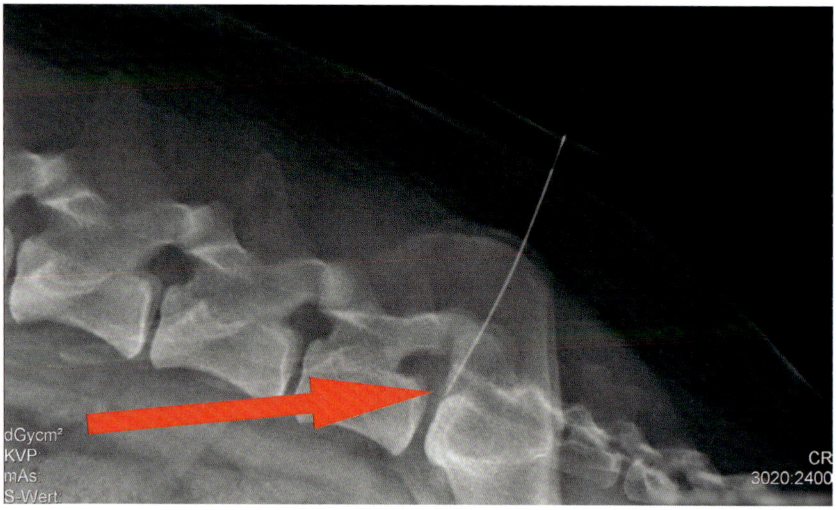

Röntgen mit Spinalkanüle

Laminektomie: OP-Methode an der Wirbelsäule, bei welcher der Wirbelbogen mit dem Dornfortsatz entfernt wird mit dem Ziel, den Spinalkanal zu dekomprimieren.

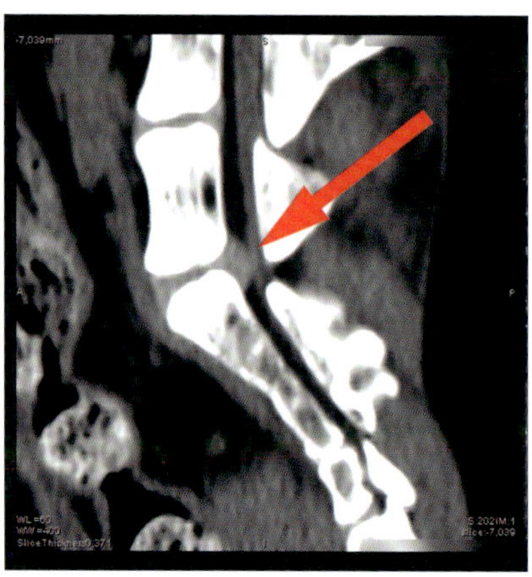

Bei der Epidural-Infiltration werden die Spinalkanüle in Sedation in den Kanal eingeführt und die Medikamente injiziert (siehe Röntgenbild). Eine Verletzung der Spinalnerven kann nicht erfolgen, da diese der Spinalkanüle weichen.

CT Bild der Cauda-Equina-Region, der rote Pfeil zeigt die Vorquellung der Bandscheibe.

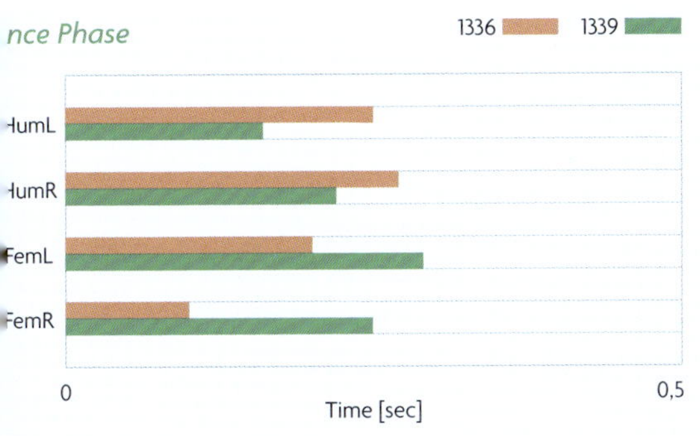

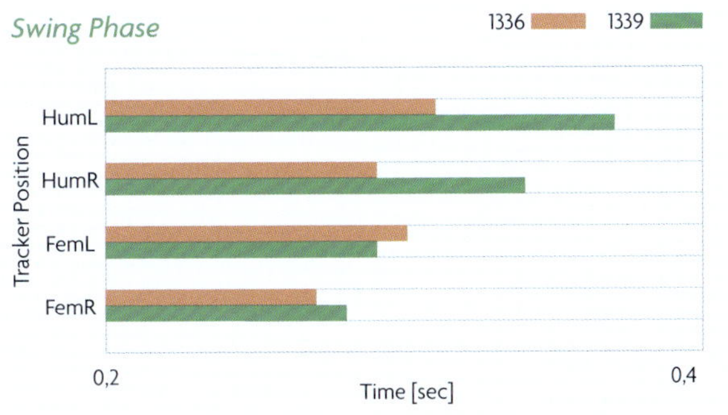

Die braunen Werte sind die Stand- und Schwungphase vor der Epiduralinfiltration, die grünen einige Wochen danach. Dem Hund geht es klinisch deutlich besser, dies zeigen die grünen Werte. Die Standphase hinten rechts und links (grün) sind praktisch symmetrisch und vor allem deutlich größer als vor der Infiltration.
In der Schwungphase hat sich vor allem die Vorhand stark verbessert.

Fallbeispiel 2

Exemplarisch für das Cauda-Equina-Syndrom bei einem Hund wird nun ein nicht kastrierter Chodenländer-Rüde angeführt, der im Alter von knapp zwei Jahren bereits eine Operation an der Cauda-Equina, eine *dorsale Laminektomie* hinter sich hatte. Trotz der Operation zeigte der Hund weiterhin bei vermehrter Belastung beim Gehen eine Lahmheit. Neben dem Cauda-Equina-Syndrom war zusätzlich eine foraminale Verengung vorhanden. Dies bedeutet, dass der Nervenaustritt ebenfalls betroffen war. Dieser Umstand lässt sich mit einem verkalkten Rohr vergleichen, welches weniger Wasser durchfließen lässt. Somit kommt es zum Hinken in der Hinterhand. Als weitere Symptome konnten Leistungsabfall, Schlappheit und sofortiges Ablegen und die Unfähigkeit, lange zu stehen, vermerkt werden. Wie oben bereits beschrieben, wurde dieser Patient zuerst orthopädisch-kinematisch-kontrolliert manuell behandelt und sofort in den Bewegungsaufbau aufgenommen. Zur Unterstützung wurde eine entzündungshemmende Therapie mit einem Langzeit-Entzündungshemmer, einer sogenannten Monatstablette, eingeleitet. Diese hemmt und reduziert die Entzündung über einen Zeitraum von drei bis vier Wochen. Da diese Therapie die erste Verbesserung brachte, wurde im Anschluss eine evidenz-basierte ACS-Epidural-Infiltration durchgeführt. Dazu wurden dem Patienten dreißig Milliliter Blut am Hals entnommen und im Autoklaven bei achtunddreißig Grad über acht Stunden inkubiert. Das Serum wurde unter sterilen Bedingungen gewonnen und im Tiefkühler aufbewahrt. Im Anschluss wurde der Hund wiederum bestellt und sediert, bevor die Region der Cauda-Equina rasiert und steril vorbereitet wurde. Für die Infiltration musste der Hund nur kurz schlafen und konnte nach einer Stunde wieder nach Hause. Nach dem Eingriff ist der Patient wieder voll mobil und kann die Praxis selbständig auf allen vier Beinen laufend verlassen.

Unten finden sich einige Parameter vor (orange) und nach der Infiltration (grün) abgebildet.

Sie haben nun einen Einblick in das Cauda-Equina-Syndrom und die verschiedenen Therapieoptionen erhalten. Es ist sehr wichtig, dass der Tierarzt die drei Komponenten dieser Erkrankung bei der Wahl einer Therapie berücksichtigt. Aktuell biete ich immer noch als erster und einziger Tierarzt die kinematische Diagnostik der funktionellen orthopädischen Erkrankung beim Cauda-Equina-Syndrom an.

Kinematik für Fall 2: Orange vor der Infiltration und grün danach. Die Verbesserungen sind nicht nur klinisch festgehalten, sondern auch durch die Kinematik!

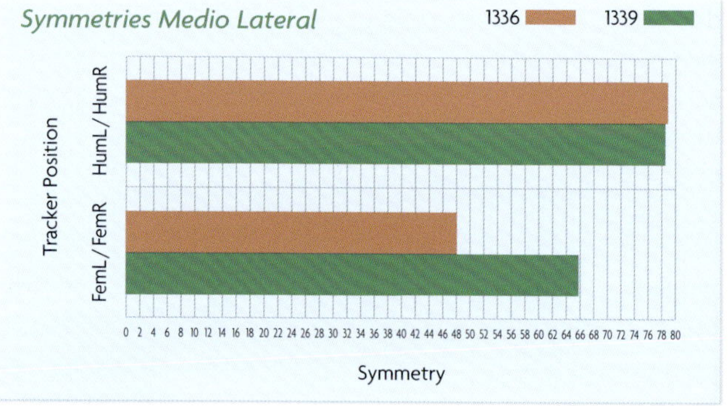

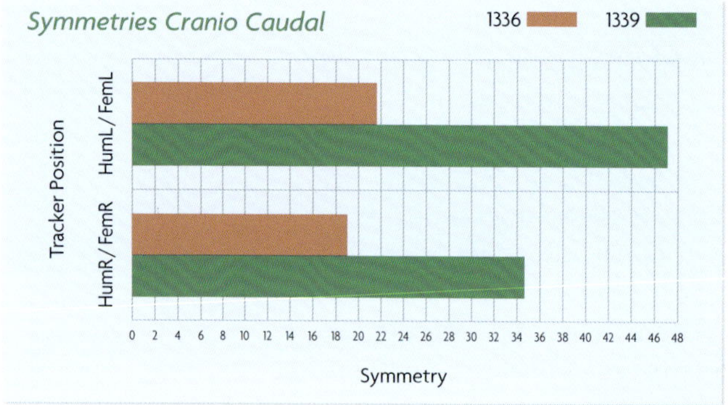

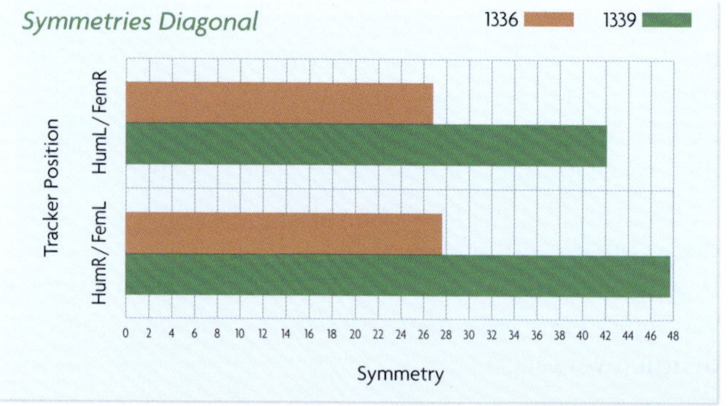

Die Bewegungssequenz/Videoanalyse

Hunde mit einem Cauda-Equina-Syndrom zeigen ein auffälliges Bewegungsmuster. Sie laufen beispielsweise sehr eng in der Hinterhand, was vergleichbar mit dem Bewegungsbild eines an einer HD erkrankten Hundes ist. Zudem können sie in der Rechts- oder Linksaußenstellung laufen, lassen einen aufgezogenen Rücken erkennen sowie eine leichte Ataxie in der Bewegung. Letztere äußert sich in Form einer Instabilität der Hinterhand oder der Mühe beim Treppensteigen.

VIDEO

Bewegungsbild bei Ataxie

Im Video ist ein Hund mit einer hochgradigen Ataxie, einer Lähmung der Nerven der Hinterhand, zu sehen. Hier ist immer an die Erkrankung der DM (degenerative Neuropathie/Myelopathie) zu denken. Im Gegensatz zur Spinalkanalstenose – also einer Verengung oder einem Bandscheibenvorfall –, ist diese Erkrankung schmerzlos, da die Nerven keine Signale weiterleiten. Die Nerven besitzen eine visuelle Ähnlichkeit mit einem Schweizer Emmentaler Käse mit Löchern.

Die orthopädisch-neurologische Untersuchung

VIDEO

Test der neurologische Reflexe an der Pfote

Die orthopädische Untersuchung legt eine starre Rückenmuskulatur und bereits eine beginnende Rückbildung der Muskulatur im Rücken offen. Die Lendenwirbelsäule zeigt eine deutliche Bewegungseinschränkung, aber auch der Bereich von Becken und Kreuzbein lässt eine Einschränkung der Bewegung erkennen, während Entzündungs- sowie Schmerzreaktionen feststellbar sind. Die Range of Motion der Rute erscheint deutlich vermindert und schmerzhaft, wobei der Hund Abwehrreaktionen demonstrieren kann. Oft haben solche Patienten im Vorfeld eine „Wasserrute" aufgewiesen, sodass bei Hündin und Rüde gleichermaßen Inkontinenz vorkommen kann. Im Falle einer fortgeschrittenen Cauda-Equina-Problematik ist der *M. iliopsoas* schmerzhaft und hyperton. Die Schmerzhaftigkeit stellt dabei ebenfalls ein mechanisches Zeichen für die Fehlstellung und Asymmetrie des Beckens dar. In diesem Zusammenhang lässt sich oftmals auch eine Kyphose sowie eine An- oder Rekurvatur der Hinterhand (Abweichung der Beinachse nach vorne oder hinten) registrieren.

Kyphose:
Aufgezogener Rücken

Bei den neurologischen Reflexen sind insbesondere Veränderungen der Propriozeption (Stellreaktion der Pfote) sowie beim Flexorreflex der Pfoten (Kneifen zwischen den Zehen) wahrzunehmen. Diese sind stark verzögert oder abwesend. In der vorliegenden Video-Sequenz sind diese deutlich verzögert.

Whippet mit Foramenstenose

Grundvoraussetzungen für eine stabile Cauda-Equina-Region

- Kraft
- Kondition – Ausdauer
- Koordination
- Funktionalität der anatomischen Region
- Interaktion zwischen Schnelligkeit – Ausdauer
- Stabilität im Beckengürtel

Es ist wichtig zu ergänzen, dass jede gewählte Therapieoption für die Rehabilitation und Regeneration durch den sportlichen Aufbau in Ausdauer und Kraft ergänzt werden, um einen Rückfall der Symptome zu vermeiden. Es ist Tatsache, dass auch nach der Operation die behandelten Hunde häufig wieder Schmerzen oder eine Lahmheit zeigen. Dadurch kann dieses Risiko vermindert werden.

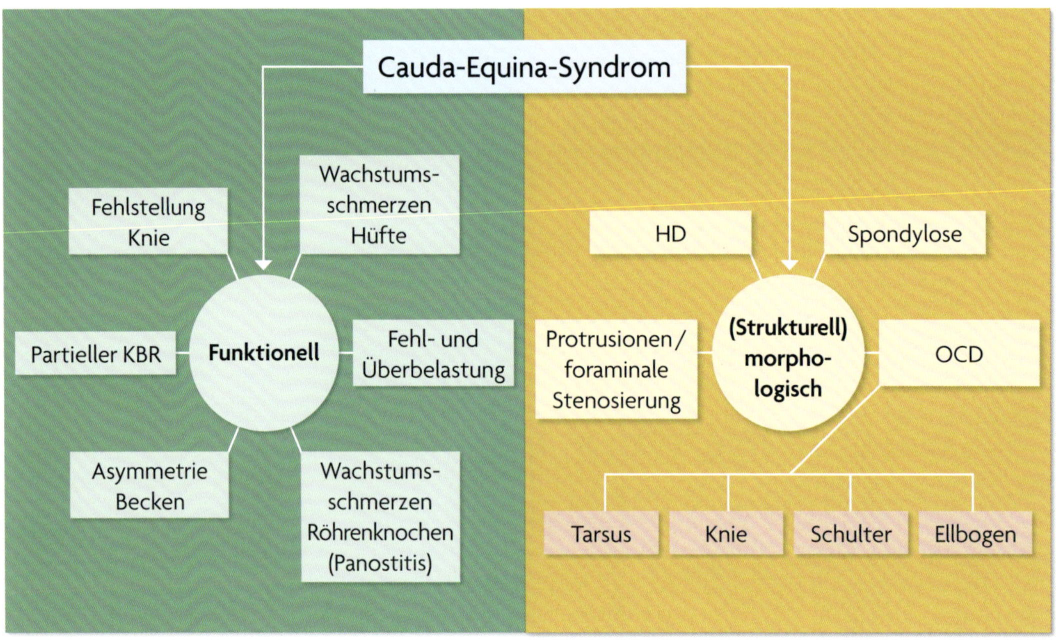

KAPITEL 12

„Mein Hund hüpft? Der hat doch einen Tick!“

Hüpfender Hund ohne veränderte Kniescheibe

Ein häufiges orthopädisches Problem bei kleinen und mittleren Hunden ist das einseitige oder beidseitige Hüpfen mit der Beckengliedmaße. Sehr oft kommt dies im Zusammenhang mit der Kniescheibe vor, der sogenannten *habituellen Patella* – also der Kniescheibe, die nach medial (zur Innenseite) spickt. In Ausnahmefällen kann diese auch nach lateral – sprich nach außen – zeigen. Wird eine habituelle Patella als Ursache für das Hüpfen ermittelt, so ist diese mit einer klaren Diagnose verbunden. Eine mögliche therapeutische Option kann diskutiert und, falls erwünscht, auch chirurgisch durchgeführt werden.

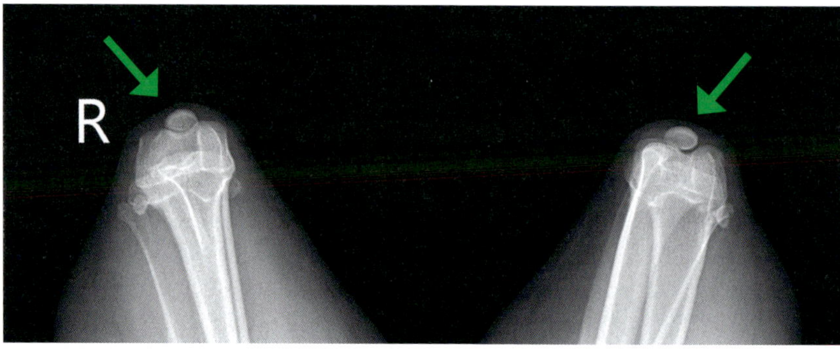

Röntgen in Skyline-Darstellung, beide Kniescheiben sind in der Vertiefung und somit in situ (am Ort).
Die Skyline Darstellung ist definierend. Bei einem Hund mit springender Kniescheibe liegt die Kniescheibe außerhalb des Kanals.

Allerdings gibt es sehr viele Hunde, die hüpfen, und die Ursache dieser Auffälligkeit dabei nicht auf eine spickende Kniescheibe zurückzuführen ist und daher unklar zu sein scheint. In solchen Fällen sprechen Tierärzte, Chirurgen, Physiotherapeuten und andere Spezialisten davon, dass der Hund einen „Tick“ habe, ein „Mödeli“ oder einfach eine Macke. Dies impliziert, dass der Hund „eine Schraube locker“ hat und dies einfach nur so macht – quasi aus Spaß an der Freude. Dies ist jedoch zum einen eine bösartige Unterstellung, zum anderen zeigt ein solches Verhalten auf, dass die Person, die diese Aussage tätigt, keinerlei Kenntnis von Biomechanik, geschweige denn von Biomechatronik besitzt. Dies trifft auch auf diejenigen Tierärzte zu, die eine solche Aussage in den Raum stellen. Gerade diese Fachpersonen sollten es jedoch besser wissen. Würden diese Personen den Hund orthopädisch korrekt untersuchen, wäre die Ursache des Hüpfens schnell gefunden.

Zunächst soll das Wort „Tick“ epistemologisch näher beleuchtet werden.

Definition „Tick“:

a) ein nervöses und unkontrolliertes Zucken der Muskulatur, das sich nicht beeinflussen lässt, das also autonom gesteuert und ohne Willkür ausgeführt wird.

oder

b) eine seltsame Angewohnheit/Spleen/Fimmel

Ein solches Verhalten lässt sich als Verrücktheit, fixe Idee oder als Verhaltensstörung beurteilen. Allerdings ist es offensichtlich, dass diese Hunde weder verhaltensauffällig sind noch zu extrovertiertem Verhalten neigen. Hier stellt sich also die Frage, wodurch und warum dieser Spleen oder Fimmel ausgelöst wurde. Gleichzeitig muss hinterfragt werden, ob so etwas wie eine fixe Idee beim Hund – nach dem menschlichen Verstehen – überhaupt existiert. Welchen Vorteil erhofft sich der Hund aus einem solchen Verhalten? Die Antwort auf diese Frage ist einfach: Keinen! Denn der Hund ist anders konditioniert und kann deshalb weder unter einem Spleen noch unter einem Fimmel leiden. Diese Verhaltensmuster demonstrieren nach meinem Kenntnisstand nur Menschen – zumeist aufgrund von Prägung, Konditionierung und einem anderen instinktiven Verhalten.

c) Zwangsstörung

Eine Zwangsstörung ist eine pathologische Verhaltensweise, ausgelöst durch eine psychische Erkrankung. Diese ist so beim Hund nicht zu erkennen. Eine Zwangsstörung würde sich nicht in einer auffälligen Bewegung wie etwa dem Hüpfen und Beinheben äußern.

d) Dystonie

Bei der Dystonie (gr. „schlechte Spannung") handelt es sich um eine Gruppe von Bewegungsstörungen, deren neurologischer Ursprung in den motorischen Zentren im Gehirn liegt. Sie wird zu den extrapyramidalen Hyperkinesien gerechnet. Meist äußern sich Dystonien in Verkrampfungen und Fehlhaltungen, z. B. des Kopfes (Schräghaltung des Kopfes, vergleichbar wie nach einem vestibulären Syndrom). Somit wäre dies eine neurologische Störung auf den absteigenden Bahnen aus dem motorischen Kortex.

? Extrapyramidale Hyperkinesie: Bewegungsstörung, die auf einer Fehlfunktion jeweils bestimmter Anteile der Basalganglien beruht, genauer des extrapyramidalmotorischen Systems.

? Vestibuläres Syndrom: Akute Funktionsstörung de Gleichgewichtsorgans im Innenohr, die zu Drehschwindel, Kopfschiefhalten, Augenzittern und Gangunsicherheit führt.

e) Aufmerksamkeitsdefizit-/Hyperaktivitätsstörung

Dies gehört beim Menschen zu den ADHS-Gruppen und beschreibt somit Verhaltensauffälligkeiten und Hyperaktivität. Dies mag für den Menschen zutreffend sein, beim Hund jedoch steht dies in keinem Zusammenhang mit dem Hüpfen. Zur Erinnerung; wir können hyperaktive Hunde haben, die sind aber dazu geprägt, einerseits durch das Aufwachsen, andererseits durch den Menschen oder Besitzer.

Wie nun festgestellt werden konnte, lässt sich das Hüpfen beim kleinen und mittleren Hund nur schwer mit einem Tick beschreiben. Der Leser könnte darunter einen Spleen oder Fimmel verstanden haben, da der Tierarzt dies ja so gemeint haben könnte. Einige andere Hundehalter und Tierärzte definieren das Hüpfen mit Simulieren: der Hund möchte auf diese Weise zum Ausdruck bringen, dass er eine Aktion nicht durchführen möchte. Simulieren beim Hund ist eine Unmöglichkeit, denn es handelt sich dabei um ein rein menschliches Handeln. Durch das Simulieren hofft der Mensch, sich Vorteile zu verschaffen oder gewisse Arbeiten zu vermeiden, etc., die zu verrichten er keine Lust hat. Diese Haltung, Einstellung oder zielgerichtete Handlung kennt der Hund so nicht, da diese auf eine weiter entfernte Zukunft abzielt. Der Hund lebt im Hier und Jetzt und entscheidet und agiert im Augenblick des Geschehens.

Um das Thema Hüpfen verstehen und somit auch besser analysieren zu können, muss zunächst eine kurze Auseinandersetzung mit der Bewegung und dem Bewegungsablauf mit Hilfe des Vergleichs zu einem Allradfahrzeug erfolgen.

Grundsätzlich beginnt der Hüpfer vorwiegend einseitig, kann sich aber über eine längere Zeit hinwegziehen und auf beide Beine ausweiten. Die Ursache lässt sich dabei zumeist auf eine Asymmetrie im Becken zurückführen, genauer definiert mit einer abaxialen Translation nach *dorsal* (oben) oder *ventral* (unten). Durch diese Fehlstellung im Becken ändert sich die Stellung im *Femur* (Oberschenkel) und somit die Winkelung des Femurkopf-Hüftgelenks-Achse. Durch die Hoch- oder Tiefstellung im Becken wird der Femur entweder relativ kürzer (Hochstand) oder relativ zu lang (Tiefstand). Dadurch kommt es zur Verwinkelung im Knie, entweder einer Varus- (O-Bein beim Hochstand) oder einer Valgus-Stellung (X-Bein beim Tiefstand). Durch diese Stellungsanomalie im Becken-Femur-Knie ändern sich Stand- und Schwungphasen, Extension und Flexion, aber auch die Frequenz in Schritt und Gang und somit auch die Geschwindigkeit der Bewegung der Gliedmaße. Ebenfalls verändert sich die Bewegung des Beckens sowie der mögliche Freiheitsgrad des Beckens. Somit sind wir wieder bei der ROM sowie der ROF des Beckens angekommen. Der Hüpfer stellt somit einen Ausgleich zwischen der normalen sowie der veränderten Gliedmaße dar und vor allem einen Ausgleich oder besser gesagt eine Gleichstellung und Regulierung der Bewegung. Bei einem Fahrzeug übernimmt das Achsen-Differential den Ausgleich zwischen beiden Rädern der Achse. Dies ist vor allem dann wichtig, wenn das Auto in die Kurve geht, um so den Reibungsausgleich zwischen Innen- und Außenrad herzustellen. Der Umfang und Radius von Innen- sowie Außenrad unterscheidet sich; ohne Achsendifferentialgetriebe würde es in der Achse – und somit im Rad – zu Verspannungen und Reibung kommen. Ältere Leser erinnern sich in diesem Kontext womöglich an 4x4-Fahrzeuge der frühen 80er Jahre mit zuschaltbarem Allrad.

! Der „Hüpfer“ dient dem Ausgleich der durch die veränderte Gliedmaße gestörten Bewegung.

Die periphere neurologische Kontrolle untersucht Gelenke, Knochen und Muskeln und ist für die Steuerung der Fortbewegung verantwortlich. Andererseits wird die periphere Fortbewegung zentral kontrolliert und reguliert. Hierfür sind dann wiederum die pyramidalen Nervenbahnen zuständig. Somit kann gefolgert werden, dass der Hüpfer peripher im Becken, Femur und Knie reguliert wird, gleichzeitig aber auch die zentralisierte Kontrolle des Großhirn-Kortex' und Hirnstamms in die Regulation eingebettet werden muss. Hier sei wiederum an die Neuro-Kinematik erinnert und damit auch an das Bewegungsgedächtnis.

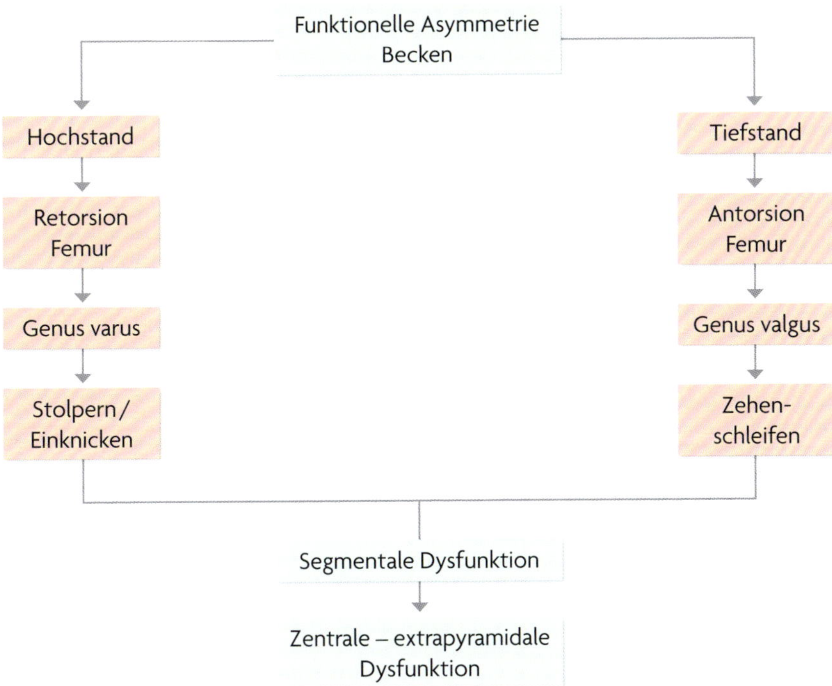

Dieser Mechanismus zeigt, wie Hüpfen entsteht, wenn keine Kniescheibenproblematik vorhanden ist.

In dieser Grafik zur Visualisierung des Hüpfers soll nochmals kurz dargestellt werden, wie Asymmetrien im Becken – sprich Translation oder Rotation – im Anschluss eine Fehlstellung im Oberschenkel auslösen und somit zu einem Frequenzunterschied zwischen der rechten und der linken Beckengliedmaße, aber auch zu einem Unterschied in der Schrittphase, führen können. Der Hüpfer stellt eine Konsequenz dieser mechanischen Unterschiede dar, die ausgeglichen werden müssen. Das schwerwiegende an dieser Problematik ist der Umstand, dass diese mechanische Problematik durch die neurologische Steuerung einerseits in der Peripherie, ande-

Retorsion: Verdrehung (hier: des Oberschenkels) nach hinten
Antorsion: Verdrehung nach vorn

Genus varus: O-Beinstellung am Kniegelenk

Genus valgus: X-Beinstellung am Kniegelenk

Skyline-Röntgenaufnahme:
Röntgen (hier: des Knies) von oben mit 30-Grad-Flexion des Kniegelenks und tangentialem Anschnitt der Trochela ossis femoris, um die Position der Patella (Kniescheibe) genau bestimmen zu können. Ein Beispiel für eine solche Aufnahme sehen Sie auf S. 254

rerseits jedoch auch im Hirnstamm sowie dem motorischen Kortex übernommen werden und im motorischen Feedback über das extrapyramidale System koordiniert werden muss. Die in der Folge entstehenden Hüpfer erweisen sich meistens als ein langwieriges Problem, das eine Anpassung des gesamten Systems der Funktionalität in den Gelenken und der Muskel- und Bandstrukturen erforderlich macht. Diese ganze Koordination eines solchen motorischen Ausgleiches ist sehr zeit- und trainingsintensiv. Oftmals wird zusätzlich auch vom Umfeld Druck auf den Besitzer dieses Hundepatienten über Kommentare ausgeübt, die jeglicher Logik und wissenschaftlichen Fundiertheit entbehren. Diese Patienten werden in unserer Praxis grundsätzlich mittels einer *Skyline-Röntgenaufnahme* untersucht. Diese Aufnahmetechnik ist nicht ganz einfach. Dennoch schafft sie Klarheit darüber, ob die Patella sich *in situ*, also an Ort und Stelle, befindet und ob andere strukturelle Erkrankungen vorhanden sind. Erst durch die Kinematik wird dann die biomechanische Komponente aufgedeckt. So vereint gerade der Hüpfer als Pathologie sämtliche gelesenen Inhalte in einem Patienten. Sei es nun die Diagnostik, das Bewegungsgedächtnis, die Neuro-Kinematik oder die Rehabilitation und Regeneration mit dem Trainingsaufbau in Ausdauer und Kraft.

Insbesondere in diesem Zusammenhang erweisen sich die medizinische Validierung sowie die Erarbeitung von biomechanischen Modellen solcher Krankheiten als überaus wichtig. Erst dadurch ist es möglich, wissenschaftlich und biomechanisch derartige Pathologien für einen Großteil der Tierärzteschaft zugänglich zu machen. Tierärzte erscheinen leider als eine sehr konservative und nicht unbedingt computeraffine Berufsgruppe, weshalb auch die KI – entsprechend meiner persönlichen Erfahrung – oftmals in diesem professionellen Umfeld mit Abwehr und Ignoranz behandelt bzw. abgetan wird. Diese ablehnende Haltung ist sowohl in der Schweiz, in Deutschland, Europa, aber auch in den USA weit verbreitet. Allerdings finden sich in den Vereinigten Staaten aufgrund ihrer Größe und Vielfalt dennoch viele Berufskollegen, die ihre Haltung gegenüber der artifiziellen Intelligenz geändert haben oder gerade dabei sind, die Vorteile dieses Teilgebiets der Informatik für ihre Berufssphäre zu entdecken.

Zusammenfassend kann festgestellt werden, dass der hüpfende Hund weder einen Tick noch einen Spleen oder Fimmel hat. Primär leidet er unter einem mechanischen sowie biomechanischen Problem und teilweise auch Schmerzen, die einerseits in der Peripherie von Becken, Oberschenkel und Knie verortet sind und andererseits im Zusammenhang mit der zentralen Steuerung der Gliedmaße und der Bewegung, bzw. der Neurologie der Bewegung stehen. Je länger diese Fehlstellung nicht korrigiert und reguliert wird, desto mehr muss Zeit für die Regeneration und Rehabilitation dieser veränderten Bewegungsoption aufgewandt werden. Dies lässt sich beispielsweise wie eine Formatierung der Festplatte und das anschließende Laden der Software verstehen.

Schlusswort und Danksagung

Nun sind wir am Ende der Reise durch das Themengebiet der Orthopädie des Hundes angelangt. Zugegeben handelte es sich um eine sehr anspruchsvolle Expedition, die für die Leser viele neue Informationen bereithielt. Als ein kleiner Trost für Sie als Hundebesitzer soll angemerkt sein, dass für viele Tierärzte, Hunde-Physiotherapeuten, Hundetrainer oder andere Berufsgruppen, die sich professionell mit Hunden beschäftigen, die dargelegten Informationen ebenfalls ein Novum darstellen. Wie es aber so schön heißt; „der stete Tropfen höhlt den Stein". Mühlen mahlen bekanntlich langsam und ob es mir tatsächlich gelingen wird, mit dem in diesem Buch präsentierten Wissen mehr Menschen in und außerhalb der veterinärmedizinischen Sphäre zu erreichen und für die behandelten Themen zu sensibilisieren, wird sich zeigen. Allerdings ist dies letztlich auch zweitrangig, da ich gedenke, meine Arbeit in dieser Richtung fortzusetzen.

An dieser Stelle möchte ich noch ein paar Personen meinen Dank aussprechen, da sie einen großen Beitrag zur Entstehung dieses Buches geleistet haben.

Allen voran geht mein besonderer Dank an Jana Günther, die mich tatkräftig beim Schreibprozess des Manuskripts unterstützt hat. Jana hat mit ihrer Schreibweise und den sehr prägnanten Ausdrucksformen einen wesentlichen und vor allem erfrischenden Stil in dieses Werk eingebracht. Vielen Dank Jana. Ein weiteres Dankeschön gilt Amrei Kolbaum, meiner Mitarbeiterin. Sie hat ihr Wissen und Können mit dem Erstellen der Video- und Grafikdateien eingebracht. Zusätzlich will ich auch Dana Füngers und Bestar Osmani für ihre Unterstützung bei der Bearbeitung der animierten Videos danken, die sie mit sehr viel Engagement bewältigt haben.

Ich kann mit Sicherheit sagen, dass diese Reise erst begonnen hat und ihren Fortgang nehmen wird. Allerdings liegt es mir noch fern, zu dieser „Fahrt" bereits erste Details auszuplaudern, da viele Aspekte sich noch im Gange befinden.

Wenn Sie von diesem Thema begeistert sind, können Sie uns über die Homepage www.hunde-bewegungszentrum.ch gerne weiter im Auge behalten und unsere Arbeit über unsere Social-Media-Kanäle verfolgen.

Im Web-Shop finden Sie regelmäßig diverse Webinare zu den diskutierten Themen. Allen voran zu der Bewegung des Welpen, dem Hund als

Schmerzpatienten oder bald auch zu dem Trainingsaufbau beim Hund. Hier ist dieses Thema allerdings noch nicht finalisiert, dazu wird aber das Webinar mehr Auskunft geben.

Ich wünsche Ihnen weiterhin viel Spaß mit Ihrem Hund, einen erfolgreichen Trainings- und Bewegungsaufbau und alles Gute für Sie und Ihren Vierbeiner auf allen Ihren Wegen.

Frenkendorf im Frühling 2024,
Patrick Blättler Monnier

Über den Autor

Dr. med. vet. Patrick Blättler-Monnier führt die auf Orthopädie und Schmerzpatienten spezialisierte Hundepraxis orthovet in der Schweiz und ist Mitentwickler des Prophylaxe-Systems LupoMove®, mit dem Bewegung und Gewichtsentwicklung analysiert, kontrolliert und situationsgerecht geplant werden können, um Erkrankungen zu vermeiden.

Extra: Trainings- und Bewegungspläne

Auf den folgenden Seiten und unten zusätzlich zum Download finden Sie beispielhafte Trainingspläne, in denen wir uns auf drei wichtige Zeitabschnitte bzw. Themen konzentriert haben.

Der erste Plan gilt dem Wachstum des Welpen. Hier geht es darum, dass Sie als Leser sehen, dass die Ein-Minuten-Regel wirklich kalter Kaffee ist. Dies wird hier nochmals eindeutig aufgezeigt. Anderseits sind auch wichtige Aktivitäten für Konditionierung und Prägung enthalten. Ein wichtiger Fokus liegt hier beim Schwimmtraining, da dies den ganzen Körper sowie Herz- Kreislauf optimal, effizient und schonend aufbauen kann.

Die beiden anderen Trainingspläne berücksichtigen den Schnellsport mit Agility, aber auch die Ausdauersportart kommt voll zum Tragen. Wir könnten auch andere Sportarten, allen voran den Schutzdienst, berücksichtigen. Hier geht es vor allem um eine gute Kraft und Ausdauer. Auf diesen Aspekt haben wir in diesem Moment verzichtet, da sich diese Vertreter in diesem Segment meistens sehr gut auskennen und auch ihre Methoden für diesen Aufbau haben.

Bitte berücksichtigen Sie, dass diese Trainingspläne grundsätzlich für gesunde Hunde Geltung haben. Sollten Sie über Fitness oder orthopädischen Gesundheit bei Ihrem Hund Zweifel haben, bitte kontaktieren Sie Ihren Haustierarzt oder einen auf diesem Gebiet spezialisierten Tierarzt.

Die Trainings- und Bewegungspläne finden Sie unter diesem QR-Code oder unter:
www.hundebuchshop.com/Move-Trainings-und-Bewegungsplaene.htm

Move: Bewegungsplan für Welpen von der 8. bis zur 28. Woche

		8. bis 12. Woche	12. bis 16. Woche	16. bis 20. Woche	20. bis 24. Woche	24. bis 28. Woche
Spaziergang 1/Tag		15 Min.	20 Min.	30 Min.	40 Min.	50 Min.
Spaziergang 2/Tag		15 Min.	20 Min.	25 Min.	35 Min.	35 Min.
Spaziergang 3/Tag	Kraftaufbau in Steigung	15 Min.	20 Min.	20 Min.	20 Min.	25 Min.
Spaziergang 4/Tag		15 Min.	20 Min.	20 Min.	20 Min.	20 Min.
Schwimmtherapie für Welpen		1 x pro Woche 10 Minuten	1 x pro Woche 15 Minuten	1 x pro Woche 20 Minuten	1x pro Woche 20 Minuten	2 x pro Woche 20 Minuten
Kopf- und Nasenarbeit, Suchspiele		ja	ja	ja		
Mantrailing				Beginn	ja	ja

Generell wichtig:

- Sozialisierung mit anderen Menschen und Umwelt
- Welpenschule Hunde-Knigge, Leinenführigkeit
- Prägung und Konditionierung auf verschiedene Untergrundbeschaffenheiten
- Prägung Eisenbahn, Bus, Tram und Schifffahrt
- Training Begleithund, Abrufübungen
- Die Schwimmmtherapie ist optimal für Herz-Kreislauf sowie eine gute Vorhandmuskulatur
- Ruhe, Ruhe und nochmals Ruhe zur Verarbeitung der Eindrücke

Wichtig zu wissen:

Gleichmäßige und ruhige Bewegung ist kein Risiko für die Ausbildung von HD, ED, OCD oder Panostitis, sondern nur die unkontrollierte, schnelle sowie ruckartige Bewegung beim Spiel, Toben, Body Check oder bei Stürzen und Überschlägen. Überforderung ist zu vermeiden.

Move: Bewegungs- und Trainingsplan für Agility-Hunde* ab dem 8. Lebensmonat

	primäres Wachstum		**Ende primäres Wachstum**	**Beginn sekundäres Wachstum**		
	28. bis 32. Woche	32. bis 36. Woche	36. bis 40. Woche	11. bis 12. Lebensmonat	13. und 14. Monat	15. und 16. Monat
Ausdauertraining						
Powerwalk	2 x pro Woche 15 Min	3 x pro Woche 20 Min	3 x pro Woche 25 Min			
Joggen / Laufen	nein	nein	nein	1 x pro Woche 15 Min leichter Trab	2 x pro Woche 15 Min mit höherer Kadenz, Intensität steigern	3 x pro Woche Schnelligkeit/Sprint ca. 100 Meter auf der Geraden und ebenfalls in der Steigung
Trockenlaufband	1 x pro Woche 10 Min	1 x pro Woche 15 Min	1 x pro Woche 20 Min	3 x pro Woche 20 Min	2 x pro Woche 25 Min	2 x pro Woche 30 Min
Schwimmtraining	1 x pro Woche	1 x pro Woche	1x pro Woche	2 x pro Woche		
Radfahren	nein	nein	nein	1 x pro Woche 15 Min		
Krafttraining						
Joggen in der Steigung					2 x pro Woche 15 Min	2 x pro Woche 20 Min
Trockenlaufband mit Steigung					1 x pro Woche 20 Min	1 x pro Woche 20 Min
Schwimmen					1 x pro Woche 20 Min	1 x pro Woche 20 Min
Radfahren					Alternativ zu Trockenlaufband	Alternativ zu Trockenaufband
Schnellkraft				Wenn Ausdauer- und Krafttraining seriös und professionell aufgebaut wurden, kann die Schnellkraft aufgebaut werden, indem die Intensität und die Geschwindigkeit des Trainings erhöht wird.		

ACHTUNG!
Die angegeben Zeiten sind nur als Richtwerte zu verstehen, nicht als Fixum. Es ist immer der individuelle Hund in seinem Trainingszustand zu beobachten und bei Anzeichen für Überforderung sind die Anforderungen entsprechend umgehend zurückzusetzen.

* als Beispiel für Schnellsportarten

Move: Bewegungs- und Trainingsplan für einen Canicross-Hund*

	primäres Wachstum		Ende primäres Wachstum	Beginn sekundäres Wachstum		
	28. bis 32. Woche	32. bis 36. Woche	36. bis 40. Woche	11. bis 12. Lebensmonat	13. und 14. Monat	15. und 16. Monat
Ausdauertraining						
Powerwalk	3 x pro Woche 20 Min	3 x pro Woche 25 Min	3 x pro Woche 30 Min			
Joggen	nein	nein	nein	2 x pro Woche 15 Min	2 x pro Woche 25 Min	2 x pro Woche 30-45 Min
Radfahren	nein	nein	nein	Allmähliche Gewöhnung an das Fahrrad**, langsam steigernde Intensität auf 5-10 Min	15 Min mit 7-10 km/h	20 Min mit 10-12 km/h
Trockenlaufband	1 x pro Woche 15 Min	1 xpro Woche 15 Min	1 x pro Woche 20 Min	1 x pro Woche 20 Min	1 x pro Woche 20 Min.	30 - 45 Minuten steigernd, Intensität steigernd 12 - 15 km/h Intervalltraining möglich sowie Kombination Ausdauer und Sprint; Herz-Kreislauf-Fitness wird deutlich gesteigert
Schwimmen	1 x pro Woche	1 x pro Woche	1 x pro Woche	Nach Bedarf und zum Ausgleichen allgemeine Fitness, Herz-Kreislauf sowie generell Kräftigung der Muskulatur ca. 20 Min		
Krafttraining						
Powerwalk						
Joggen				2 x pro Woche Joggen in der Steigung mit steigender Zeitintensität von 15 Min zu 20 Min über 25 Min		
Radfahren				Alternativ zu Joggen in der Steigung kann das Fahrrad oder E-Bike verwendet werden, Intensität wie Joggen		
Trockenlaufband				Alternativ kann Trockenlaufband verwendet werden mit Einbau der Steigung		
Schwimmen				siehe oben Rubrik Schwimmen		

****Achtung!**
Führvorrichtung für die Leine verwenden und am Rad vorn oder seitlich anbringen, damit beide Hände am Lenker bleiben.

Wichtig zu wissen:
Wenn der Hund in einem guten Trainingszustand ist, kann pro Training maximal mit der halben Wettkampf-Distanz trainiert werden, aber in wechselnder Intensität.

* als Beispiel für Ausdauersportarten

Index

Symbole

A

B

C

D

E

T

U

V

W

X

Z

Das könnte Sie auch interessieren:

Hunde sind stille Leider: Bis sie Schmerzen für uns sichtbar in Lahmheit oder Schmerzlauten äußern, sind sie schon unerträglich geworden! Und da Signale für leichteren oder chronischen Schmerz so subtil sein können, werden sie häufig übersehen – mit dem Ergebnis, dass Verhaltensauffälligkeiten wie Angst oder Aggression, aber auch Hibbeligkeit oder Apathie nicht damit in Verbindung gebracht werden. Selbst Veterinäre finden die Entzündungs- und Schmerzherde bei oberflächlicher klinischer Routineuntersuchung meist nicht und übergeben die Hunde als „medizinisch gesund“ an den Verhaltenstrainer zurück. Hier beginnt nun ein Teufelskreis, aus dem es kein Entkommen gibt, solange die eigentliche Ursache – der Schmerz – nicht erkannt und behoben wird. Diesem wichtigen Thema widmen sich die erfahrene Hundetrainerin Katrien Lismont und der auf Schmerztherapie und Orthopädie spezialisierte Tierarzt Dr. Patrick Blättler-Monnier, die auch im richtigen Leben immer wieder an hündischen Patienten zusammenarbeiten, in diesem einzigartigen Buch. Lernen Sie verstehen, wie Schmerz entsteht und was er mit dem Körper macht, wie Sie erste Warnsignale für Schmerzen sehen lernen und umgekehrt, bei welchen Verhaltensauffälligkeiten Sie an Schmerzursachen denken sollten. Mit einem Extra-Kapitel zum Zusammenhang von gesunder Welpenentwicklung und Schmerzgeschehen bzw. -prophylaxe.

Hardcover, 216 Seiten, farbig
ISBN 978-3-95464-312-7